流固耦合数据的界面非线性降维传递

李立州　著

U0297706

科学出版社
北京

内 容 简 介

流固耦合界面网格间的数据传递是流固耦合数值分析方法实现的重要环节。现有的流固耦合数据传递方法由于受到耦合面弯曲、网格不匹配、网格密度大小等因素的影响，数据传递精度不高，进一步影响了流固耦合数值分析的精度。本书着重从耦合面和耦合数据空间非线性的全新角度讨论流固耦合数据传递问题，通过大量的算例阐述耦合面和耦合数据空间非线性对耦合数据传递精度的影响，在此基础上将非线性降维理论和方法引入流固耦合数据传递，建立了将空间耦合面降维投影到平面空间的插值思想，以消除空间非线性和网格不匹配等对流固耦合数据传递精度和鲁棒性的影响。

本书可供飞行器、船舶、流体机械和高层建筑等领域的研究人员参考，也可作为高等院校航空航天、发动机设计、流体机械、风力发电、机械设计、武器设计、桥梁设计、船舶设计和高层建筑设计等相关专业研究生和高年级本科生的教材。

图书在版编目(CIP)数据

流固耦合数据的界面非线性降维传递/李立州著. —北京：科学出版社，2018.9

ISBN 978-7-03-058814-2

Ⅰ.①流… Ⅱ.①李… Ⅲ.①耦合-研究 Ⅳ.①O441

中国版本图书馆 CIP 数据核字(2018)第 213250 号

责任编辑：朱英彪 亢列梅 赵晓廷 / 责任校对：王萌萌
责任印制：张 伟 / 封面设计：蓝正设计

科 学 出 版 社 出版
北京东黄城根北街 16 号
邮政编码：100717
http://www.sciencep.com
北京凌奇印刷有限责任公司 印刷
科学出版社发行 各地新华书店经销
*
2018 年 9 月第 一 版 开本：720×1000 B5
2024 年 1 月第五次印刷 印张：13 1/4
字数：264 000

定价：108.00 元

(如有印装质量问题，我社负责调换)

前　言

流固耦合主要描述流体和固体之间相互作用的现象。在流体与固体共同构成的系统中，流体与固体之间发生相互作用，固体在流体作用下产生变形或运动，而固体的变形和运动反过来又影响流体的形状和运动特征。正是流体和固体的这种非线性相互作用，产生了形形色色的流固耦合现象。流固耦合引发的安全问题直接影响工程的安全性、经济性、可靠性和耐久性，有时甚至会引起灾难性后果。因此，近年来流固耦合问题得到了广泛的关注。

流固耦合数值求解方法是流固耦合研究的主要方法。众所周知，在固体力学中习惯采用运动坐标系的 Lagrange 方法，而在流体力学中更多地使用 Euler 方法。在流固耦合面上，固体和流体模型的网格节点分布迥异，在分析时不得不在模型之间进行耦合数据的插值传递，因此，适当的耦合数据插值传递方法是保证流固耦合分析精度的重要前提。流固耦合数据的插值传递对研究人员的知识结构要求较高，不仅需要熟悉固体力学、流体力学和动力学等基础力学知识，还要对计算力学、网格生成方法、计算方法和程序设计等非常熟悉，这样才能设计出适当的流固耦合数据插值方法。本书对这一问题进行了梳理，并根据相关研究成果给出了一些解决方法。

2003～2007 年作者在岳珠峰教授和吕震宙教授指导下开展博士研究工作，期间发现对于粗网格的涡轮叶片模型，几乎所有的流固耦合数据插值传递算法的精度都不高或者鲁棒性不好。为解决这一问题，作者提出了耦合面参数空间投影插值传递方法，其思想是将耦合面投影到平面参数空间，并在该平面参数空间中进行耦合数据的插值，该方法很成功。博士毕业后，作者继续从事相关方面的研究，总感觉意犹未尽，直到 2012 年偶然读到 Tenenbaum 的著名论文 *A Global Geometric Framework for Nonlinear Dimensionality Reduction*，豁然开朗，原来参数空间投影插值传递方法不是碰巧，而是有着数学上的机理。为此，通过几年在多维数据分析、非线性降维和流形学习等方面的研究，作者发表了论文 *An Enhanced 3D Data Transfer Method for Fluid—Structure Interface by ISOMAP Nonlinear Space Dimension Reduction*，以此解释了自己的疑惑，也解决了流固耦合插值方法的疑难。本书整理和总结了这一研究过程中的成果，以及在流固耦合数据传递方面的经验和教训，目的是给从事流固耦合研究和应用的相关人员提供参考，使他们在流固耦合插值这个复杂的问题上少走弯路。

本书从传统流固耦合插值方法次第展开介绍，逐渐阐述了空间非线性对流固耦合数据插值传递问题的影响，详细介绍了参数空间投影插值传递方法、基于局部坐标投影的耦合面参数空间插值法、基于耦合面非线性降维的数据插值方法等一系列方法；通过实例展示了这些方法在消除耦合面空间非线性、将网格不匹配弱化为网格不一致问题、提高流固耦合数据传递的准确性和鲁棒性等方面的能力。

感谢岳珠峰教授、吕震宙教授以及我的好友在研究中给予的支持，感谢研究生刘明敏、杨明磊、罗骁和张新燕在本书撰写过程中提供的帮助。

本书相关内容的研究得到了航空推进技术验证计划(APTD)、国家高技术研究发展计划(2006AA04Z401)和国家自然科学基金(51775518)的支持，在此一并表示感谢。

由于作者水平有限，书中难免存在不妥之处，恳请读者批评指正。

作　者

2018 年 2 月

目　　录

前言
第 1 章　绪论 …… 1
1.1　流固耦合现象 …… 1
1.2　流固耦合力学 …… 3
1.3　流固耦合力学的求解方法 …… 4
1.3.1　流固耦合力学的基本方程 …… 4
1.3.2　流固耦合数值求解方法 …… 6
1.4　流固耦合数据插值传递方法 …… 8
1.4.1　一致插值法 …… 9
1.4.2　投影插值法 …… 11
1.5　空间非线性和流固耦合数据插值传递 …… 14
1.6　小结 …… 17
参考文献 …… 17
第 2 章　耦合面空间非线性对流固耦合数据传递精度的影响 …… 23
2.1　流固耦合数据插值方法 …… 23
2.1.1　最邻近插值法 …… 23
2.1.2　多项式插值法 …… 24
2.1.3　反距离加权法 …… 26
2.1.4　多重二次曲面法 …… 27
2.1.5　无限平板样条插值法 …… 28
2.1.6　薄板样条插值法 …… 28
2.1.7　径向基插值法 …… 29
2.1.8　克里金插值法 …… 30
2.1.9　等参元逆变换插值法 …… 31
2.1.10　非均匀 B 样条插值法 …… 32
2.1.11　投影插值法 …… 33
2.1.12　常体积转换法 …… 34
2.1.13　公共细分网格法 …… 35
2.2　耦合面空间非线性对耦合数据传递的影响 …… 35
2.3　流固耦合面降维投影的插值方法 …… 37

2.4 耦合面空间非线性对耦合数据传递精度影响的验证…… 39
2.4.1 粗网格下各插值方法的比较 …… 40
2.4.2 细网格下各插值方法的比较 …… 45
2.5 小结…… 48
参考文献 …… 49
第 3 章 压力梯度和网格密度对流固耦合数据传递精度的影响 …… 52
3.1 研究模型…… 52
3.2 压力梯度对流固耦合数据传递精度的影响…… 54
3.2.1 压力梯度对耦合数据传递影响的研究模型 …… 54
3.2.2 压力梯度对现有三维空间插值法精度的影响 …… 57
3.2.3 压力梯度对耦合面降维投影插值法精度的影响 …… 61
3.3 网格密度对流固耦合数据传递精度的影响…… 66
3.3.1 不同网格密度的流体网格 …… 66
3.3.2 不同网格密度的固体网格 …… 72
3.3.3 不同密度流场和固体网格的配对模型 …… 73
3.3.4 网格密度对现有三维空间插值法精度的影响 …… 74
3.3.5 网格密度对耦合面降维投影插值法精度的影响 …… 90
3.4 小结 …… 105
参考文献…… 105
第 4 章 参数空间投影插值传递方法…… 106
4.1 耦合面向二维参数空间投影的方法 …… 106
4.1.1 投影网格向二维参数空间的映射关系 …… 107
4.1.2 耦合面任意节点向二维参数空间的投影 …… 107
4.1.3 学科节点和投影网格单元位置关系的判别…… 109
4.2 流固耦合数据参数空间插值传递方法…… 113
4.3 算例分析 …… 115
4.4 小结 …… 120
参考文献…… 120
第 5 章 基于局部坐标投影的耦合面参数空间插值法…… 121
5.1 基于局部坐标的空间耦合面平面投影方法 …… 121
5.2 基于局部坐标投影的耦合数据平面参数空间插值 …… 123
5.3 基于局部坐标降维投影的叶片流固耦合数据插值 …… 124
5.3.1 基于局部坐标的叶片耦合面降维投影方法…… 124
5.3.2 基于局部坐标降维投影的叶片流固耦合数据插值方法 …… 125
5.3.3 涡轮叶片耦合数据插值的算例 …… 127

5.3.4 误差分析 …… 129
5.4 基于局部坐标降维投影的弹体参数空间插值方法 …… 131
5.4.1 基于局部坐标的弹体耦合面降维投影方法 …… 131
5.4.2 基于局部坐标降维投影的弹体参数空间插值方法的步骤 …… 132
5.4.3 基于局部坐标投影的弹体压力参数空间插值 …… 134
5.5 小结 …… 137
参考文献 …… 137
第6章 基于等距映射的耦合面非线性降维插值方法 …… 138
6.1 非线性降维理论 …… 138
6.2 等距映射法的基本原理 …… 140
6.3 基于等距映射的耦合面非线性降维插值 …… 141
6.3.1 基于等距映射的耦合面非线性降维插值方法的步骤 …… 141
6.3.2 基于等距映射的耦合面非线性降维插值方法的算例 …… 142
6.3.3 与现有插值方法的比较 …… 149
6.4 小结 …… 153
参考文献 …… 153
第7章 耦合面非线性降维方法比较 …… 154
7.1 高维数据降维理论 …… 154
7.2 线性降维方法 …… 155
7.2.1 主成分分析法 …… 155
7.2.2 线性局部切空间排列法 …… 156
7.2.3 局部保留投影法 …… 157
7.2.4 邻域保持嵌入法 …… 158
7.2.5 多维尺度分析法 …… 159
7.3 非线性降维方法 …… 159
7.3.1 随机距离嵌入法 …… 159
7.3.2 核主成分分析法 …… 160
7.3.3 扩散映射法 …… 161
7.3.4 拉普拉斯特征映射法 …… 162
7.3.5 等距映射法 …… 162
7.3.6 基于界标点的等距映射法 …… 163
7.3.7 局部线性嵌入法 …… 163
7.3.8 Hessian 局部线性嵌入法 …… 165
7.3.9 局部切空间排列法 …… 165
7.4 降维方法用于耦合面的平面展开 …… 166

7.5 小结 …… 170
参考文献…… 170
第 8 章 基于耦合面非线性降维的数据插值方法…… 173
8.1 基于耦合面非线性降维的数据插值方法的步骤 …… 173
8.2 涡轮叶片耦合面插值传递 …… 174
8.2.1 涡轮叶片耦合面的降维插值 …… 174
8.2.2 涡轮叶片耦合面降维方法的效率 …… 188
8.2.3 涡轮叶片耦合面的压力插值传递 …… 189
8.2.4 涡轮叶片压力插值误差 …… 196
8.3 小结 …… 200
参考文献…… 201
后记…… 203

第 1 章　绪　　论

1.1　流固耦合现象

流固耦合(fluid-solid interaction，FSI)是流体与固体之间相互作用的现象[1-5]。在流体和固体共同构成的耦合系统中，流体与固体之间相互作用。固体在流体作用下产生变形，而固体的变形反过来又影响流体域的形状和流体的运动特征。正是流体和固体的这种非线性相互作用产生了形形色色的流固耦合现象，如图 1.1 所示。

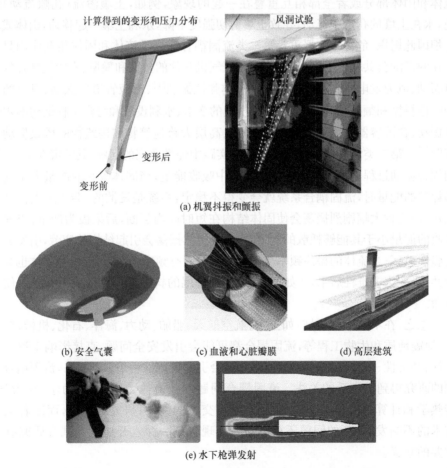

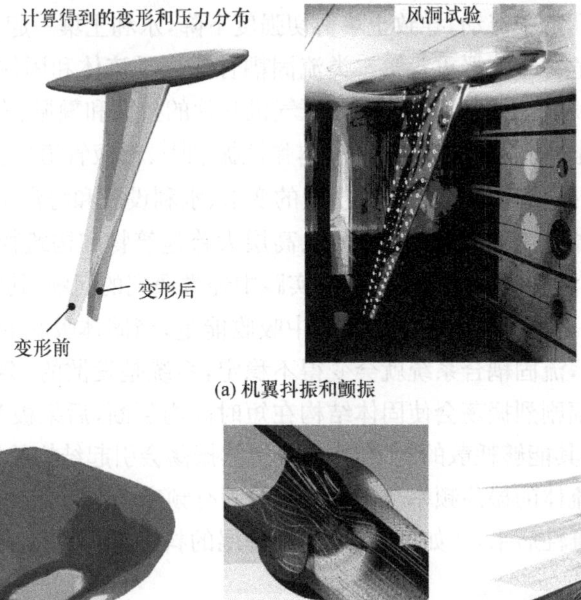

(a) 机翼抖振和颤振

(b) 安全气囊

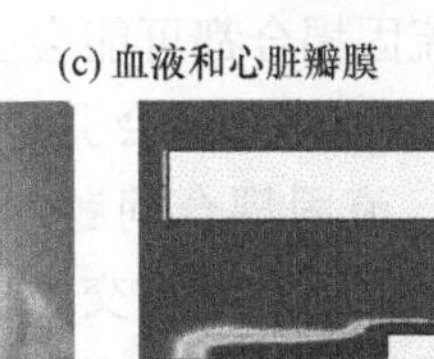

(c) 血液和心脏瓣膜

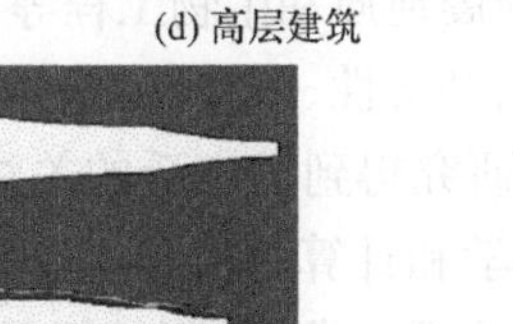

(d) 高层建筑

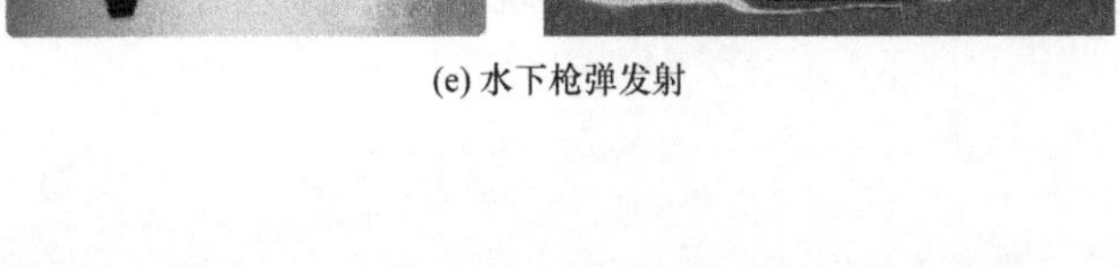

(e) 水下枪弹发射

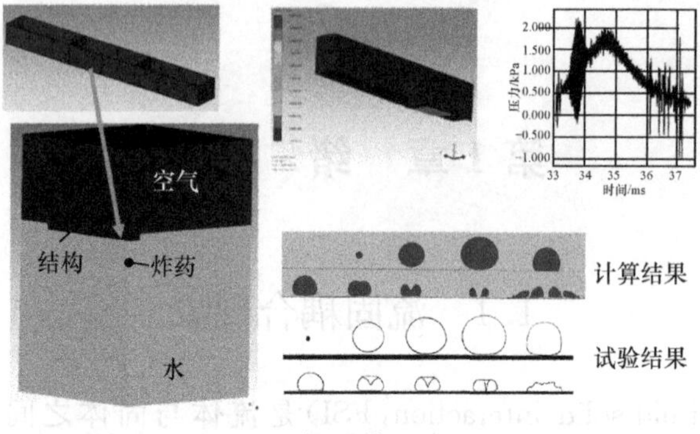

(f) 水下爆炸

图 1.1 流固耦合现象

根据耦合方式,流固耦合问题可分为两大类[1,2]。第一类流固耦合问题是指流体和固体部分或者全部相互重叠在一起的现象,例如,土壤渗流(孔隙流动)问题,水在土壤的孔隙中流动,导致土壤剪切强度下降,水和土壤一起移动,山体或堆土坝因此坍塌,危害十分严重。第二类流固耦合问题是流体和固体相互作用只发生在两者的公共耦合界面上的现象,如压气机叶片的抖振和颤振、汽轮机叶片的受迫振动、风力发电机和水轮机的各种流体弹性振动[4]、输液管道的振动、机翼的气动弹性抖振和颤振[5]、桥梁受海浪冲击后的变形、水利设施和海洋工程结构的水弹性振动、含液容器的晃动、水下爆炸冲击、高层大跨建筑物和构筑物的风致振动等问题[2]。第二类流固耦合问题也是工程实践中经常遇到的问题,其危害在于:在流固耦合振动过程中固体会不断地从流体中吸收能量,当固体吸收的能量大于其能够耗散的能量时,流固耦合系统就会变得不稳定,系统是发散的,会产生大幅剧烈振荡,而这种大幅剧烈振荡会使固体结构在短时间内裂断,后果极为严重;当固体吸收的能量小于其能够耗散的能量时,小幅持续振荡会引起结构的疲劳,引发突然的脆性破坏;当流体的振荡频率与固体结构的固有频率相同时,流体和固体也会发生共振,产生灾难性后果,例如,F/A-18S 双垂尾的抖振就严重影响了垂尾的使用寿命。

总之,在不同工程领域,如土木、航空航天、船舶、动力、海洋、石化、机械、核动力、地震地质和生物工程等,流固耦合都可能会引发安全问题,直接影响工程的安全性、经济性、可靠性和耐久性,有时甚至会引起灾难性后果。近年来,流固耦合问题的研究得到了广泛的关注。流固耦合问题涉及流体力学、固体力学、动力学、传热学和计算力学等多个学科,具有学科交叉的性质,研究难度大,而随着工程技术的不断发展,新的问题还在不断地涌现,因此,深入开展流固耦合研究有着重要的意义。

1.2 流固耦合力学

流固耦合力学是研究流固耦合现象的一门科学，是流体力学与固体力学交叉而生成的力学分支，它关注固体和液体两相介质之间的交互作用以及这种交互作用对流体和固体产生的影响[1-5]。图1.2给出了流固耦合问题中各种力之间的相互影响关系。其中，两个大圆分别画出了流体和固体两相，在这两个大圆周相交的地方表示固体和流体两相的耦合。通过固体和流体的耦合，流体力影响固体运动，而固体的运动又反过来影响流体的流动特征。

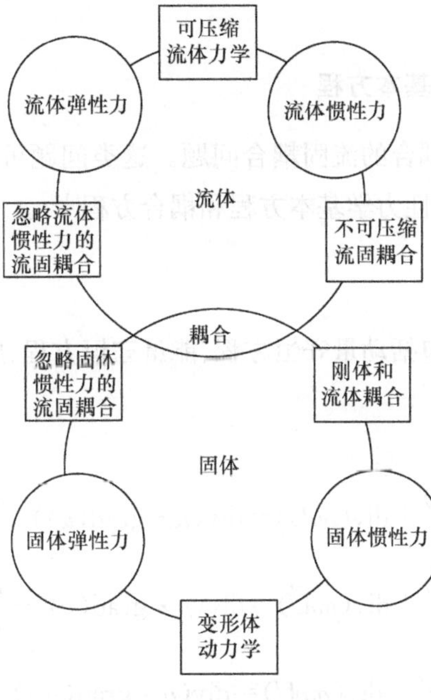

图1.2 流固耦合的力学关系[1]

流固耦合力学的主要特征是流体力和固体耦合界面的运动事先未知，只有整个流固耦合系统求解后，才能给出它们的解。若没有这一特征，流固耦合问题将失去耦合的性质。例如，若流固耦合界面的流体力或固体结构的运动规律已知，则耦合将会消失，原来的流固耦合系统将被解耦为单一固体在给定表面力下的动力问题及单一流体在给定边界条件下的流体力学边值或初值问题[1]。

在最一般的情况下，流体与固体通过耦合界面相互作用，同时受各自的弹性力和惯性力影响，但问题过于复杂，求解异常困难。在实际工程问题中，常根据研究目的的不同将流固耦合的着眼点放在流体或固体上，有针对性地将问题做相应的简化，从而形成各种相对简单、便于求解且能反映问题的流固耦合问题(图1.2)。例如，在研究水和结构长期相互作用时可以不考虑水的压缩性，就形成了不可压流体和固体相互作用的流固耦合问题；类似地，若忽略结构的弹性变形就形成了刚体和流体相互作用的流固耦合问题，例如，在航空中成为一门独立学科的飞行力学，航空器就简化成了一个六自由度的刚体；当然求某些问题时也可以忽略流体或固体的惯性效应，如在静气动弹性力学中的机翼的扭转扩大、副翼反效等问题就是忽略结构惯性力的流固耦合问题。至于忽略流体惯性的流固耦合问题，其本质是将流体视为一个可压缩弹簧——空气弹簧。

1.3　流固耦合力学的求解方法

1.3.1　流固耦合力学的基本方程

本书主要讨论界面耦合的流固耦合问题。这类问题可以用三组方程来描述，分别是流体力学方程、弹性力学基本方程和耦合方程[1-5]。

1. *流体力学方程*

流体力学方程一般包括动量守恒方程、能量守恒方程、质量守恒方程和气体状态方程。

(1)动量守恒方程：

$$\begin{cases}\dfrac{\partial(\rho u)}{\partial t}+\operatorname{div}(\rho u\vec{U})=\operatorname{div}(\mu\cdot\operatorname{grad}(u))-\dfrac{\partial p}{\partial x}\\ \dfrac{\partial(\rho v)}{\partial t}+\operatorname{div}(\rho v\vec{U})=\operatorname{div}(\mu\cdot\operatorname{grad}(v))-\dfrac{\partial p}{\partial y}\\ \dfrac{\partial(\rho w)}{\partial t}+\operatorname{div}(\rho w\vec{U})=\operatorname{div}(\mu\cdot\operatorname{grad}(w))-\dfrac{\partial p}{\partial z}\end{cases}\tag{1.1}$$

式中，$\operatorname{div}(\vec{U})=\dfrac{\partial u}{\partial x}+\dfrac{\partial v}{\partial y}+\dfrac{\partial w}{\partial z}$为矢量$\vec{U}=u\vec{i}+v\vec{j}+w\vec{k}$的散度；$u$、$v$、$w$为流速$\vec{U}$在$x$、$y$和$z$坐标方向上的分量；$\operatorname{grad}(u)=\dfrac{\partial u}{\partial x}\vec{i}+\dfrac{\partial u}{\partial y}\vec{j}+\dfrac{\partial u}{\partial z}\vec{k}$为$u$在某一点的梯度；$\vec{i}$、$\vec{j}$、$\vec{k}$为单位方向向量；$\rho$为流体密度；$p$为气体压力。

(2) 能量守恒方程：

$$\frac{\partial(\rho T)}{\partial t}+\operatorname{div}(\rho T\vec{U})=\operatorname{div}(\lambda\cdot\operatorname{grad}(T))-p\cdot\operatorname{div}(\vec{U})+\varphi\tag{1.2}$$

式中，T为气体热力学温度；λ为导热系数。

$$\varphi=\mu\left\{2\left[\left(\frac{\partial u}{\partial x}\right)^2+\left(\frac{\partial v}{\partial y}\right)^2+\left(\frac{\partial w}{\partial z}\right)^2\right]+\left(\frac{\partial u}{\partial y}+\frac{\partial v}{\partial x}\right)^2+\left(\frac{\partial u}{\partial z}+\frac{\partial w}{\partial x}\right)^2+\left(\frac{\partial v}{\partial z}+\frac{\partial w}{\partial y}\right)^2\right\}$$
$$+\lambda(\mathrm{div}(\vec{U}))^2 \tag{1.3}$$

(3) 质量守恒方程：

$$\frac{\partial\rho}{\partial t}+\mathrm{div}(\rho\vec{U})=0 \tag{1.4}$$

(4) 气体状态方程：

$$p=\rho RT \tag{1.5}$$

式中，R 为普适气体常数。

2. 弹性力学基本方程

描述固体力学性能的弹性力学基本方程有平衡微分方程、几何方程和物理方程。

(1) 平衡微分方程：

$$\begin{cases}\dfrac{\partial\sigma_x}{\partial x}+\dfrac{\partial\tau_{xy}}{\partial y}+\dfrac{\partial\tau_{zx}}{\partial z}+X=0\\[2mm]\dfrac{\partial\sigma_y}{\partial y}+\dfrac{\partial\tau_{xy}}{\partial x}+\dfrac{\partial\tau_{yz}}{\partial z}+Y=0\\[2mm]\dfrac{\partial\sigma_z}{\partial z}+\dfrac{\partial\tau_{zx}}{\partial x}+\dfrac{\partial\tau_{yz}}{\partial y}+Z=0\end{cases} \tag{1.6}$$

(2) 几何方程：

$$\begin{cases}\varepsilon_x=\dfrac{\partial u}{\partial x}\\[2mm]\varepsilon_y=\dfrac{\partial v}{\partial y}\\[2mm]\varepsilon_z=\dfrac{\partial w}{\partial z}\\[2mm]\gamma_{xy}=\dfrac{\partial u}{\partial y}+\dfrac{\partial v}{\partial x}\\[2mm]\gamma_{yz}=\dfrac{\partial v}{\partial z}+\dfrac{\partial w}{\partial y}\\[2mm]\gamma_{zx}=\dfrac{\partial w}{\partial x}+\dfrac{\partial u}{\partial z}\end{cases} \tag{1.7}$$

(3) 物理方程：

$$\begin{cases}\varepsilon_x=\dfrac{1}{E}[\sigma_x-\mu(\sigma_y+\sigma_z)]\\ \varepsilon_y=\dfrac{1}{E}[\sigma_y-\mu(\sigma_x+\sigma_z)]\\ \varepsilon_z=\dfrac{1}{E}[\sigma_z-\mu(\sigma_x+\sigma_y)]\\ \gamma_{xy}=\dfrac{\tau_{xy}}{G}=\dfrac{2(1+\mu)}{E}\tau_{xy}\\ \gamma_{yz}=\dfrac{\tau_{yz}}{G}=\dfrac{2(1+\mu)}{E}\tau_{yz}\\ \gamma_{zx}=\dfrac{\tau_{zx}}{G}=\dfrac{2(1+\mu)}{E}\tau_{zx}\end{cases} \tag{1.8}$$

式(1.6)～式(1.8)中，σ_x、σ_y、σ_z、τ_{xy}、τ_{yz}、τ_{zx} 为描述固体内部应力的量；ε_x、ε_y、ε_z、γ_{xy}、γ_{yz}、γ_{zx} 为描述固体内部应变的量；u、v、w 为描述固体位移的量；X、Y、Z 为固体体积力在 x、y、z 三个坐标轴上的分量；E 为弹性模量；G 为剪切模量；μ 为泊松比。

3. 耦合方程

流体和固体的耦合关系可由界面的耦合方程来描述，其基本要求是在流场和固体耦合面上每一点均满足[3]

$$\begin{cases}\vec{q}_{\mathrm{f}}=\vec{q}_{\mathrm{s}}\\ \vec{p}_{\mathrm{s}}=\vec{p}_{\mathrm{f}}\end{cases} \tag{1.9}$$

式中，$\vec{q}_{\mathrm{s}}$ 为固体耦合边界位移向量；$\vec{p}_{\mathrm{s}}$ 为固体耦合边界载荷向量；$\vec{q}_{\mathrm{f}}$ 为流体耦合边界位移向量；$\vec{p}_{\mathrm{f}}$ 为流体耦合边界载荷向量。

以上三组方程同时有流体域和固体域，未知变量包括描述流体现象、描述固体现象和描述两者耦合关系的变量。它们具有以下特征。

(1) 必须同时求解流体域和固体域。

(2) 在进行流体域或固体域求解时，无法显式地消去描述流体运动的独立变量或描述固体运动的独立变量，导致流固耦合问题的求解非常困难。

1.3.2 流固耦合数值求解方法

随着计算流体力学(computational fluid dynamics，CFD)、计算结构力学(computational structural mechanics，CSM)、流固耦合分析理论和计算技术的不断发展，计算流体力学与计算结构力学相结合的流固耦合数值求解方法成为流固耦合研究的主要方法，也成为正确理解复杂流固耦合现象和指导工程实践的重要手段。

流固耦合问题涉及流体力学和固体(结构)力学两个相互耦合的学科,其数值求解方法研究经历了从简单到复杂的过程,现在大致可分为三类[3,5]:直接耦合法(完全耦合法)、紧耦合法(强耦合法)和松耦合法。

直接耦合法(图 1.3(a))把流场和结构放在一个控制方程中,在同一时间步内统一对流场和结构场进行求解,因此不需要在流固耦合面上传递数据。直接耦合法的思想相对容易理解,计算结果也相对准确。在直接耦合法中,流场和结构被统一到同一个模型中,不能使用现有的计算流体力学和计算结构力学方法,因此,求解过程非常复杂,需要研究全新的理论并重新编写数值分析程序。另外,固体和流体刚度的巨大差异,容易导致由结构方程的矩阵系数过大引起的流固耦合方程组奇异问题,因此直接耦合法存在严重的收敛问题。现今虽然相关的理论和技术都有所突破,但用直接耦合法求解流固耦合问题还存在相当的困难。

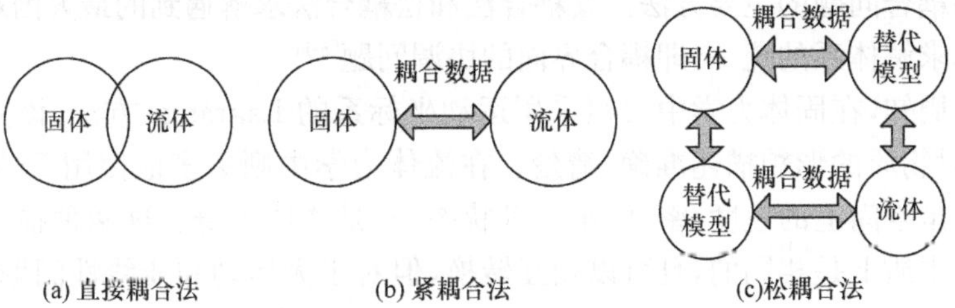

图 1.3 直接耦合法、紧耦合法、松耦合法

紧耦合法(图 1.3(b))是分别建立流体和固体的控制方程,通过耦合迭代和学科模型之间的耦合数据(载荷和位移)传递来实现耦合问题的求解。其中,载荷传递是将流场分析得到的温度和压力传递到结构分析模型,这里的载荷泛指温度和气动力等不会引起流体域和结构域形状改变的耦合量;位移传递是根据结构变形调整流场模型的耦合面形状,这里的位移是指引起流体域和结构域形状改变的耦合量,通常包括结构变形、速度和加速度等。在紧耦合法中,固体域和流体域分开求解,流场模型和结构模型相对独立,可以避免因结构方程的矩阵系数过大导致的流固耦合方程组奇异问题;流场和结构可以按照学科自身的要求使用现有的理论、算法和成果,充分利用现有计算流体力学和计算结构力学的优势,建模过程相对容易,因此紧耦合法对流固耦合问题的研究有着重要的价值。

松耦合法(图 1.3(c))是将流固耦合问题进行解耦分析,分别建立流场模型和结构模型,并通过模型间数据传递和迭代实现耦合问题的求解。但在求解某一个学科时,另外的学科常采用经验模型、实验模型、简化模型、替代模型、降阶模型等加以简化,是一种间接耦合的方法。例如,在机翼颤振研究中一般采用线性化理论,具体的方法是计算结构的主要振动模态,假定结构以其中一个模态参与流固耦合振动，分析该模态下机翼的颤振边界；在飞机飞行性能研究中对流场进行线性化处理，将飞行运动简化为准静态求解。在松耦合法中，固体域和流体域分开求解，建模过程相对容易。

采用直接耦合法需要重新研究和编写程序，而紧耦合法和松耦合法仅仅需要开发一些接口，因此在实践中紧耦合法和松耦合法应用更为广泛。

1.4 流固耦合数据插值传递方法

在过去几十年里，计算流体力学、计算结构力学、计算机软件与硬件都取得了快速的发展。在计算结构力学方面，非线性有限元分析技术已十分完善。在计算流体力学中，非线性纳维-斯托克斯方程求解的有限体积法、有限元法、有限差分法等的进展也十分迅速。计算流体力学与计算结构力学相结合的紧耦合法已经成为解决流固耦合问题的主要方法。紧耦合法和松耦合法求解遇到的最大困难在于流场和固体求解体系的统一，即耦合界面的协调问题[6-11]。

众所周知，在固体力学中习惯采用运动坐标系的 Lagrange 方法，该方法着眼于质点，对物质的形貌描述准确、清楚。在流体力学中则更多地使用 Euler 方法，其着眼点是空间上的速度、密度、压力等状态，不是物质本身。这两种描述运动状态的体系本质上是相同的，且可以相互转换，但对于大运动和非线性问题，其转换过程十分复杂，尤其是在流固耦合分析中，Lagrange 体系的节点随固体的运动而移动，Euler 体系的节点不随流体的移动而移动。当结构发生振动时，在流固耦合界面上就会出现流体模型和固体模型的分离问题，如何协调耦合界面是流固耦合分析的关键问题之一。另外，由于流体力学和固体力学自身的特点，它们所采用的网格模型在耦合界面上节点分布迥异，在协调流体和固体的耦合关系时不得不在网格模型之间进行耦合界面上节点的插值。适当的流固耦合插值传递方法是保证流固耦合分析精度的重要前提[6-11]。

网格是计算流体力学和计算结构力学的基础。为实现基于计算流体力学和计算结构力学的流固耦合求解，需要在流场和结构网点之间进行耦合数据传递。当流场和结构的耦合面网格节点一致[12]时，流场和结构模型的网格与节点对应，只需要在对应网格和节点之间传递耦合面数据(图 1.4(a))；当流场和结构的界面网格不一致时，耦合数据传递需要在网格之间进行插值，这将在流固耦合分析中引入额外的误差(图 1.4(b))。实践中，流场和结构界面网格节点通常是不一致的，这是因为流场分析主要关注几何外形和细节，而结构分析主要关注高应力区，导致两者网格加密位置和加密方式不同，通常流场网格的密度比结构网格大得多；另外，在流固耦合求解过程中流场和结构的网格随着结构的变形而相互错动，原来一致的网格也可能变得不一致了。不一致的网格使得流体计算不能直接使用结构网格计算得到的位移数据，同样结构计算也不能直接使用流体网格计算得到的压力数据，这就需要在不一致的网格间进行耦合数据插值传递[12-54]。当耦合界面是空间曲面时，不一致的网格间将出现间隙和重叠[27-54]，形成网格不匹配(图 1.4(c))，耦合数据的传递将变得十分复杂，数据传递插值误差增大。在整个流固耦合分析过程中每一个子步都需要在流体网格节点和固体网格节点之间进行数据的插值传递，相应的插值误差不断积累。Jiao 等指出，网格不匹配将增大守恒插值时载荷的投影方向和总量的计算误差，在瞬态流固耦合求解时这种误差会在每个积分步逐渐累积，进而影响流场和结构计算结果的正确性；网格不匹配将导致结构插值得到的压力分布出现非物理的波动，对柔性结构流固耦合振动的计算结果产生非常恶劣的影响，甚至引起求解的不稳定[46,47,49]。

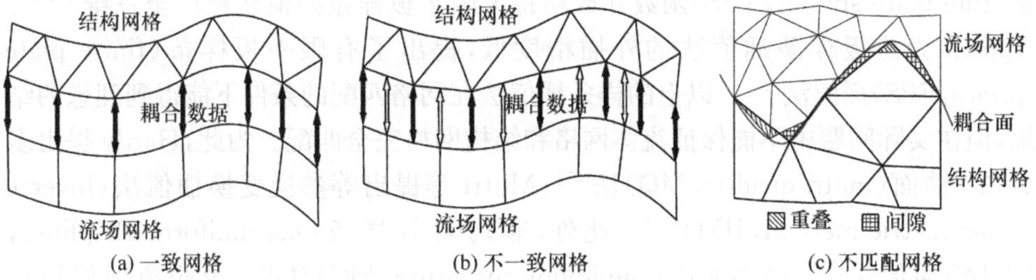

图 1.4 耦合数据传递

总之，流体和固体耦合界面网格间的数据传递是紧耦合法实现的前提，对流固耦合问题的研究有着重要的意义，寻求性能优异的耦合数据插值传递方法是流固耦合数值分析方法研究的一个重要内容。根据近年来的研究成果，流体和固体耦合界面网格间数据传递总的来说包括两类方法，即一致插值法和投影插值法。

1.4.1 一致插值法

插值是根据离散数据补插出连续函数，使得这条连续函数通过全部给定的离散数据点，并通过它估计其他未知点的值。《周髀算经》中就记载有最早的插值法。《九章算术》中的“盈不足术”也是一种插值法。公元 6 世纪刘焯在《皇极历》的编算中采用了等间距二次插值法。公元 8 世纪高僧一行在《大衍历》的编撰过程中采用了不等间距二次插值法。郭守敬在《授时历》的编撰过程中采用了三次插值法。朱世杰在《四元玉鉴》中给出了四次插值公式。公元 17 世纪牛顿和格雷戈里建立了等距节点上的一般插值公式。公元 18 世纪拉格朗日给出了更一般的非等距节点上的插值公式，在此基础上发展出多种插值方法，如埃尔米特插值、分段插值、样条插值、三角插值、有理插值和多元插值等。插值法是许多数值方法的核心，在计算数学和力学中占有重要的地位，如求数值积分、求非线性方程组的数值解、求微分方程数值解等。

流固耦合数据传递是在耦合界面不同网格节点之间进行载荷和位移的插值，在数学上是一个双向插值问题。目前，已有很多方法可用于流固耦合界面网格之间的数据传递。Schmitt 提出了基于最小二乘曲线拟合的插值法[17]，随后 Rodden 对上述方法进行了改进[18,19]。1964 年 Done 提出了以两端铰支均质梁弯曲变形理论为基础的样条插值法并将它应用于平面耦合问题的插值计算[20]，该方法要求插值节点在同一条直线上。为解决这个问题，Harder 等提出了以无限大均质板弯曲变形理论为基础的无限平板样条(infinite-plate splines，IPS)插值法，这种方法的插值节点可以任意分布，具有较高的精度[21]。平板样条插值法的外插精度低，在大曲率耦合面插值时存在较大误差。为了提高其计算精度，Duchon 等提出薄板样条(thin plate splines，TPS)函数并成功将无限平板样条插值法推广至三维[22,23]。Appa 认为薄板样条插值法的外插精度低，提出了有限平板样条(finite plate splines，FPS)插值法[24]。以上的样条插值法在网格匹配的条件下能得到理想的结果，但在实际问题中不能保证流体网格和结构网格完全匹配。为此，Hardy 提出多重二次曲面(multi-quadric，MQ)法[25]；Mutri 等提出等参逆变换插值法(inverse isoparametric method，IIM)[26]。此外，非均匀 B 样条(non-uniform B-splines，NUBS)插值法[27]、最小曲率(minimum curvature，MC)法[28]、反距离加权插值(inverse distance to a power，IDP)法[29]、克里金(Kriging)插值法[29]、改进谢别德法(modified Shepard’s method，MSM)[30]、最邻近(nearest neighbor，NN)插值法[31]、多项式回归(polynomial regression，PR)法[32]、线性插值三角网(triangulation with linear interpolation，TLI)法[33]、移动平均(moving average，MA)法[34]、局部多项式(local polynomial interpolation，LPI)[35]法等，也被用到流固耦合数据插值中。近年来，径向基函数(radial basis function，RBF)在流固耦合数据插值中被广泛讨论。德国 Buhmann 教授和国内吴宗敏教授等对径向基函数的基础理论研究和应用做出了很大的贡献[36-39]。Beckert 等研究了径向基函数的插值传递能力，发现它相较于其他基函数插值法有更好的性能[36-39]。径向基函数是一种关于欧氏距离的基函数，便于处理大型散乱的数据，研究发现多重二次曲面法、无限平板样条插值法和薄板样条插值法等在数学上都是径向基插值法。

在流固耦合插值中，以上直接用函数拟合插值的方法统称为一致插值法。这些插值法实质上是由数学中的各种插值方法发展而来的，用于流固耦合数据传递后发现其精度依赖于耦合面曲率、网格密度和网格不匹配程度。不同于数学上的插值问题，流固耦合插值问题在空间上是不连续的和非线性的，很难满足数学插值方法的线性空间的基本要求。因此，在使用过程中，当耦合面为平面、流场或结构网格都较细、网格间隙和重叠较少时，其数据传递精度较高；当耦合面为曲面、流体或结构网格较粗、网格间有较大间隙和重叠时，其数据传递的误差很大，特别是存在间断面的插值问题(有障碍插值问题),误差很大。

1.4.2 投影插值法

投影插值法(projection interpolation method)不对耦合面数据进行拟合,直接将源节点(已知耦合数据的节点)的耦合数据(如温度、压力、位移等)映射到目标节点(耦合数据传递的目标学科节点)上[40-48]。常见的有节点到节点投影插值法、节点到单元投影插值法、常体积转换(constant-volume tetrahedron,CVT)法。

(1) 节点到节点投影插值法是将载荷集中到源学科节点,并按照一定规则分配(如平均分配等)到邻近的目标学科节点上。针对耦合面网格不一致和不匹配的插值问题,有学者提出了最邻近插值法。最邻近插值法是一种简单快速的插值方法,直接获取源节点上最邻近点的耦合数据作为目标节点的数据插值结果,鲁棒性好且总能收敛。该方法的缺点是只有当流场网格和结构网格都很密时才能取得满意的插值结果。

(2) 节点到单元投影插值法(图 1.5)是将目标节点映射到源学科耦合面的单元上,当映射点在单元内部时,此单元为插值的主单元,其垂足为映射点。在该单元内用主单元的节点数据估计映射点的数值并将映射点的数值赋给目标节点完成插值。

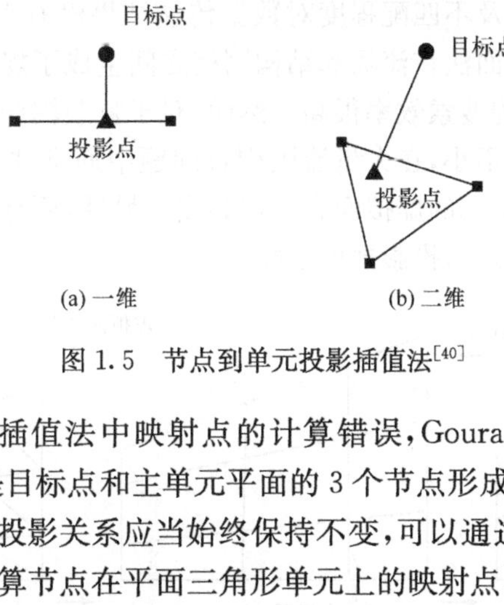

图 1.5 节点到单元投影插值法[40]

(3) 为减小投影插值法中映射点的计算错误,Goura 等提出了常体积转换法[40]。其基本思想是目标点和主单元平面的 3 个节点形成四面体结构,则单元的三点和气动点的正交投影关系应当始终保持不变,可以通过四面体的体积守恒确定正确投影单元和计算节点在平面三角形单元上的映射点。徐敏等在此基础上进一步提出了改进的常体积转换法,通过引入有限面积因子 τ 来确保投影的质量[41,42]。

投影插值理论上应当可以得到很好的结果,但是由于投影点的确定需要计算耦合面各点的法向,而在离散化的耦合面上各点的法向需要通过单元面的法向近似估计,当耦合面曲率较大时,单元面和耦合面各点的法向差异巨大,因此耦合面各点法向的计算误差很大,会导致投影映射点计算错误,使得投影插值法常常失效,方法的鲁棒性和精度非常差。图 1.6 中的投影点存在两个相差很大的法向,且距离目标点最近的单元并不是正确的单元[49-54]。

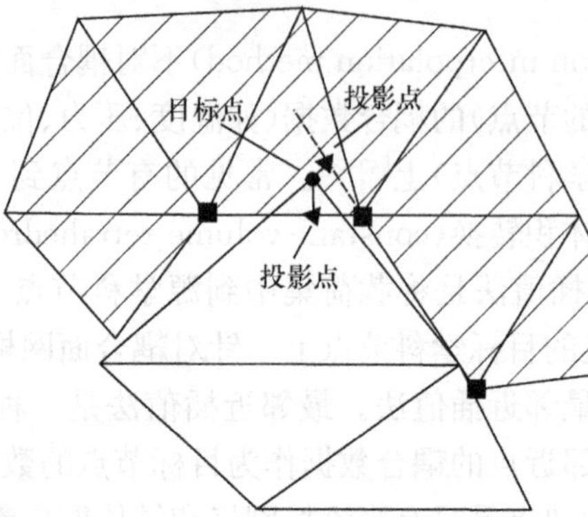

图 1.6 投影插值法的法向误差

虚拟面法(virtual surface method)、公共细分网格法和守恒插值法是投影插值法的三种具体方法。虚拟面法[24,27]是由 Appa 等提出的,通过重构虚拟耦合面,将耦合数据投影到虚拟面上并在虚拟面上进行耦合数据插值传递(图 1.7)。原有流场和结构的网格密度及不匹配程度对数据传递结果没有直接影响,仅对耦合面重构精度有影响。虚拟面法在流场和结构网格之间生成了规则的四节点单元作为虚拟面,其插值和投影的搜索效率很高。然而,对于复杂耦合面生成规则四边形单元作为虚拟面的工作量不小,在大量流固耦合问题中通常并不知道耦合面的具体几何形式,生成四边形单元的虚拟面有一定难度。另外,原有流场和结构网格节点向虚拟面投影过程的误差与投影插值法相当。

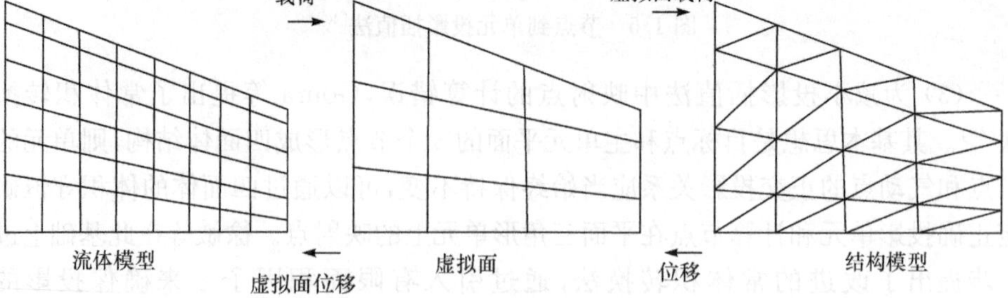

图 1.7 虚拟面法[24,27]

Jiao 等提出建立包含原有各学科耦合面网格的公共细分网格(common refinement)[49]作为耦合数据传递的虚拟面(图 1.8),Farrell 等也提出类似的 Supermesh 方法[50,51]。公共细分网格法将耦合面所有学科的网格和节点统合,通过在网格和节点之间连线建立若干个三角形，构成了一张覆盖耦合面的由三角形拼接而成的网。所有的插值都在这些三角形面构成的公共网格面内进行，解决了网格不匹配和投影插值法投影节点位置错误的问题，插值精度较高。在公共细分网格法中，数据传递在加密的细分网格内进行，网格面积和法向计算更准确。公共细分网格法是目前精度最高、适应性最好的数据传递方法，但建立公共细分网格的算法较为复杂，影响了该方法的使用。

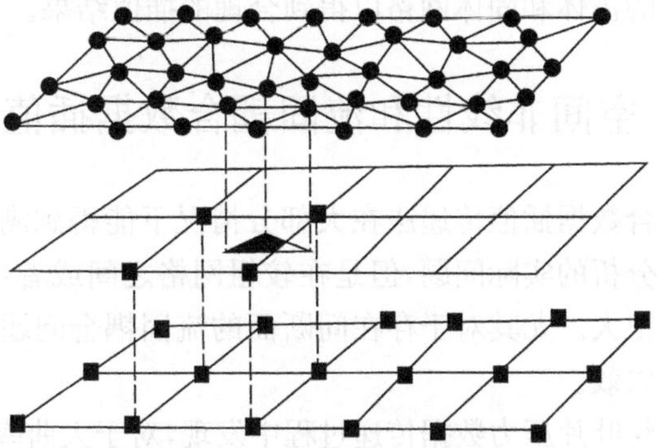

图 1.8　公共细分网格法[49]

守恒插值法认为在流固耦合过程中耦合面上的流体力和固体力在耦合界面位移上所做的功应当相等。因此，插值时仅保证耦合面两侧合力总量相等，而不要求两侧压力分布完全一致，以避免不匹配网格对插值精度的影响。守恒插值法通过逐单元对源学科耦合量求和，并投影到目标学科的单元或节点上实现耦合数据的传递。但 de Boer 和 Jiao 等认为，守恒插值法中耦合量集中再分配的过程，使压力分布的连续性遭到破坏，人为引起压力分布的非物理波动，数据传递精度很低(图 1.9)，对柔性结构振动计算结果的影响非常大[48,49]。Jiao 等认为，网格不匹配

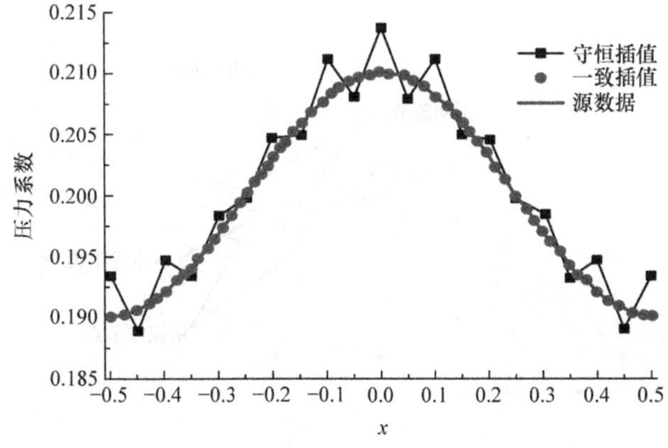

图 1.9　守恒插值法的非物理波动[48]

可以导致耦合面流场和结构的法向与面积的差异(图 1.6),影响守恒插值法数据传递的结果,甚至引起流固耦合求解的弱不稳定[49,52,53]。

耦合界面守恒插值法意在解决耦合面两侧流场和结构网格面积与法向不等导致的能量不守恒问题,但是研究发现该方法并不能得到预想的结果。一致插值法基于源学科耦合面和目标学科耦合面应该有相同的分布,直接用各种插值曲线实现源学科节点和目标学科网格点之间的插值,而不考虑能量或总量守恒问题,因此一致插值法需要细的流体和固体网格以得到合理的插值结果。

1.5　空间非线性和流固耦合数据插值传递

现有的流固耦合数据插值传递法在大部分情况下能得到满意的插值结果,解决了很多流固耦合分析的实际问题,但是在较粗网格之间或者不同维度的单元之间进行插值时误差很大。尤其对于存在间断面的流固耦合问题(有障碍插值),常见的插值方法完全失效。

本书作者在涡轮叶片压力数据传递过程中发现,对于大曲率空间耦合面,尤其是弯曲成自平行且相互靠近的耦合面,用一致插值法是行不通的。在插值过程中必须防止将欧氏空间距离很近却不相关的点也作为构造插值函数的数据点[55-62]。如图 1.10 所示的薄翼型,如果选较小的邻域进行插值,则有 1 个正确的数据点,插值结果正确;如果选较大的邻域进行插值,则有 4 个正确的数据点,其中 2 个正确的数据点在薄翼型的另一侧。由于薄翼型两侧压力分布完全不同,如果用这 4 个正确的数据点进行插值,结果是错误的。由此可知,包含的数据点越多,插值结果的精度和光顺程度越高,但也伴随着正确性的降低。为保证耦合面数据传递的正确性和鲁棒性,在现有的一致插值法中真正能够用于构造插值函数的数据点很少并且通常使用局部插值算法,这使得插值函数的阶次较低,耦合数据传递的精度和光顺性都不高。

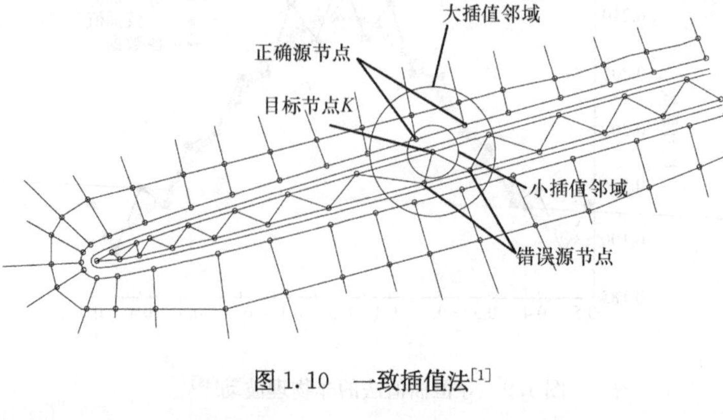

图 1.10　一致插值法[1]

非线性降维理论和流形学习方法[63-84]是 21 世纪初出现的新的数据空间分析理论。近十年来，非线性降维理论和流形学习方法发展非常迅速，成为一个非常热门的研究领域，并在人像识别、图形识别、大数据处理和小子样可靠性研究[85-87]等领域取得了非常有价值的成果。

非线性降维理论中，非线性面是不能用线性函数表示的曲面，在三维空间中除了平面外所有的曲面都是非线性面，其主要特征是面内任意两点之间的拓扑关系不能用两点之间的欧氏距离表示[64]。图 1.11 所示的空间曲面是典型的非线性曲面，在该曲面上取三个点 A、B、C，点 A 和点 B 之间的欧氏距离比点 B 和点 C 之间的欧氏距离短，而点 A 和点 B 之间的测地距离比点 B 和点 C 之间的测地距离长，在该曲面上欧氏距离不能正确反映点与点之间的拓扑关系。

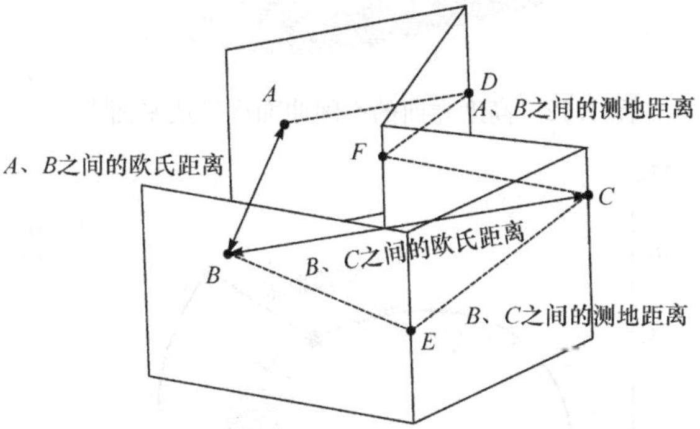

图 1.11　空间非线性曲面

通过非线性面的降维可以找到空间曲面的本征特征，基本思想是：对于 D 维空间 X 内流形上的点 $\boldsymbol{X}^D=\{\vec{x}_1,\vec{x}_2,\cdots,\vec{x}_n\}$（$\vec{x}_i$ 是空间 X 内的点），根据邻域关系计算各点之间的测地距离 $\boldsymbol{D}_{ij}^{(X)}=d_{ij}^{(X)}=|\vec{x}_i-\vec{x}_j|$，$i,j=1,2,\cdots,n$，在 t 维 Y 空间内寻找一组点 $\boldsymbol{Y}^t=\{\vec{y}_1,\vec{y}_2,\cdots,\vec{y}_n\}$（$\vec{y}_i$ 是 $\vec{x}_i$ 在低维空间 Y 内的投影点），使得点 $\vec{x}_1$，$\vec{x}_2,\cdots,\vec{x}_n$ 之间的二维测地距离矩阵 $\boldsymbol{D}^{(X)}$ 与点 $\vec{y}_1,\vec{y}_2,\cdots,\vec{y}_n$ 之间的二维测地距离矩阵 $\boldsymbol{D}^{(Y)}$（$\boldsymbol{D}_{ij}^{(Y)}=d_{ij}^{(Y)}=|\vec{y}_i-\vec{y}_j|$）相似，则 $\boldsymbol{Y}^t=\{\vec{y}_1,\vec{y}_2,\cdots,\vec{y}_n\}$ 为 $\boldsymbol{X}^D=\{\vec{x}_1,\vec{x}_2,\cdots,\vec{x}_n\}$ 在 Y 空间内的投影（图 1.12）。

本书作者从非线性降维理论出发重新对流固耦合面数据传递问题进行了讨论[55-62]，发现耦合面数据 $\boldsymbol{X}=\{x_i,y_i,z_i,t_i\}$（$i=1,2,\cdots,n$，$x_i$、$y_i$、$z_i$ 是耦合面节点坐标，t_i 是耦合面节点耦合数据（温度、压力、位移等））并不弥漫于整个四维欧氏空间，而仅仅占据欧氏空间的一个三维流形；耦合面的点 $\{x_i,y_i,z_i\}$ 也并不弥漫于整个三维欧氏空间，而仅仅占据欧氏空间的一个二维流形；在三维欧氏空间内大曲率耦合面具有非线性特征，其上任意两点间的欧氏距离不能反映这两点间内在的相关性（图 1.13）；耦合数据空间分布的非线性源于耦合面的非线性。

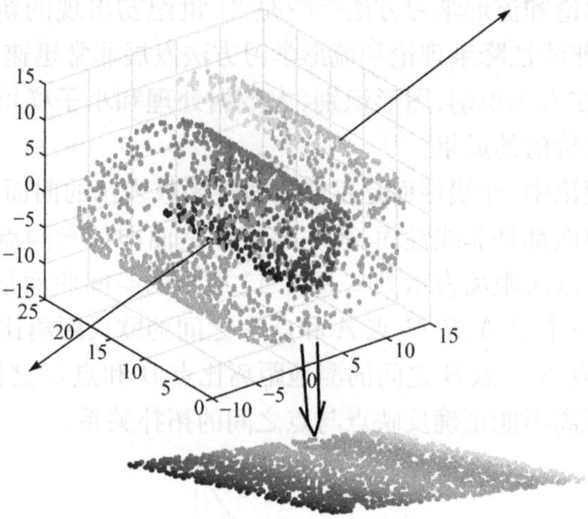

图 1.12　高度卷曲的空间曲面展开成平面[64]

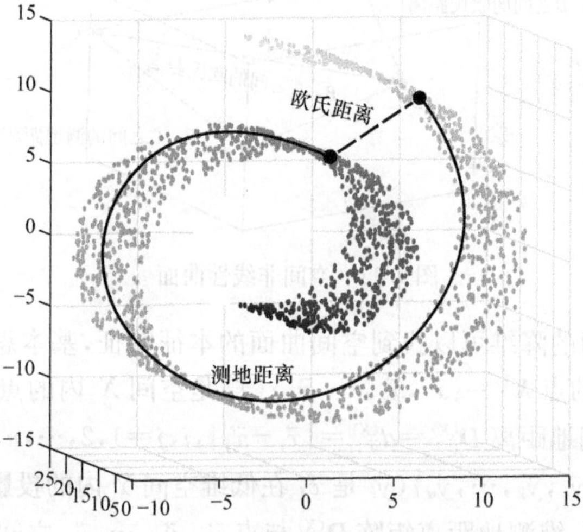

图 1.13　欧氏距离和测地距离的关系[64]

现有的插值方法直接在高维空间使用欧氏距离进行插值，没有考虑耦合面和耦合数据的空间非线性问题，也没有考虑耦合面是在三维空间中的二维曲面的特征，因此耦合数据的空间非线性会影响数据传递的正确性、鲁棒性和精度，在大曲率耦合面的插值问题上出现网格不一致引起网格不匹配的问题，在有间断面的耦合面(有障碍插值)上各种插值方法完全失效。而局部插值法、正交投影法和公共细分网格法等都是基于局部空间切平面的，不受耦合面空间非线性的影响。将耦合面展开成平面，获得耦合数据在本征维的空间分布，耦合数据传递就更不受耦合面空间非线性的影响。另外，网格不匹配是三维空间耦合面网格之间的现象，在耦合面的本征维即二维空间,并没有网格不匹配问题。基于以上理由,本书将重点介绍耦合面非线性降维投影的插值方法。

1.6 小 结

本章回顾了流固耦合现象,阐明了流固耦合数值求解方法在流固耦合研究中的重要价值,在此基础上引出了流固耦合数值插值方法对流固耦合数值求解方法的重要意义。另外,本章介绍了现有流固耦合插值方法的研究概况,运用非线性降维理论对现有流固耦合数据插值传递方法进行分析,说明流固耦合面是空间非线性的,现有欧氏空间的耦合数据插值传递方法的插值精度受到空间非线性的影响,其精度和鲁棒性很难得到保证。

参考文献

[1] 邢景棠,周盛,崔尔杰. 流固耦合力学概述[J]. 力学进展,1997,27(1):19-38.

[2] 钱若军,董石麟,袁行飞. 流固耦合理论研究进展[J]. 空间结构,2008,14(1):6-18.

[3] Hou G, Jin W, Anita L. Numerical methods for fluid-structure interaction—A review[J]. Communications in Computational Physics, 2012, 12(2): 337-377.

[4] 张明明,李绍斌,侯安平,等. 叶轮机械叶片颤振研究的进展与评述[J]. 力学进展,2011,41(1):26-38.

[5] 安效民,徐敏,陈士橹. 多场耦合求解非线性气动弹性的研究综述[J]. 力学进展,2009,39(3):284-298.

[6] Guruswamy G P. A review of numerical fluids/structures interface methods for computations using high-fidelity equations[J]. Computers & Structures, 2002, 80(1): 31-41.

[7] Johnson R W, Hansen G, Newman C. The role of data transfer on the selection of a single vs. multiple mesh architecture for tightly coupled multiphysics applications[J]. Applied Mathematics and Computation, 2011, 217(22): 8943-8962.

[8] Cebral J R, Lohner R. Fluid-structure coupling: Extensions and improvements[C]. The 35th AIAA Aerospace Sciences Meeting and Exhibit, Reno, 1997.

[9] 苏波,钱若军,袁行飞. 流固耦合界面信息传递理论和方法研究进展[J]. 空间结构,2010,16(1):3-10.

[10] de Boer A, van Zuijlen A H, Bijl H. Review of coupling methods for non-matching meshes[J]. Computer Methods in Applied Mechanics and Engineering, 2007, 196(8): 1515-1525.

[11] Smith M J, Cesnik C E S, Hodges D H. Evaluation of some data transfer algorithms for non-contiguous meshes[J]. Journal of Aerospace Engineering, 2000, 13(2): 52-58.

[12] Casadei F, Potapov S. Permanent fluid-structure interaction with non-conforming interfaces in fast transient dynamics[J]. Computer Methods in Applied Mechanics and Engineering, 2004, 193(39-41): 4157-4194.

[13] 崔鹏，韩景龙. 一种局部形式的流固耦合界面插值方法[J]. 振动与冲击，2009，28(10)：64-67.
[14] Lohner R，Yang C. Application of new algorithms for the simulation of multidisciplinary problems：Fluid，structure，thermal and control coupling[R]. Washington DC：Air Force Office of Scientific and Research，2002.
[15] Smith M J，Cesnik C E S，Hodges D H，et al. An evaluation of computational algorithms to interface between CFD and CSD methodologies[C]. The 37th AIAA/ASME/ASCE/AHS/ASC Structures，Structural Dynamics，and Materials Conference，Salt Lake City，1995.
[16] He T，Zhou D，Bao Y. Combined interface boundary condition method for fluid-rigid body interaction[J]. Computer Methods in Applied Mechanics and Engineering，2012，223-224(1)：81-102.
[17] Schmitt A F. A least squares matrix interpolation of flexibility influence coefficients[J]. Journal of the Aeronautical Sciences，1956，10：980-989.
[18] Rodden W P. Further remarks on matrix interpolation of flexibility influence coefficients[J]. Journal of the Aerospace Sciences，2012，26(11)：760-771.
[19] Rodden W P，Mcgrew J A，Kalman T P. Comment on interpolation using surface splines[J]. Journal of Aircraft，2012，9(12)：869-871.
[20] Done G T S. Interpolation of mode shapes：A matrix scheme using two-way spline curves[J]. Aeronautical Quarterly，2016，16(4)：333-349.
[21] Harder R L，Desmarais R N. Interpolation using surface splines[J]. Journal of Aircraft，1972，9(2)：189-191.
[22] Duchon J. Splines minimizing rotation-invariant semi-norms in Sobolev spaces[J]. Lecture Notes in Mathematics，1977，571：85-100.
[23] Bookstein F L. Principal warps：Thin-plate splines and the decomposition of deformations[J]. IEEE Transactions on Pattern Analysis and Machine Intelligence，1989，11(6)：567-585.
[24] Appa K. Finite-surface spline[J]. Journal of Aircraft，1989，26(5)：495-496.
[25] Hardy R L. Multiquadric equations of topography and other irregular surfaces[J]. Journal of Geophysical Research Atmospheres，1971，76(8)：1905-1915.
[26] Mutri V，Valliappan S. Numerical inverse isoparametric mapping in remeshing and nodal quantity contouring[J]. Computers and Structures，1986，22(6)：1011-1021.
[27] Samareh J A，Bhatia K G. A unified approach to modeling multidisciplinary interactions[R]. Hampton：NASA Langley Research Center，2000.
[28] Briggs I C. Machine contouring using minimum curvature[J]. Geophysics，1974，39(1)：39-48.
[29] Gotway C A，Ferguson R B，Hergert G W，et al. Comparison of kriging and inverse-distance methods for mapping soil parameters[J]. Soil Science Society of America Journal，1996，60(4)：1237-1247.
[30] Berry M W，Minser K S. High-dimensional interpolation using the modified Shepard method[J].

ACM Transactions on Mathematical Software, 1999, 25(3): 353-366.
[31] Cover T M, Hart P E. Nearest neighbor pattern classification[J]. IEEE Transactions on Information Theory, 1967, 13(1): 21-27.
[32] Heiberger R M, Neuwirth E. Polynomial Regression[M]. New York: Springer, 2009.
[33] Floater M S. Parametrization and smooth approximation of surface triangulations[J]. Computer Aided Geometric Design, 1997, 14(3): 231-250.
[34] Thompson W R, Weil C S. On the construction of tables for moving-average interpolation[J]. Biometrics, 1952, 8(1): 51-54.
[35] Hugger J. Local polynomial interpolation in a rectangle[J]. Calcolo, 1994, 31(3-4): 233-256.
[36] Buhmann M D. Radial Basis Functions: Theory and Implementations[M]. Cambridge: Cambridge University Press, 2005.
[37] Wu Z M. Compactly supported positive definite radial functions[J]. Advances in Computational Mathematics, 1995, 4(1): 283-292.
[38] 吴宗敏. 径向基函数、散乱数据拟合与无网格偏微分方程数值解[J]. 工程数学学报, 2002, 19(2): 1-12.
[39] Beckert A, Wendland H. Multivariate interpolation for fluid-structure interaction problems using radial basis functions[J]. Aerospace Science and Technology, 2001, 5(2): 125-134.
[40] Goura G, Badcock K J, Woodgate M A, et al. A data exchange method for fluid structure interaction problems[J]. Aeronautical Journal, 2001, 105(1046): 215-221.
[41] 徐敏, 陈士橹. CFD/CSD耦合计算研究[J]. 应用力学学报, 2004, 21(2): 33-36.
[42] 徐敏, 安效民, 陈士橹. 一种CFD/CSD耦合计算方法[J]. 航空学报, 2006, 27(1): 33-37.
[43] Lesoinne M, Farhat C. Geometric conservation laws for flow problems with moving boundaries, and deformable meshes and their impact on aeroelastic computations[J]. Computer Methods in Applied Mechanics and Engineering, 1996, 134(1-2): 71-90.
[44] Cebral J, Lohner R. Conservative load projection and tracking for fluid structure problems[J]. AIAA Journal, 1997, 35(4): 687-692.
[45] Farhat C, Lesoinne M, Tallec P L. Load and motion transfer algorithms for fluid/structure interaction problems with non-matching discrete interfaces: Momentum and energy conservation, optimal discretization and application to aeroelasticity[J]. Computer Methods in Applied Mechanics and Engineering, 1998, 157(1): 95-114.
[46] Jaiman R K, Jiao X, Geubelle P H, et al. Assessment of conservative load transfer for fluid-solid interface with non-matching meshes[J]. International Journal for Numerical Methods in Engineering, 2005, 64(15): 2014-2038.
[47] Jaiman R K, Jiao X, Geubelle P H, et al. Conservative load transfer along curved fluid-solid interface with non-matching meshes[J]. Journal of Computational Physics, 2006, 218(1): 372-397.
[48] de Boer A, van Zuijlen A H, Bijl H. Comparison of the conservative and a consistent ap-

proach for the coupling of non-matching meshes[J]. Computer Methods in Applied Mechanics and Engineering,2008,197(49-50):4284-4297.

[49] Jiao X M,Heath M T. Common refinement based data transfer between non-matching meshes in multiphysics simulations[J]. International Journal for Numerical Methods in Engineering,2004,61(14):2402-2427.

[50] Farrell P E,Piggott M D,Pain C C,et al. Conservative interpolation between unstructured meshes via supermesh construction[J]. Computer Methods in Applied Mechanics and Engineering,2009,198(33):2632-2642.

[51] Menon S,Schmidt D P. Conservative interpolation on unstructured polyhedral meshes:An extension of the supermesh approach to cell-centered finite-volume variables[J]. Computer Methods in Applied Mechanics and Engineering,2011,200(41-44):2797-2804.

[52] Jaiman R,Geubelle P,Loth E,et al. Combined interface boundary condition method for unsteady fluid-structure interaction[J]. Computer Methods in Applied Mechanics and Engineering,2011,200(1-4):27-39.

[53] Jaiman R,Geubelle P,Loth E,et al. Transient fluid-structure interaction with non-matching spatial and temporal discretizations[J]. Computers & Fluids,2011,50(1):120-135.

[54] Farrell P E,Maddison J R. Conservative interpolation between volume meshes by local Galerkin projection[J]. Computer Methods in Applied Mechanics and Engineering,2011,200(1-4):89-100.

[55] Li L Z,Zhan J,Zhao J L,et al. An enhanced 3D data transfer method for fluid-structure interface by ISOMAP nonlinear space dimension reduction[J]. Advances in Engineering Software,2015,83(C):19-30.

[56] Liu M M,Li L Z,Zhang J. Comparison of manifold learning algorithms used in FSI data interpolation of curved surfaces[J]. Multidiscipline Modeling in Materials and Structures,2017,13(2):217-261.

[57] Li L Z,Lu Z Z,Wang J C,et al. Turbine blade temperature transfer using the load surface method[J]. Computer Aided Design,2007,39(6):494-505.

[58] 李立州,王婧超,韩永志,等. 基于网格变形技术的涡轮叶片变形传递[J]. 航空动力学报,2007,22(12):2101-2104.

[59] 李立州,张珺,李磊,等. 基于局部坐标的载荷传递[J]. 机械强度,2011,33(3):423-427.

[60] Liu Z H,Li L H,Liu Z P. Data transfer of non-matching meshes in a common dimensionality reduction space for turbine blade[J]. International Journal of Vibration-Engineering,2014,16(7):3399-3408.

[61] Bock S. Approach for coupled heat transfer/heat flux calculations[C]. RTO-AVT Symposium on "Advanced Flow Management:Part B—Heat Transfer and Cooling in Propulsion and Power Systems",Loen,2001.

[62] 唐月红,李卫国,孙本华. 基于曲面上光滑插值方法的飞机表面 C_p 值重建[J]. 航空学报,2001,22(3):250-252.

[63] 吴晓婷,闫德勤.数据降维方法分析与研究[J].计算机应用研究,2009,26(8):2832-2835.

[64] Tenenbaum J B,de Silva V,Langford J C. A global geometric framework for nonlinear dimensionality reduction[J]. Science,2000,290(5500):2319-2323.

[65] Roweis S T,Saul L K. Nonlinear dimensionality reduction by locally linear embedding[J]. Science,2000,290(5500):2323-2326.

[66] Huo X,Smith A K. A Survey of Manifold-Based Learning Methods[M]. Singapore:World Scientific,2007.

[67] Saul L K,Roweis S T. Think globally fit locally:Unsupervised learning of low dimensional manifolds[J]. Journal of Machine Learning Research,2003,4(2):119-155.

[68] Mazzaferro V,Regalia E,Pulvirenti A,et al. Nonlinear dimensionality reduction[J]. Advances in Neural Information Processing Systems,1993,5(5500):1959-1966.

[69] Coifman R R,Lafon S. Diffusion maps[J]. Applied & Computational Harmonic Analysis,2006,21(1):5-30.

[70] Shao R,Hu W,Wang Y,et al. The fault feature extraction and classification of gear using principal component analysis and kernel principal component analysis based on the wavelet packet transform[J]. Measurement,2014,54(6):118-132.

[71] Belkin M,Niyogi P. Laplacian eigenmaps and spectral techniques for embedding and clustering[J]. Advances in Neural Information Processing Systems,2001,14(6):585-591.

[72] Dybowski R,Collins T D,Hall W,et al. Visualization of binary string convergence by Sammon mapping[C]. Proceedings of the 5th Annual Conference on Evolutionary Programming,San Diego,1996.

[73] Sun W W,Halevy A,Benedetto J J,et al. UL-Isomap based nonlinear dimensionality reduction for hyperspectral imagery classification[J]. ISPRS Journal of Photogrammetry and Remote Sensing,2014,89(2):25-36.

[74] Donoho D L,Grimes C. Hessian eigenmaps:Locally linear embedding techniques for high-dimensional data[J]. Proceedings of the National Academy of Sciences of the United States of America,2003,100(10):5591-5596.

[75] Wang J. Improve local tangent space alignment using various dimensional local coordinates[J]. Neurocomputing,2008,71(16):3575-3581.

[76] Lee J A,Verleysen M. Nonlinear Dimensionality Reduction[M]. New York:Springer,2007.

[77] Chen K K,Hung C,Soong B W,et al. Data classification with modified density weighted distance measure for diffusion maps[J]. Journal of Biosciences and Medicines,2014,2(4):12-18.

[78] Vanrell M,Vitrià J,Roca X. A multidimensional scaling approach to explore the behavior of a texture perception algorithm[J]. Machine Vision & Applications,1997,9(5-6):262-271.

[79] Horvath D,Ulicny J,Brutovsky B. Self-organised manifold learning and heuristic charting via adaptive metrics[J]. Connection Science,2014,28(1):1-26.

[80] Wan X,Wang D,Tse P W,et al. A critical study of different dimensionality reduction meth-

ods for gear crack degradation assessment under different operating conditions[J]. Measurement, 2016, 78: 138-150.

[81] Chen C, Zhang L, Bu J, et al. Constrained Laplacian eigenmap for dimensionality reduction[J]. Neurocomputing, 2010, 73(4-6): 951-958.

[82] Li S, Wang Z, Li Y M. Using Laplacian eigenmap as heuristic information to solve nonlinear constraints defined on a graph and its application in distributed range-free localization of wireless sensor networks[J]. Neural Processing Letters, 2013, 37(3): 411-424.

[83] Sammon J W. A nonlinear mapping for data structure analysis[J]. IEEE Transactions on Computers, 1969, 18(5): 401-409.

[84] Hinton G E, Salakhutdinov R R. Reducing the dimensionality of data with neural networks[J]. Science, 2006, 313(5786): 504-507.

[85] Xiao S N, Lu Z Z. Structural reliability sensitivity analysis based on classification of model output[J]. Aerospace Science and Technology, 2017, 71: 52-61.

[86] Cheng K, Lu Z Z, Wei Y H, et al. Mixed kernel function support vector regression for global sensitivity analysis[J]. Mechanical Systems and Signal Processing, 2017, 96: 201-214.

[87] Xiao S N, Lu Z Z, Xu L Y. Multivariate sensitivity analysis based on the direction of eigen space through principal component analysis[J]. Reliability Engineering & System Safety, 2017, 165: 1-10.

第 2 章　耦合面空间非线性对流固耦合数据传递精度的影响

本章将介绍流固耦合数据插值传递的主要方法，阐述耦合面空间非线性对流固耦合数据传递精度的影响机理，通过实例介绍流固耦合数据插值传递的基本过程，并展示耦合面空间非线性对各种流固耦合数据传递方法精度的影响。

2.1　流固耦合数据插值方法

2.1.1　最邻近插值法

最邻近插值法，又称泰森(Thiessen)多边形法，是荷兰气象学家泰森提出的一种插值方法，最初用于根据离散分布气象站的降雨量数据计算平均降雨量[1]。后来，最邻近插值法成为一种简单快速的流固耦合数据插值传递方法。

最邻近插值法是比较目标节点(目标学科网格的节点)和所有源节点(源学科网格的节点)之间的距离，选出距离目标节点最近的源节点，直接用最近源节点的载荷作为目标节点的载荷。以三维耦合面为例，假设目标节点为 $\vec{s}_2(x_{\vec{s}_2}, y_{\vec{s}_2}, z_{\vec{s}_2})$，耦合面所有源节点为 $N=\{\vec{N}_i(x_i, y_i, z_i)\}, i=1,2,\cdots,n$，$n$ 是源节点的个数，源节点对应的载荷数据为 p_i，则最邻近插值法的步骤如下。

(1) 计算目标节点 $\vec{s}_2$ 与所有源节点的欧氏距离 $\boldsymbol{D}=(d_{\vec{s}_2 1}, d_{\vec{s}_2 2}, \cdots, d_{\vec{s}_2 n})$：

$$d_{\vec{s}_2 i}=\sqrt{(x_{\vec{s}_2}-x_i)^2+(y_{\vec{s}_2}-y_i)^2+(z_{\vec{s}_2}-z_i)^2} \tag{2.1}$$

式中，$d_{\vec{s}_2 i}$ 为目标节点与源节点 $\vec{N}_i$ 的欧氏距离。

(2) 按照欧氏距离 $\boldsymbol{D}$ 将所有源节点进行升序排列，取出第一个元素对应的源节点，为距离目标节点 $\vec{s}_2$ 最近的源节点 $\vec{N}_k$。

(3) 将最近源节点 $\vec{N}_k$ 的载荷 p_k 作为目标节点 $\vec{s}_2$ 的载荷插值结果。

最邻近插值法原理简单，计算快速，对任意形状的几何面和网格总能插值得到结果，不需要人为修正参数，不存在插值函数方程系数求解的求逆过程，因此也不会出现插值失败的问题。随着耦合面网格密度的增加，该方法的插值结果一定会收敛到真值。最邻近插值法具有较高的鲁棒性，一般用作最基本的插值方法，如果其他方法插值失败，则可以采用该方法。最邻近插值法的缺点是插值精度不高，只有当流体和固体网格很密或相邻节点的载荷数据梯度不大时插值结果较为满意。

2.1.2　多项式插值法

多项式插值法分为全局多项式插值法和局部多项式插值法。全局多项式插值(global polynomial interpolation,GPI)法是根据源节点的载荷数据拟合出给定的多项式函数光滑曲面及相应的多项式系数,在这个多项式曲面上插值得到目标节点载荷的方法[2]。全局多项式插值法可以获得感兴趣区域平滑的表面,通过增加多项式函数的阶次,逐渐贴合复杂的表面。但是,当耦合面和耦合数据形状复杂时,全局多项式插值法将无法很好地拟合耦合数据构成的空间曲面。另外,使用的插值多项式越复杂,拟合得到的曲面对极高值和极低值越敏感。

局部多项式插值法是针对耦合数据空间分布复杂的问题对全局多项式插值法(趋势面拟合法)的一种改进,它用低阶多项式对目标节点邻近的源节点数据进行拟合并插值到目标点,需要对每个目标点进行拟合和插值。局部多项式插值法通过多个重叠的邻域多项式拟合整个耦合面的数据,每个目标点的插值结果都是位于目标点邻域中心的多项式拟合值,可以通过调整邻域大小和形状(半径邻域或ε-邻域)、邻点数量(点数邻域或 K-邻域)优化插值结果。局部多项式插值法仅使用低阶多项式(1 阶、2 阶、3 阶)进行拟合插值,拟合得到的曲面对极高值和极低值不敏感,因此广泛应用于耦合数据的传递。

这里以三维耦合面为例,设耦合面所有源节点为 $N=\{\vec{N}_i(x_i,y_i,z_i)\}$,$i=1,2,\cdots,n$,$n$ 是源节点的个数,源节点对应的载荷数据为 p_i,任意目标节点为 $\vec{s}_2(x_{\vec{s}_2},y_{\vec{s}_2},z_{\vec{s}_2})$,则局部多项式插值法的基本步骤如下。

(1) 选取插值多项式。插值多项式有很多选择,如勒让德多项式、傅里叶级数、雅可比多项式、切比雪夫多项式、埃尔米特多项式、拉格朗日多项式和牛顿多项式等。

这里以线性多项式为例,插值多项式为

$$p=ax+by+cz+d \tag{2.2}$$

式中,a、b、c、d 为待定系数;p 为载荷值。

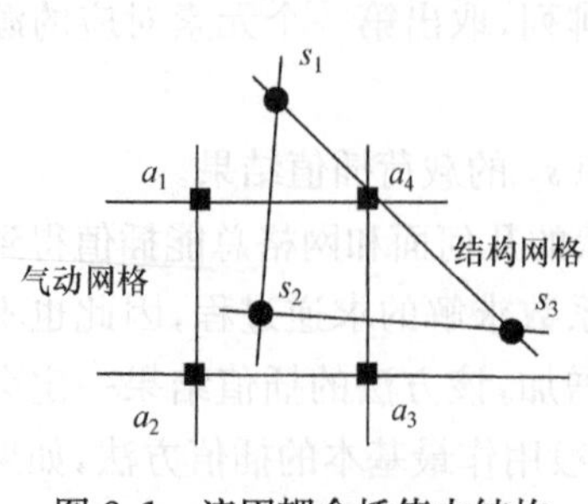

图 2.1　流固耦合插值中结构节点与气动节点之间的关系

(2) 对于目标节点 $\vec{s}_2$(图 2.1),从源节点 $\vec{N}_i$ 中选出 4 个距离目标节点 $\vec{s}_2$ 最近的节点,为 $\vec{a}_j$,$j=1,2,3,4$。

(3) 假设源节点 $\vec{a}_j$ 和对应的耦合数据 $p_{\vec{a}_j}$ 在插值多项式曲面上,则这些点满足多项式(2.2),即

$$p_{\vec{a}_j}=ax_{\vec{a}_j}+by_{\vec{a}_j}+cz_{\vec{a}_j}+d$$

式中,$x_{\vec{a}_j}$、$y_{\vec{a}_j}$、$z_{\vec{a}_j}$ 为 $\vec{a}_j$ 的三个坐标值。

(4) 由此可得线性方程组：

$$\boldsymbol{AB}=\boldsymbol{P} \tag{2.3}$$

式中，$\boldsymbol{A}=\begin{bmatrix} x_{\vec{a}_1} & y_{\vec{a}_1} & z_{\vec{a}_1} & 1 \\ x_{\vec{a}_2} & y_{\vec{a}_2} & z_{\vec{a}_2} & 1 \\ x_{\vec{a}_3} & y_{\vec{a}_3} & z_{\vec{a}_3} & 1 \\ x_{\vec{a}_4} & y_{\vec{a}_4} & z_{\vec{a}_4} & 1 \end{bmatrix}$；$\boldsymbol{B}=\begin{bmatrix} a \\ b \\ c \\ d \end{bmatrix}$；$\boldsymbol{P}=\begin{bmatrix} p_{\vec{a}_1} \\ p_{\vec{a}_2} \\ p_{\vec{a}_3} \\ p_{\vec{a}_4} \end{bmatrix}$。

(5) 线性方程组的系数 $\boldsymbol{B}$ 可以由式(2.4)求解：

$$\boldsymbol{B}=\boldsymbol{A}^{-1}\times\boldsymbol{P} \tag{2.4}$$

(6) 将求得的系数 $\boldsymbol{B}=[a\quad b\quad c\quad d]^{\mathrm{T}}$ 和目标节点 $\vec{s}_2$ 的坐标$(x_{\vec{s}_2}, y_{\vec{s}_2}, z_{\vec{s}_2})$代入式(2.2)，得到目标节点 $\vec{s}_2$ 的插值结果 $p_{\vec{s}_2}=ax_{\vec{s}_2}+by_{\vec{s}_2}+cz_{\vec{s}_2}+d$。

由于耦合面复杂，采用局部多项式插值法时多项式拟合曲面常常无法穿过每一个源节点数据，这使得多项式插值成为一种不精确的插值方法。为此，将各个数据点与多项式拟合曲面之间的距离进行累加，使各个数据点与拟合曲面之间的距离的平方差最小，从而减小插值误差，这就是局部多项式最小二乘插值法。局部多项式最小二乘插值法是选取距离目标节点最近的多个源节点(大于未知参数的个数)，用最小二乘法拟合确定多项式的系数，最后在多项式上插值得到目标节点的数据。

以三维耦合面为例，设目标节点为 $\vec{s}_2(x_{\vec{s}_2}, y_{\vec{s}_2}, z_{\vec{s}_2})$，耦合面所有源节点为 $N=\{\vec{N}_i(x_i, y_i, z_i)\}$，$i=1,2,\cdots,n$，$n$ 是源节点的个数，源节点对应的载荷数据为 p_i，则局部多项式最小二乘插值法的基本步骤如下。

(1) 选取插值多项式。这里选取式(2.2)所示的线性多项式：

$$p=ax+by+cz+d$$

(2) 对每一个待求的目标节点 $\vec{s}_2$，从源节点 $\vec{N}_i$ 中选出 k 个点(k 的个数大于待定系数的个数 4)。距离目标节点 $\vec{s}_2$ 最近的 k 个元素对应的节点为 $\vec{a}_j$ $(j=1,2,\cdots,k)$，对应的载荷数据为 $p_{\vec{a}_j}$。

(3) 假设源节点 $\vec{a}_j$ 和对应的耦合数据 $p_{\vec{a}_j}$ 在插值多项式曲面上，则这些点满足多项式(2.2)，即

$$p_{\vec{a}_j}=ax_{\vec{a}_j}+by_{\vec{a}_j}+cz_{\vec{a}_j}+d$$

式中，$x_{\vec{a}_j}$、$y_{\vec{a}_j}$、$z_{\vec{a}_j}$ 为 $\vec{a}_j$ 的三个坐标值。

(4) 由此可得线性方程组：

$$\boldsymbol{AB}=\boldsymbol{P}$$

式中，$\boldsymbol{A}=\begin{bmatrix} x_{\vec{a}_1} & y_{\vec{a}_1} & z_{\vec{a}_1} & 1 \\ x_{\vec{a}_2} & y_{\vec{a}_2} & z_{\vec{a}_2} & 1 \\ \vdots & \vdots & \vdots & \vdots \\ x_{\vec{a}_k} & y_{\vec{a}_k} & z_{\vec{a}_k} & 1 \end{bmatrix}$；$\boldsymbol{B}=\begin{bmatrix} a \\ b \\ c \\ d \end{bmatrix}$；$\boldsymbol{P}=\begin{bmatrix} p_{\vec{a}_1} \\ p_{\vec{a}_2} \\ \vdots \\ p_{\vec{a}_k} \end{bmatrix}$。

(5) 根据最小二乘法求解系数 $\boldsymbol{B}$，有

$$\boldsymbol{B}=(\boldsymbol{A}^{\mathrm{T}}\times\boldsymbol{A})^{-1}\times(\boldsymbol{A}^{\mathrm{T}}\times\boldsymbol{P}) \tag{2.5}$$

(6) 将求得的系数 $\boldsymbol{B}=[a \quad b \quad c \quad d]^{\mathrm{T}}$ 和目标节点 $\vec{s}_2$ 的坐标$(x_{\vec{s}_2}, y_{\vec{s}_2}, z_{\vec{s}_2})$代入式(2.2)，得到目标节点 $\vec{s}_2$ 的插值结果 $p_{\vec{s}_2}=ax_{\vec{s}_2}+by_{\vec{s}_2}+cz_{\vec{s}_2}+d$。

2.1.3 反距离加权法

由于距离较近的点比距离较远的点更加相似，随着点之间距离的增大，点与点之间的关系减弱，甚至完全没有影响力。反距离加权法就是根据这种现象建立的插值算法[3]。反距离加权法常用点与点之间距离的负幂函数来表征不同距离点与点之间相互影响的紧密程度。

设耦合面所有源节点为 $N=\{\vec{N}_i(x_i, y_i, z_i)\}, i=1,2,\cdots,n$，$n$ 是源节点的个数，源节点对应的载荷数据为 p_i，任意目标节点为 $\vec{s}_2(x_{\vec{s}_2}, y_{\vec{s}_2}, z_{\vec{s}_2})$，反距离加权法具体步骤如下。

(1) 按照式(2.1)计算目标节点 $\vec{s}_2$ 到每个源节点 $\vec{N}_i(x_i, y_i, z_i)$的距离为

$$d_i=\sqrt{(x_{\vec{s}_2}-x_i)^2+(y_{\vec{s}_2}-y_i)^2+(z_{\vec{s}_2}-z_i)^2} \tag{2.6}$$

(2) 计算每个源节点对目标点影响的权重 w_i，反距离加权法中权重 w_i 是源节点与目标点之间距离的倒数的函数：

$$w_i=\frac{d_i^{-k}}{\sum_{j=1}^{n} d_j^{-k}} \tag{2.7}$$

式中，幂指数参数 k 是一个正实数。

(3) 将源节点的载荷数据 p_i 和计算得到的各权重值 w_i 代入插值函数，就可求得目标节点 $\vec{s}_2$ 的插值结果为

$$p_{\vec{s}_2}(x,y,z)=\sum_{j=1}^{n} w_i p_i(x_j, y_j, z_j) \tag{2.8}$$

幂指数参数 k 可以用来控制各个已知源节点对目标点影响的强度，k 取 0.5～3 可以获得最合理的插值结果。通过定义较高的幂指数值，可以进一步强调最近点的影响。幂指数值越高，邻近点的数据影响越大，插值结果将逐渐接近最邻近插值法的结果，插值曲面会变得不平滑。定义较小的幂指数值将使插值结果更多地体现距离较远点的影响，使插值曲面更加平滑。反距离加权法不存在插值函数方程系数求解的求逆过程，也不会出现插值失败的问题。随着耦合面网格密度的增加，

该方法的插值结果一定会收敛到真值，因此该方法具有较高的鲁棒性。由于反距离加权法的权重公式与任何实际的物理过程都不关联，无法确定特定幂指数值是否过大。一般地，认为幂指数值超过 30 就是超大幂，不建议使用。此外，如果节点之间距离较大或幂指数值较大，则可能产生错误的插值结果。

2.1.4 多重二次曲面法

多重二次曲面法是用来描绘不规则曲面的一种插值技术，该方法将二次函数作为基函数描述整个插值对象，其中最常用的是圆形双叶双曲函数[4]。由于该方法的控制方程恒有解，又称该方法是双调和的。

设任意目标节点为 $\vec{s}_2(x_{\vec{s}_2},y_{\vec{s}_2},z_{\vec{s}_2})$，所有源节点为 $N=\{\vec{N}_i(x_i,y_i,z_i)\}$，$i=1,2,\cdots,n$，$n$ 是源节点的个数，各源节点对应的载荷数据为 p_i，则多重二次曲面法的插值函数为

$$p(x,y,z)=\sum_{j=1}^{n}\alpha_j\left[(x_j-x)^2+(y_j-y)^2+(z_j-z)^2+k^2\right]^{1/2} \tag{2.9}$$

式中，α_j 为待定系数；常数 k 为基函数的形状控制参数。

用多重二次曲面法传递耦合数据的过程如下。

(1) 将所有源节点 $\vec{N}_i$ 和对应的载荷数据 p_i 代入式(2.9)，得到

$$p_i(x_i,y_i,z_i)=\sum_{j=1}^{n}\alpha_j\left[(x_j-x_i)^2+(y_j-y_i)^2+(z_j-z_i)^2+k^2\right]^{1/2} \tag{2.10}$$

(2) 令

$$\boldsymbol{A}=\begin{bmatrix} 0 & \cdots & \left[(x_1-x_n)^2+(y_1-y_n)^2+(z_1-z_n)^2+k^2\right]^{1/2} \\ \left[(x_2-x_1)^2+(y_2-y_1)^2+(z_2-z_1)^2+k^2\right]^{1/2} & \cdots & \left[(x_2-x_n)^2+(y_2-y_n)^2+(z_2-z_n)^2+k^2\right]^{1/2} \\ \vdots & & \vdots \\ \left[(x_{n-1}-x_1)^2+(y_{n-1}-y_1)^2+(z_{n-1}-z_1)^2+k^2\right]^{1/2} & \cdots & \left[(x_{n-1}-x_n)^2+(y_{n-1}-y_n)^2+(z_{n-1}-z_n)^2+k^2\right]^{1/2} \\ \left[(x_n-x_1)^2+(y_n-y_1)^2+(z_n-z_1)^2+k^2\right]^{1/2} & \cdots & 0 \end{bmatrix},\boldsymbol{B}=\begin{bmatrix}\alpha_1\\ \alpha_2\\ \vdots\\ \alpha_n\end{bmatrix},\boldsymbol{P}=\begin{bmatrix}p_1\\ p_2\\ \vdots\\ p_n\end{bmatrix}。$$

式(2.10)可变为

$$\boldsymbol{AB}=\boldsymbol{P} \tag{2.11}$$

(3) 求解式(2.11)可得

$$\boldsymbol{B}=\boldsymbol{A}^{-1}\times\boldsymbol{P} \tag{2.12}$$

(4) 将目标节点 $\vec{s}_2$ 和 $\boldsymbol{B}$ 代入式(2.9)，得到目标点的插值结果：

$$p_{\vec{s}_2}=\sum_{j=1}^{n}\alpha_j[(x_j-x_{\vec{s}_2})^2+(y_j-y_{\vec{s}_2})^2+(z_j-z_{\vec{s}_2})^2+k^2]^{1/2} \tag{2.13}$$

多重二次曲面法控制方程中的常数 k 可用来控制基函数的形状。当 k 很大时，基函数描述的曲面较为平坦；当 k 较小时，基函数描述的曲面是近似的圆锥。对于任意的 k 值，多重二次曲面法都是相容和稳定的。而当 k 不为 0 时，多重二次曲面法可以构造出一个能够保持单调性和凹凸性的无限可微函数。采用多重二次曲面法进行计算时，已知点的数目不受限制，但为了保证计算的精度，要求至少有三个已知点。此外，可通过以下方法改善多重二次曲面法插值的精度：调整基函数 k 值；在插值范围较大时，对变量进行比例上的缩放；将插值区域重叠。

2.1.5 无限平板样条插值法

无限平板样条插值法是以只承受弯曲变形无限大均质板的弯曲变形函数为基函数描述耦合数据空间分布的插值方法[5]。设所有源节点为 $N=\{\vec{N}_i(x_i,y_i,z_i)\}$，目标节点为 $\vec{s}_2(x_{\vec{s}_2},y_{\vec{s}_2},z_{\vec{s}_2})$，则无限平板样条插值法的插值函数的形式为

$$p(x,y,z)=a+bx+cy+dz+\sum_{i=1}^{n}\alpha_i K_i p_i \tag{2.14}$$

式中，$p(x,y,z)$ 表示点 (x,y,z) 的插值结果；$i=1,2,\cdots,n$；n 为源节点的个数；p_i 为作用在源节点 $\vec{N}_i$ 上的载荷；a、b、c、d、α_i 为待定系数；$a+bx+cy+dz$ 代表局部趋势的函数，它与线性或一阶曲面具有相同的形式；$K_i=[1/(16\pi D)]d_i^2\ln d_i^2$ 为纯弯曲板的弯曲刚度，$D=Eh^3/[12(1-\mu^2)]$，$d_i=\sqrt{(x-x_i)^2+(y-y_i)^2+(z-z_i)^2}$ 为节点 (x,y,z) 到每个源节点 $\vec{N}_i(x_i,y_i,z_i)$ 的欧氏距离，E 为平板刚度，h 为板厚度，μ 为泊松比。

无限平板样条插值法的插值函数也是一种径向基函数，有 $n+4$ 个待定系数，将所有的源节点坐标及其对应的数据 p_i 代入式(2.14) 得到 n 个方程，为了使这 $n+4$ 个待定系数有解，需要补充约束条件：$\sum_{i=1}^{n}\alpha_i=0$、$\sum_{i=1}^{n}\alpha_i x_i=0$、$\sum_{i=1}^{n}\alpha_i y_i=0$ 和 $\sum_{i=1}^{n}\alpha_i z_i=0$。这样，可求出 $n+4$ 个待定系数的唯一解。

无限平板样条插值法的具体插值过程与多重二次曲面法相同，这里不再赘述。用无限平板样条插值法进行计算时，插值节点可以任意分布。无限平板样条插值法的插值函数处处可微，且在远离已知点的位置插值结果近似为线性。但该方法对大曲率耦合面进行插值时，精度较低。

2.1.6 薄板样条插值法

三次样条可以描述处于平衡状态的弯曲变形板，在载荷的作用下这种样条的

形状可以通过薄板的最小能量函数来确定。薄板样条插值法就是一种利用薄板最小能量函数来描述曲面形状的插值方法[6,7]。薄板样条插值法的插值函数不受插值曲面的平移和转动的影响，可用于任意方向耦合面的插值。采用薄板样条插值法进行插值，已知数据点的数目不受限制，但为了保证插值精度，要求至少有三个已知数据点。薄板样条插值法与多重二次曲面法类似，两者最大的区别在于插值基函数不同。

设所有源节点为 $N=\{\vec{N}_i(x_i,y_i,z_i)\}$，各源节点对应的载荷数据为 p_i，目标节点为 $\vec{s}_2(x_{\vec{s}_2},y_{\vec{s}_2},z_{\vec{s}_2})$，则薄板样条插值法的插值函数的形式为

$$p(x,y,z)=a+bx+cy+dz+\sum_{i=1}^{n}\alpha_i d_i^2 \ln d_i^2 \tag{2.15}$$

式中，a、b、c、d 和 α_i 为待定系数；$d_i=\sqrt{(x-x_i)^2+(y-y_i)^2+(z-z_i)^2}$ 为节点 (x,y,z) 到每个源节点 $\vec{N}_i(x_i,y_i,z_i)$ 的欧氏距离；$i=1,2,\cdots,n$；n 为源节点的个数。

薄板样条插值法的插值函数包括两部分：$a+bx+cy+dz$ 表示局部趋势插值函数，它与线性或一阶趋势面具有相同的形式；$d_i^2\ln d_i^2$ 为与距离有关的基函数（径向基函数）。这一插值函数 $p(x,y,z)$ 有 $n+4$ 个待定系数，将所有的源网格节点坐标及其对应的数据代入式(2.15)中得到 n 个方程，要使 $n+4$ 个待求系数有唯一解，需要补充约束条件：$\sum_{i=1}^{n}\alpha_i=0$、$\sum_{i=1}^{n}\alpha_i x_i=0$、$\sum_{i=1}^{n}\alpha_i y_i=0$ 和 $\sum_{i=1}^{n}\alpha_i z_i=0$。薄板样条插值法的求解步骤与多重二次曲面法相同，这里不再赘述。

2.1.7　径向基插值法

径向基函数是一种取值仅仅依赖于点与点之间距离的插值函数[8-11]。设所有源节点为 $N=\{\vec{N}_i(x_i,y_i,z_i)\}$，$i=1,2,\cdots,n$，$n$ 为源节点的个数，源网格节点对应的载荷数据为 p_i，目标节点为 $\vec{s}_2(x_{\vec{s}_2},y_{\vec{s}_2},z_{\vec{s}_2})$。径向基函数为包含任意点与点之间距离 $\varphi(\|\vec{s}_2-\vec{N}_i\|)$ 关系的插值函数，其中 $\vec{s}_2$ 是未知点，$\vec{N}_i$ 是第 i 个点，$\|\vec{s}_2-\vec{N}_i\|$ 是未知点 $\vec{s}_2$ 与第 i 个点 $\vec{N}_i$ 之间的欧氏距离，φ 是任意形式的函数。

在三维空间最简单的径向基函数为 $p=\sum_{i=1}^{n}\alpha_i\times\sqrt{(x-x_i)^2+(y-y_i)^2+(z-z_i)^2}+ax+by+cz+d$。其中，$a$、$b$、$c$、$d$ 和 α_i 为待定系数。同式(2.14)一样，这一径向基函数有 $n+4$ 个待定系数。将所有的源节点坐标及对应的载荷数据代入径向基函数，得到 n 个方程，要使这 $n+4$ 个待求系数有解，需要补充约束条件：$\sum_{i=1}^{n}\alpha_i=0$、$\sum_{i=1}^{n}\alpha_i x_i=0$、$\sum_{i=1}^{n}\alpha_i y_i=0$ 和 $\sum_{i=1}^{n}\alpha_i z_i=0$。这样，可求出 $n+4$ 个待求系数的唯一解。径向基插值法的具体插值过程与多重二次曲面法相同，这里不再赘述。从径向基插值法

的定义、函数形式和求解方法不难看出，多重二次曲面法、无限平板样条插值法、薄板样条插值法等都是径向基插值法的具体形式。

2.1.8 克里金插值法

克里金插值法又称空间自协方差最佳插值法[3]，它是以南非矿业工程师 Krige 的名字命名的一种最优内插法，是考虑属性在空间位置上变异分布的插值方法。

设 $p(x,y,z)$ 是一个二阶平稳的随机函数，在区域上满足二阶平稳假设和本征假设，其数学期望为 $E[p(\vec{h})]=m$，协方差函数为 $c(p(\vec{h}),p(\vec{g}))=E[p(\vec{h})p(\vec{g})]-m^2$，$\vec{h}$ 和 $\vec{g}$ 为区域上的点；$E[\cdot]$为数学期望；$c(\cdot)$为协方差。设第 i 个位置 $\vec{N}_i(x_i,y_i,z_i)$取得样本数据为 p_i，则用克里金插值法对目标节点 $\vec{s}_2(x_{\vec{s}_2},y_{\vec{s}_2},z_{\vec{s}_2})$的估计为

$$\hat{p}_{\vec{s}_2}(x_{\vec{s}_2},y_{\vec{s}_2},z_{\vec{s}_2})=\sum_{i=0}^{n}\lambda_i p_i(x_i,y_i,z_i) \tag{2.16}$$

式中，$\hat{p}_{\vec{s}_2}$ 为点 $\vec{s}_2$ 处的估计值；λ_i 为权重系数，表示各个样本点对 $\vec{s}_2$ 估值的贡献；$i=1,2,\cdots,n$；n 为样本点的个数。

同反距离加权法一样，克里金插值法采用空间上所有已知点的加权平均来估计未知点的值。但克里金插值法的权重系数并非距离的倒数，其满足以下两个条件。

(1) 选择的 λ_i 能够使估计值 $\hat{p}_j$ 是真实值 p_j 的无偏估计量，即

$$E(\hat{p}_j)=E(p_j) \tag{2.17}$$

也就是

$$E\Big(\sum_{i=1}^{n}\lambda_i p_i(x_i,y_i,z_i)\Big)=\sum_{i=1}^{n}\lambda_i E(p_i(x_i,y_i,z_i)) \tag{2.18}$$

由此可得

$$\sum_{i=1}^{n}\lambda_i=1 \tag{2.19}$$

(2) 选择的 λ_i 能够使估计值 $\hat{p}_j$ 和真实值 p_j 之间的方差 σ^2 最小，即

$$\min_{\lambda_i} E(\hat{p}_j-p_j)^2 \tag{2.20}$$

式中，$\min(\cdot)$为求最小值。

方差 $\sigma^2=E(\hat{p}_j-p_j)^2=E\left(\hat{p}_j(x_j,y_j,z_j)-\sum_{i=0}^{n}\lambda_i p_i(x_i,y_i,z_i)\right)^2$，可用协方差表示为

$$\sigma^2=c(x_j,x_i)+\sum_{j=1}^{n}\sum_{i=1}^{n}\lambda_j\lambda_i c(x_j,x_i)-\sum_{i=1}^{n}\lambda_i c(x_j,x_i) \tag{2.21}$$

式中，σ^2 为方差。

要使方差 σ^2 最小，可根据拉格朗日乘数法构造如下函数：

$$F = \sigma^2 - 2\mu \sum_{i=0}^{n} (\lambda_i - 1) \tag{2.22}$$

式中，μ 为拉格朗日乘子。

求 F 对 λ_i 和 μ 的偏导，并令偏导数的值为 0，得到克里金方程组为

$$\begin{cases} \dfrac{\partial F}{\partial \lambda_i} = \sum_{j=1}^{n} \lambda_j c(x_j, x_i) - c(x_j, x_i) - \mu = 0 \\ \dfrac{\partial F}{\partial \mu} = \sum_{i=1}^{n} (\lambda_i - 1) = 0 \end{cases} \tag{2.23}$$

整理后可得

$$\begin{cases} \sum_{j=1}^{n} \lambda_j c(x_j, x_i) - \mu = c(x_j, x_i) \\ \sum_{i=1}^{n} \lambda_i = 1 \end{cases} \tag{2.24}$$

解线性方程组(2.24)求出权重系数 λ_i，代入式(2.16)和式(2.21)就可以求出目标节点 $\hat{s}_2$ 的估计值和估计方差。

克里金插值法不仅具有插值预测功能，还能够为插值结果的准确性提供度量，其权重不仅取决于测量点之间的距离和预测位置，还取决于测量点的整体空间排列，是一种不确定性插值方法。而反距离加权法、样条函数法等，不考虑数据随机分布特征，为确定性插值方法。

2.1.9　等参元逆变换插值法

等参元逆变换插值法用一系列三角形或者四边形的等参弯曲板单元拟合一个虚拟平面，用来代替所给定的耦合面，并规定这些等参元虚拟平面通过所有给定的耦合面的节点[12]。在插值计算中为弯曲板单元选取合适的形函数，并利用这些形函数所建立的虚拟平面将源节点和目标节点的耦合数据联系起来。逆变换是指等参弯曲板单元从局部坐标系转换到整体坐标系的变换。用等参元进行耦合面上的点坐标变换，把整体坐标系中的不规则单元用局部坐标中的规则单元表示，使耦合面的单元描述归于统一的格式，从而简化耦合面的插值过程。三维等参元中的坐标变换为

$$\begin{cases} x = \sum_{i=1}^{n} \phi_i(\xi, \eta, \zeta) x_i \\ y = \sum_{i=1}^{n} \phi_i(\xi, \eta, \zeta) y_i \\ z = \sum_{i=1}^{n} \phi_i(\xi, \eta, \zeta) z_i \end{cases} \tag{2.25}$$

式中，$\xi=\xi(x,y,z)$、$\eta=\eta(x,y,z)$和$\zeta=\zeta(x,y,z)$为单元内任意点的局部坐标变换函数；$\phi_i(\xi,\eta,\zeta)=\frac{1}{8}(1+\xi_i\xi)(1+\eta_i\eta)(1+\zeta_i\zeta)$为等参元的形函数或者插值函数；$x_i$、$y_i$、$z_i$ 为单元节点的坐标；n 为单元节点的数目；ξ_i、η_i、ζ_i 为单元节点的局部坐标。

求解得到目标节点 $\tilde{s}_2$ 的单元内局部坐标 $\xi_{\tilde{s}_2}$、$\eta_{\tilde{s}_2}$、$\zeta_{\tilde{s}_2}$ 后，可以得到如下插值公式：

$$p_{\tilde{s}_2}(x,y,z)=\sum_{i=0}^{n}\phi_i(\xi_{\tilde{s}_2},\eta_{\tilde{s}_2},\zeta_{\tilde{s}_2})p_i \tag{2.26}$$

式中，$p_{\tilde{s}_2}$为目标节点的插值结果；p_i 为源节点的已知载荷值。

等参元逆变换插值法是一个一对一的映射，即从一个局部坐标到一个整体坐标，或者从局部变形曲面到整体变形曲面。通过这种方法的逆变换也可以实现从整体到局部的推导。等参元逆变换插值法只适用于内插。当所要求的插值目标点位于已知区域之外时，首先需要建立虚拟的网格将所求目标点包括在网格内，然后通过线性、二次或者三次插值得到所需结果，外插的精度比内插的精度低。

2.1.10 非均匀 B 样条插值法

非均匀B样条插值法常常用来描述三维空间中的曲线，由此可以建立一个包含两个样条函数的向量来描述三维空间中的一个曲面。针对流固耦合插值计算问题，可以采用双三次 B 样条曲面进行插值[13]。设耦合面所有的源节点为 $N=\{\vec{N}_i(u_i,v_i)\}$，$i=1,2,\cdots,n$，源节点对应的载荷数据为 $p_i(u_i,v_i)$，目标节点为 $\tilde{s}_2(u_{\tilde{s}_2},v_{\tilde{s}_2})$，$u$ 和 v 是耦合面节点的参数坐标或者二维坐标，则双三次 B 样条插值函数的形式如下：

$$p(u,v)=\sum_{\alpha=0}^{m+2}\sum_{\beta=0}^{n+2}\boldsymbol{M}_\alpha(t_u)\boldsymbol{M}_\beta^{\mathrm{T}}(t_v)\boldsymbol{Q}_{\alpha\beta} \tag{2.27}$$

式中，$\boldsymbol{M}_\alpha(t_u)=\begin{cases}0, & \alpha<i-1 \text{ 或 } \alpha>i+2\\ [t_u^3\quad t_u^2\quad t_u\quad 1]\boldsymbol{A}, & \alpha=i-1,i,i+1,i+2\end{cases}$是定义在 u 轴上的局部样条函数；$\boldsymbol{M}_\beta(t_v)=\begin{cases}0, & \beta<j-1 \text{ 或 } \beta>j+2\\ [t_v^3\quad t_v^2\quad t_v\quad 1]\boldsymbol{A}, & \beta=j-1,j,j+1,j+2\end{cases}$是定义在 v 轴上的局部样条函数；α、β 是双三次 B 样条的分割控制节点；$\boldsymbol{A}=\frac{1}{6}\times\begin{bmatrix}-1 & 3 & -3 & 1\\ 3 & -6 & 3 & 0\\ -3 & 0 & 3 & 0\\ 1 & 4 & 1 & 0\end{bmatrix}$是系数矩阵；$\boldsymbol{Q}_{\alpha\beta}$是$(\alpha,\beta)$节点的函数拟合系数；$i$、$j$ 是目标节

点(u,v)所在控制网格内的节点；$t_u=u-i$ 和 $t_v=v-j$ 是点(u,v)在控制网格内的局部参数坐标。

首先将源节点的载荷数据 $p_i(u_i,v_i)$代入样条插值函数方程(式(2.21))，求解出控制参数 $\boldsymbol{Q}_{\alpha\beta}$，然后将目标节点 $\vec{s}_2(u_{\vec{s}_2},u_{\vec{s}_2})$代入样条插值函数方程(式(2.21))，得到目标点的插值结果。

非均匀 B 样条插值法要求必须有四条已知曲线和四个已知数据点，允许已知点部分重合。对于在计算中因退化而不能保证 C^0 连续性的点，该方法会保证该点处的平滑过渡，保证数据的 C^0 连续性。

2.1.11　投影插值法

投影插值法的主要思想是先将目标节点正交投影到距离最近的源网格内，然后在源网格内构建插值函数来传递耦合数据，以此避免目标节点和源节点不在同一个平面(网格不匹配)带来的误差(图 1.6)。投影插值法是一种专门针对流固耦合数据传递问题开发的插值方法[14-22]。在投影插值法中，距离目标节点最近的源网格的选取需要满足三条原则：①源网格距离目标节点最近；②源网格的三个点不共线，源网格的三个不共线的点可以确定一个三角形面；③目标节点在源网格的投影在源网格的三个点构成的三角形平面内。

设所有源节点为 $N=\{\vec{N}_i(x_i,y_i,z_i)\}$，$i=1,2,\cdots,n$，$n$ 是源节点的个数，各源节点对应的载荷为 p_i，目标节点为 $\vec{s}_2(x_{\vec{s}_2},y_{\vec{s}_2},z_{\vec{s}_2})$，如图 2.1 所示，则投影插值法的具体步骤如下。

(1) 求出目标节点 $\vec{s}_2$ 与所有源节点的欧氏距离 $\boldsymbol{D}=(d_1,d_2,\cdots,d_n)$，$d_i=\sqrt{(x_{\vec{s}_2}-x_i)^2+(y_{\vec{s}_2}-y_i)^2+(z_{\vec{s}_2}-z_i)^2}$。

(2) 取距离目标节点 $\vec{s}_2$ 最近的 3 个源节点 $\vec{a}_i(i=1,2,3)$，其载荷为 $p_{\vec{a}_i}$。若这 3 个源节点在一个单元上，则用这 3 个源节点的数据进行插值。若这 3 个源节点不在一个单元上，则取最近的第 2、3、4 个元素或最近的第 3、4、5 个元素对应的源节点，以此类推直到 3 个源节点在一个单元上。

(3) 以 3 个源节点中任意一个节点为起点，另外两个为终点，分别建立两个向量 $\vec{\beta}_1$ 和 $\vec{\beta}_2$。

(4) 用这两个向量 $\vec{\beta}_1$ 和 $\vec{\beta}_2$ 的叉乘得到单元平面的法向量 $\vec{n}=\vec{\beta}_1\times\vec{\beta}_2$，法向量除以它的模得到单元平面的单位法向量 $\vec{e}=\dfrac{\vec{n}}{|\vec{n}|}$。

(5) 以目标节点 $\vec{s}_2$ 为起点、源节点 $\vec{a}_i$ 中的任意一个为终点建立向量 $\vec{\beta}_3$。向量 $\vec{\beta}_3$ 与单元平面的单位向量 $\vec{e}$ 夹角的余弦为 $\cos\langle\vec{\beta}_3,\vec{e}\rangle=\dfrac{\vec{\beta}_3\vec{e}}{|\vec{\beta}_3|}$。

(6) 设置一个未知向量 $\vec{\beta}_4$，它以目标节点 $\vec{s}_2$ 为起点，以目标节点 $\vec{s}_2$ 在 3 个节

点确定的平面内的正交投影点 $\vec{s}_2'$ 为终点，也就是说 $\vec{\beta}_4=\vec{s}_2'-\vec{s}_2$。$\vec{\beta}_4$ 也是该平面的一个向量。

(7) 目标节点 $\vec{s}_2$、源节点 $\vec{a}_i$ 和目标节点在平面内的投影点 $\vec{s}_2'$ 可以确定一个直角三角形，因此向量 $\vec{\beta}_4$ 的模为 $|\vec{\beta}_4|=|\vec{\beta}_3||\cos\langle\vec{\beta}_4,\vec{e}\rangle|$，则 $\vec{\beta}_4=|\vec{\beta}_3|\cos\langle\vec{\beta}_3,\vec{e}\rangle\vec{e}$。

(8) 令 $\vec{\beta}_4=\vec{s}_2'-\vec{s}_2=|\vec{a}_3|\cos\langle\vec{a}_3,\vec{e}\rangle\vec{e}$，求出正交投影点 $\vec{s}_2'$ 的坐标。

(9) 在单元平面内用源节点 $\vec{a}_i$ 的数据构建耦合数据插值函数，求正交投影点 $\vec{s}_2'$ 的耦合数据插值结果。

(10) 将正交投影点 $\vec{s}_2'$ 的耦合数据插值结果直接作为目标节点 $\vec{s}_2$ 的插值结果，完成插值。

由于流固网格不匹配的问题，网格之间存在空隙和重叠，在实际插值过程中常常有目标节点的投影不在最近的源网格的平面内(图 1.6)，或者满足投影条件的源网格和目标节点并不在耦合面上相同的位置，这导致投影插值法的误差过大，甚至失败。投影插值法必须知道流体模型和固体模型的网格数据，而不仅仅是耦合面的节点数据，因此增加了耦合数据插值传递的难度。

2.1.12 常体积转换法

针对网格不匹配问题，投影插值法将目标节点正交投影到源网格最近的单元上，并在该单元上进行插值。在网格不匹配的区域，投影点位置和法向计算可能出现较大偏差，导致投影插值法误差很大，甚至由于找不到正确的投影单元，插值无法进行，尤其是当网格发生变形后，投影点更难寻找。为此，Goura 提出了一种常体积转换法，其基本思想是由一个目标节点和三个源节点构成一个四面体，目标节点在三个源节点构成的三角形内的正交投影点位置保持不变，正确的投影单元应当保证耦合面移动变形后目标节点和源节点构成的四面体的体积守恒[14-16]。

设所有源节点为 $N=\{\vec{N}_i(x_i,y_i,z_i)\}$，$i=1,2,\cdots,n$，$n$ 为源节点的个数，源节点对应的载荷数据为 p_i，目标节点为 $\vec{s}_2(x_{\vec{s}_2},y_{\vec{s}_2},z_{\vec{s}_2})$，则常体积转换法的基本步骤如下。

(1) 求出目标节点 $\vec{s}_2$ 与所有源节点的欧氏距离 $\boldsymbol{D}=(d_1,d_2,\cdots,d_n)$，$d_i=\sqrt{(x_{\vec{s}_2}-x_i)^2+(y_{\vec{s}_2}-y_i)^2+(z_{\vec{s}_2}-z_i)^2}$。

(2) 取距离目标节点 $\vec{s}_2$ 最近的 3 个源节点 $\vec{a}_i(i=1,2,3)$ 以及载荷数据 $p_{\vec{a}_i}$。若这 3 个源节点在一个单元上，则用这 3 个源节点的数据进行插值。若这 3 个源节点不在一个单元上，则取最近的第 2、3、4 个元素或最近的第 3、4、5 个元素对应的源节点，以此类推直到 3 个源节点在一个单元上。

(3) 目标节点 $\vec{s}_2$ 和源节点 $\vec{a}_i$ 构成的四面体体积不变，满足以下关系：

$$\vec{s}_2(t)=\alpha\vec{a}_i(t)+\beta\vec{a}_j(t)+\gamma\vec{a}_k(t)+v(t)[(\vec{a}_j(t)-\vec{a}_i(t))\times(\vec{a}_k(t)-\vec{a}_i(t))] \tag{2.28}$$

式中，α、β、γ 是常数系数，且 $\alpha+\beta+\gamma=1$；"×"表示向量积。

(4) 用 $\vec{s}_2^{p}(0)=\alpha\vec{a}_i(0)+\beta\vec{a}_j(0)+\gamma\vec{a}_k(0)$ 方程求解系数 α、β、γ。其中，$\vec{s}_2^{p}(0)$ 表示初始时 $\vec{s}_2$ 在源网格三角形的正交投影位置。

(5) 将求得的 α、β、γ 代入式(2.29)计算初始状态的 $v(0)$ 值：

$$\vec{s}_2(0)=\alpha\vec{a}_i(0)+\beta\vec{a}_j(0)+\gamma\vec{a}_k(0)+v(0)\left[(\vec{a}_j(0)-\vec{a}_i(0))\times(\vec{a}_k(0)-\vec{a}_i(0))\right] \tag{2.29}$$

由于源节点和目标节点之间的关系不变，源节点和目标节点组成的四面体的体积不变，$v(t)$ 的值在每个时刻都保持不变，即在网格变形前后 $v(t)$ 的值都保持不变，且等于 $v(0)$。通过这种方法确保投影点的正确性。

(6) 找到目标节点合适的投影单元和投影点后，在投影单元的平面上进行插值以保证插值精度。

2.1.13　公共细分网格法

公共细分网格法也是针对流固耦合数据传递中网格不匹配问题建立的插值方法，它将所有的流场和结构网格节点统合，通过对流场和结构网格相交位置的切割细分，建立起若干个新的三角形网格[23-25]。公共细分网格法的网格细分要求是所有三角形网格的边都不能与另外的三角形相交，其结果是构成了一张覆盖耦合面的由三角形拼接起来的网，每一个三角形定义了一个覆盖该三角区域的面。所有的插值都在这些三角形面内进行，以此将原来的网格不匹配问题转变为网格不一致问题，解决了网格不匹配的问题和投影插值法投影节点位置错误的问题。该方法是现有插值方法中较为精确的，其主要难点是目标学科和源学科的网格之间相交关系复杂，进行细分网格处理的难度较大。

2.2　耦合面空间非线性对耦合数据传递的影响

现有的耦合数据插值传递方法都是根据欧氏距离来确定已知的耦合数据对目标节点的贡献度，即在空间位置上越靠近，事物或现象就越相似；在空间位置越远，事物或现象就越相异或者越不相关[26]。这体现了事物或现象对空间位置的依赖关系，其基本假设是耦合数据分布在一个线性空间。

当耦合数据分布在非线性空间曲面上时，现有插值方法的假设不再成立。流固耦合面是三维空间内的曲面，由于耦合曲面的空间非线性，在耦合面上总是存在一些与目标节点的欧氏距离很近而测地距离很远的源节点。这些源节点与目标节点的欧氏距离很近，传统的插值传递方法会认为它们对于目标节点的影响度很大，但事实上由于源节点与目标节点在流固耦合面上的测地距离很远，它们的实际相互影响很小。耦合面的空间非线性将以网格不匹配、网格密度、耦合数据梯度的形式一一表现出来，最终影响流固耦合数据插值传递的精度和鲁棒性[27-34]。这使得传统流固耦合数据插值传递方法的结果会出现较大的误差，有时甚至完全错误。只有当网格密度增加时目标节点的邻近源节点增多，邻近源节点的数据影响增加，欧氏距离逐渐能够反映邻近源节点的重要性，传统流固耦合数据插值传递方法的误差才会减小。因此，现有的插值方法通常使用高密度网格以达到高的插值精度，或者使用局部插值法以保证插值结果的鲁棒性。对于存在间断面(障碍物)的插值问题，耦合面和耦合数据在空间上呈现强非线性，现有插值方法的精度均存在问题。

图 2.2 显示了耦合面空间非线性对流固耦合数据插值传递的影响。为了将流体压力传递给结构网的节点 K 作为载荷，需要将数据从其邻近的流体节点向节点 K 中插值。在插值时选择节点 K 的一个邻域，邻域内有 4 个流体节点，2 个流体节点在耦合面的左侧，2 个流体节点在耦合界面的右侧。耦合界面左侧节点的压力与耦合面右侧节点的压力大不相同。从图 2.2 中可以很明显地看出，插值所需的流场邻近节点应该在耦合面的左侧部分，然而在该耦合面上节点之间的欧氏距离不能反映这种拓扑关系，广泛使用的插值方法忽略了这种拓扑关系，在选取节点时会选到耦合面右侧的流场节点，从而造成较大的插值误差。

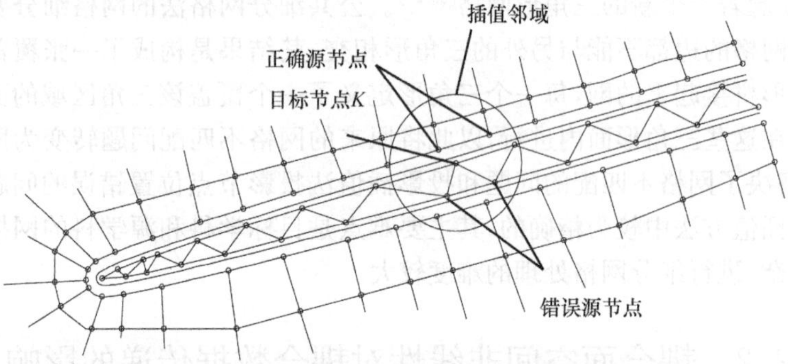

图 2.2 耦合面空间非线性对流固耦合数据插值传递的影响[27]

耦合面空间非线性对流固耦合数据插值精度会带来不利的影响，主要如下。

(1) 各学科模型耦合面网格的匹配程度差。在流固耦合数值分析时，各个学科的网格模型通常在各自的前处理软件中完成。由于目前各个学科分析软件是独立开发的，图形、网格、算法和相关参数等标准都互不相同，在不同的学科分析软件中用同一组数据生成的几何模型和网格时常会不同，当耦合面是曲面时网格不一致就形成网格不匹配的问题。

(2) 不能用欧氏距离描述点与点之间的空间相关性。耦合面弯曲程度大，点与点之间的空间相关性不能用欧氏距离描述，尤其是对于有间断面的耦合面插值问题(有障碍插值问题)。

(3) 耦合数据沿几何面变化剧烈。由于流体力学的性质，耦合面的弯曲程度大,则计算出的耦合数据沿耦合面变化剧烈。要消除这一影响,只能增加耦合面网格密度,但同时会带来流场和固体数值分析计算量的增加。

2.3　流固耦合面降维投影的插值方法

流固耦合面是三维空间内的曲面。当流固耦合面弯曲时,耦合面和耦合数据分布在非线性空间上,当耦合面在空间非线性时,不一致网格将引起流场网格和结构网格之间的间隙和重叠,形成网格不匹配问题;现有的耦合数据传递方法都是根据欧氏距离来确定已知的数据对目标节点的贡献度,当耦合数据分布在非线性空间上时,现有插值方法的假设不再成立。如图 2.3 所示的耦合面的两个部分相互接近,呈现空间非线性;由于结构的遮挡,耦合面左右两个部分的压力并不直接相关,压力分布呈现空间非线性。以图 2.3 流场压力插值到结构节点 K 为例,在现有的插值方法中,结构节点 K 的压力值是通过相邻流体节点的压力值估计的,结构节点 K 周围所有流体节点的压力都被等同使用,它们对结构节点 K 的影响程度由各流体节点与结构节点 K 之间的欧氏距离决定。在这种情况下,结构节点 K 的压力插值结果会受到错误源节点(和结构节点 K 不在耦合面同一部分的点)压力的影响。当耦合面两部分的压力值相差很大时,这种影响就会变得很显著,导致插值错误的显现。2.4 节将用实例证明这种耦合面和耦合数据的空间非线性将导致错误的插值结果。

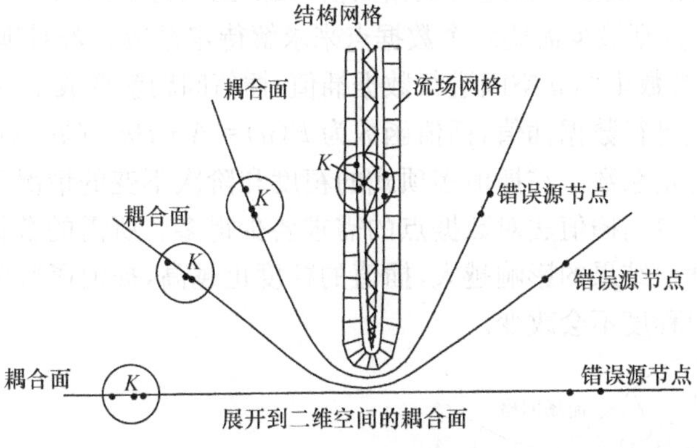

图 2.3　空间耦合面展开[27]

以上介绍的是耦合面和耦合数据同时存在空间非线性的问题,那么是否存在耦合面有空间非线性而耦合数据没有空间非线性的问题呢?当然存在。如果图 2.3 中耦合面传递的是温度,因为固体物质能够导热,所以耦合面左部分和右部分的温度是连续的,这类问题的耦合面是非线性的,但耦合数据(温度)是线性的,可以直接使用现有的插值方法传递耦合数据。

为了解决耦合面和耦合数据空间非线性对插值精度的影响问题，本书建立了一系列将三维空间耦合面投影到平面空间的耦合面降维投影的参数空间插值方法。主要思想是通过各种方法将空间耦合面展开成平面，在展开的平面空间上进行流固耦合节点之间的数据插值。该方法解决了耦合面和耦合数据空间非线性对插值精度的影响问题，将耦合面网格不匹配插值问题退化为网格不一致插值问题，提高了插值精度。

图 2.3～图 2.5 给出了将弯曲非线性的耦合面展开成平面，并在展开的平面内进行耦合数据插值的基本思想。图 2.3 的三条曲线显示了耦合面逐渐展开为平面的过程。从图 2.3 可以看出，耦合面左部分的两个流场节点是节点 K 压力插值所需要的正确源节点，耦合面右部分的两个流场节点是节点 K 压力插值过程不需要的错误源节点。随着耦合面的逐渐展开，两个错误源节点与目标节点 K 的欧氏距离越来越远，而正确源节点与目标节点 K 的欧氏距离始终保持不变。在展开的平面参数空间中进行节点 K 的压力插值，右部分错误源节点不再影响插值结果。由此可知，通过耦合面的展开可以解决耦合面和耦合数据空间非线性对流固耦合数据插值传递精度的影响问题。另外，参数空间是平面空间，只会有网格不一致问题，而不会有网格不匹配问题。

从图 2.4 和图 2.5 可以看出，将耦合面投影到平面参数空间，可以将高维插值问题转化为低维插值问题，在同等插值精度下能够减小插值过程中对数据点个数的需求。如图 2.4 所示曲线上的插值问题，在原空间中是一个二维平面空间的插值问题，如果采用二次多项式进行数据插值，插值函数为 $F(x,y)=A+Bx+Cy+Dx^2+Ey^2+Fxy$，则最少需要六个数据点来求解待定系数。若对耦合面进行降维投影，在曲线的参数坐标 u 空间进行数据插值，插值问题就变成了一维。如果这时仍用二次多项式进行数据插值，插值函数为 $F(u)=A+Bu+Cu^2$，则只需三个数据点即可求解出待定系数。在插值多项式的精度和阶次不变的情况下，流固耦合面降维投影的参数空间插值法对数据点的需求要少得多。所需的数据点越少，意味着最邻近点对插值结果的影响越大，插值的精度也越高，插值函数的阶次不变，则插值结果的光滑程度不会改变。

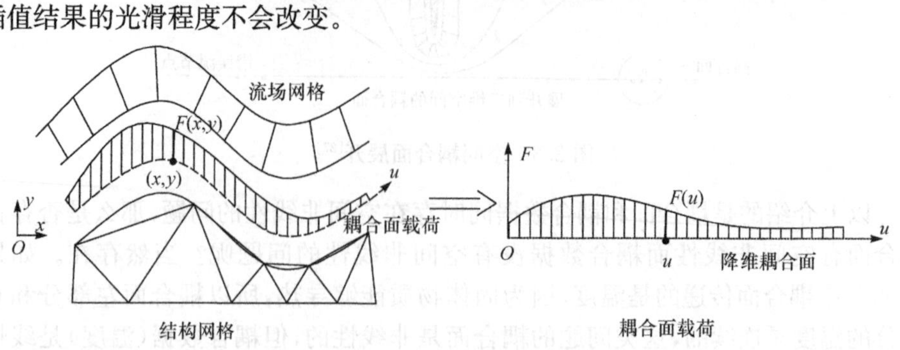

图 2.4　二维耦合面的降维投影插值方法[27]

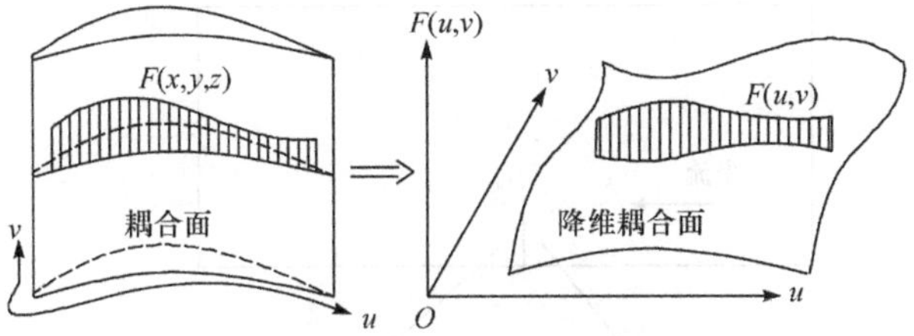

图 2.5 三维耦合面的降维投影插值方法[27]

综上所述,流固耦合面降维投影的参数空间插值方法将从根本上解决耦合面和耦合数据空间非线性(包括网格不匹配)对插值精度的影响问题,提升流固耦合数据插值传递的精度。本书围绕流固耦合面降维投影的参数空间插值的基本思想展开,在后续各章中讨论各种流固耦合面降维投影的插值方法。

2.4 耦合面空间非线性对耦合数据传递精度影响的验证

本节以一个二维流固耦合问题的实例来比较现有几种常见的流固耦合数据插值传递方法,用以显示耦合面和耦合数据空间非线性对流固耦合数据插值传递精度的影响。有一面被风吹的墙,墙高为 1.0m,厚为 0.02m,受到速度为 40m/s 的来流吹动,墙的 3 个表面为左面(迎风面)、右面(背风面)和上面,左面和右面平行紧邻。气流的运动受到墙体的阻碍在墙体表面形成气动分布,由于迎风面和背风面受到的影响不同,迎风面和背风面压力分布显著不同,在墙体形成压差。在压差的作用下墙会产生变形,墙的变形又会使墙体的气动外形发生变化,从而导致墙体载荷分布的变化。由此可知,墙被风吹的问题是一个典型的流固耦合问题(图 2.6),墙的 3 个表面为流固耦合界面,耦合量是墙表面的气动力和墙的变形,在流固耦合计算时需要把流体网格计算得到的压力插值到结构网格模型上作为载荷,并将结构网格的变形插值到气动网格上修正气动外形。本书主要讨论流固耦合数据传递问题,为简单起见,这里只以墙体耦合面压力传递问题为例进行介绍。

从耦合面的空间形状来看,图 2.6 的问题与图 2.3 的问题相似,是一个典型的耦合面空间非线性的插值问题,欧氏距离不能表征耦合面上点与点之间的拓扑关系;左墙面和右墙面压力有较大的差异,欧氏距离不能表征点与点之间耦合数据分布的相关关系。本节用这个例子介绍耦合面和耦合数据空间非线性对 4 类常见的插值方法以及本书提出的耦合面降维投影插值方法的影响。4 类常见的插值方法分别为最邻近插值法、局部多项式最小二乘插值法、径向基插值法和投影插值法。首先用流场模型计算墙周围流场压力和墙体表面的压力,然后用各插值方法将流

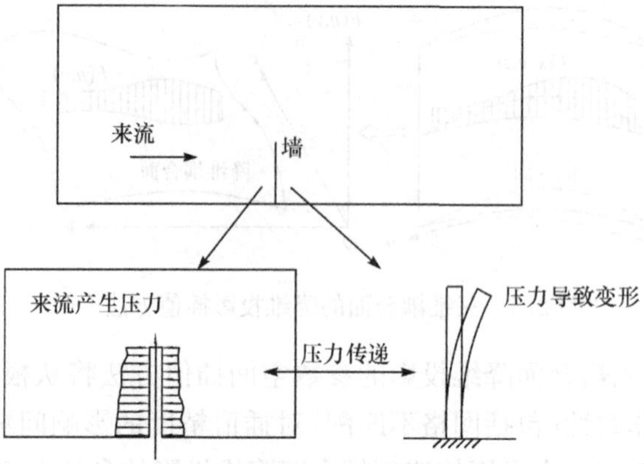

图 2.6　风吹墙面的流固耦合问题

场计算得到的耦合面压力插值传递到结构模型耦合面的节点上，比较流场计算的耦合面压力和结构插值得到的耦合面压力，确定各个插值方法的精度。结构采用细网格以消除结构网格对插值精度的影响。流场模型分别采用粗细两种网格，以分析网格密度增加是否能够消除耦合面和耦合数据空间非线性对插值方法的影响。墙周围流场数值模拟模型如下：流场采用 FLUENT 求解，理想空气，标准 k-ε 湍流模型，进口空气速度为 40m/s，温度为 300K，出口为 outflow，地面和墙面为无滑移壁面条件。

2.4.1　粗网格下各插值方法的比较

本节介绍流场粗网格模型时各插值方法的精度。流场的粗网格模型如图 2.7 所示。用该网格模型计算得到的流场气动压力结果如图 2.8 所示。另外，分别用最邻近插值法、局部多项式最小二乘插值法、投影插值法、径向基插值法、耦合面降维投影插值法将流场计算得到的墙两侧的压力插值到结构网格墙的两边，插值时同时使用墙耦合面的所有三个面的数据，插值结果如图 2.9 和图 2.10 所示。图 2.9 给出的是左墙面流场压力和插值结果。图 2.10 给出的是右墙面流场压力和插值结果。为了显示耦合面和耦合数据空间非线性对流固耦合数据插值精度的影响，图 2.9 和图 2.10 的每个子图分别显示三条数据线，分别是左(右)墙面压力的流场计算数据结构、用各种插值方法将流场数据插值到墙面结构的网格结果和只使用左(右)墙面流场压力数据的插值结果。从左墙面或右墙面的几何形状来看，墙面平直，是线性平面，不存在空间非线性问题。另外，插值用的压力取自同一侧墙面，压力数据不存在空间非线性，因此只取一侧墙面进行流固耦合数据插值是在线性空间上的插值。

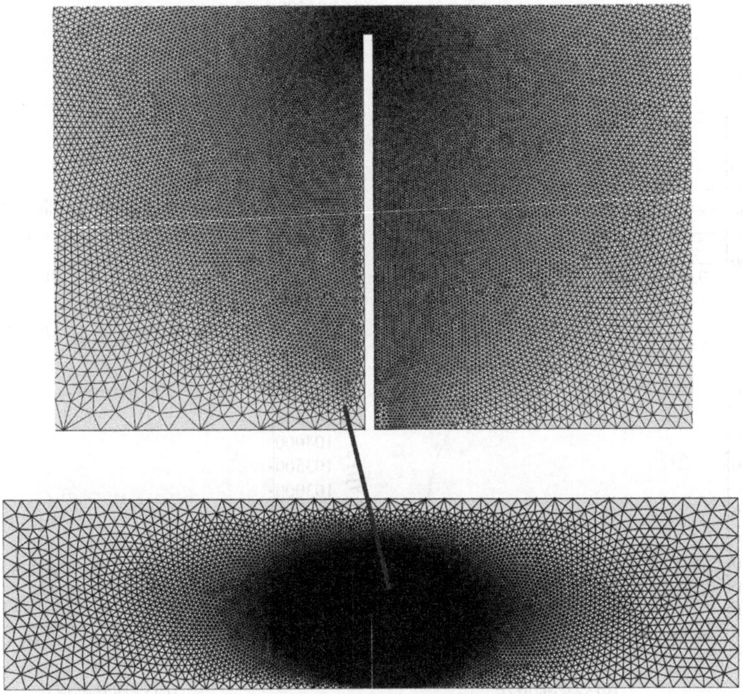

图 2.7 粗网格模型

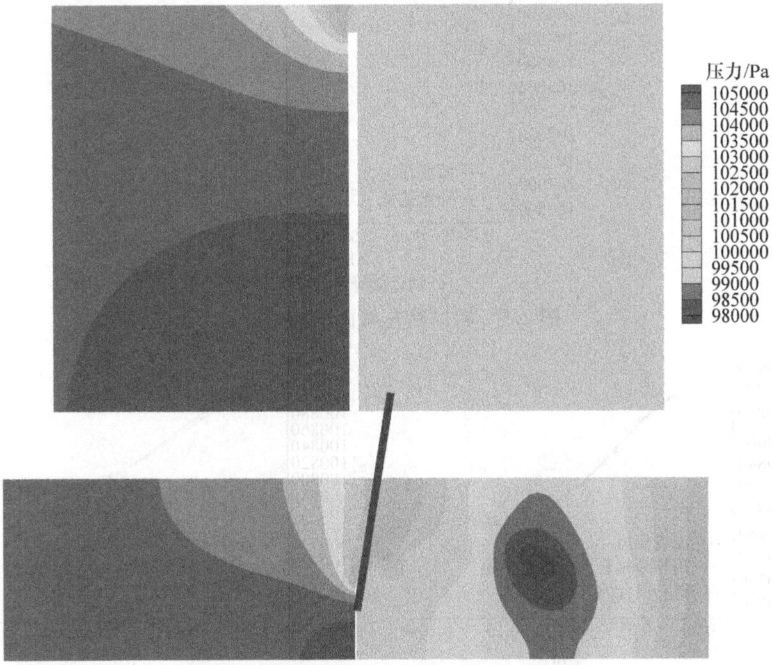

图 2.8 粗网格计算得到的流场气动压力

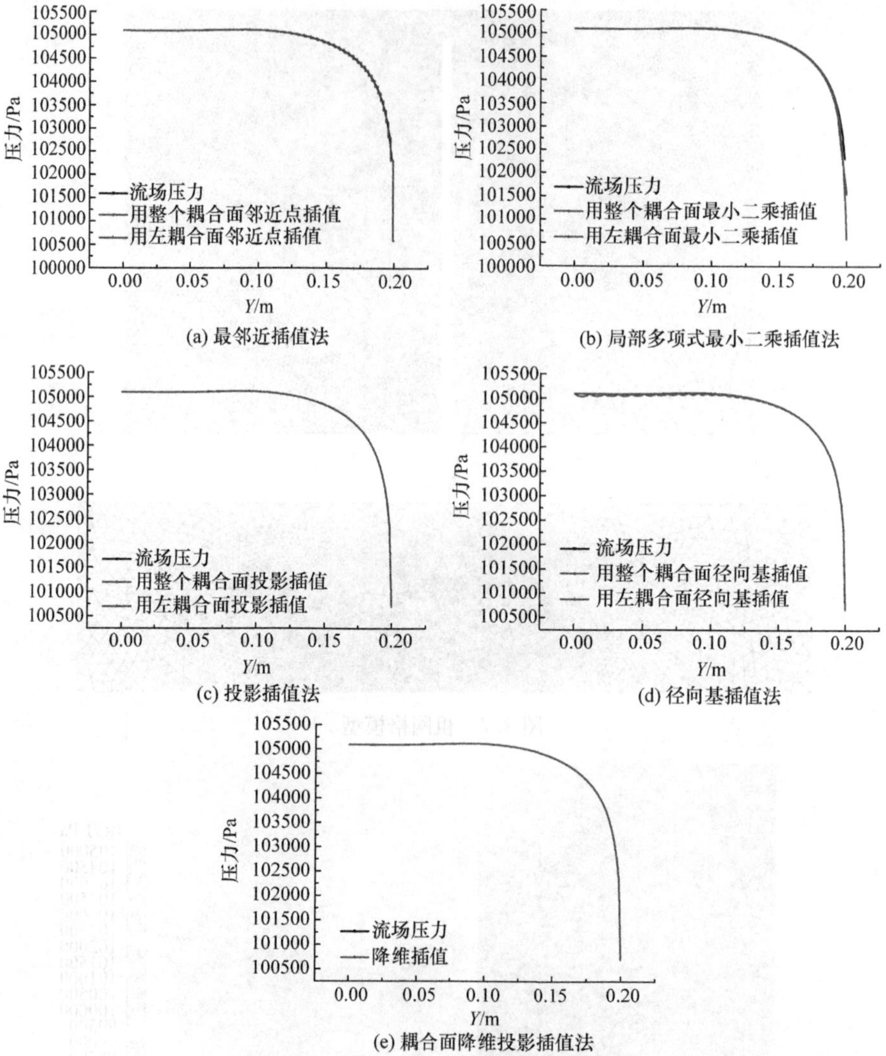

(a) 最邻近插值法 (b) 局部多项式最小二乘插值法

(c) 投影插值法 (d) 径向基插值法

(e) 耦合面降维投影插值法

图 2.9 粗网格左墙面的插值结果

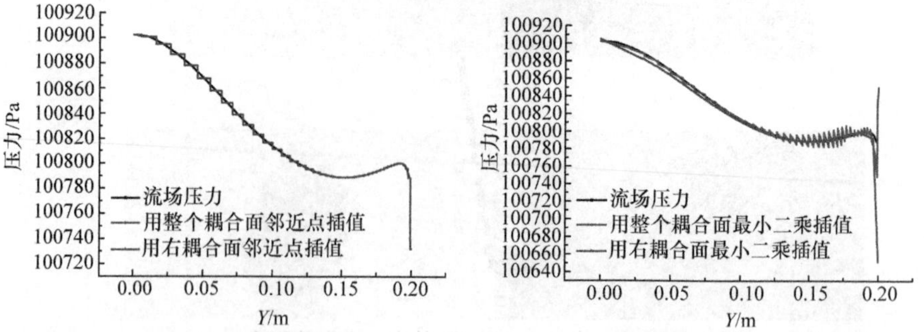

(a) 最邻近插值法 (b) 局部多项式最小二乘插值法

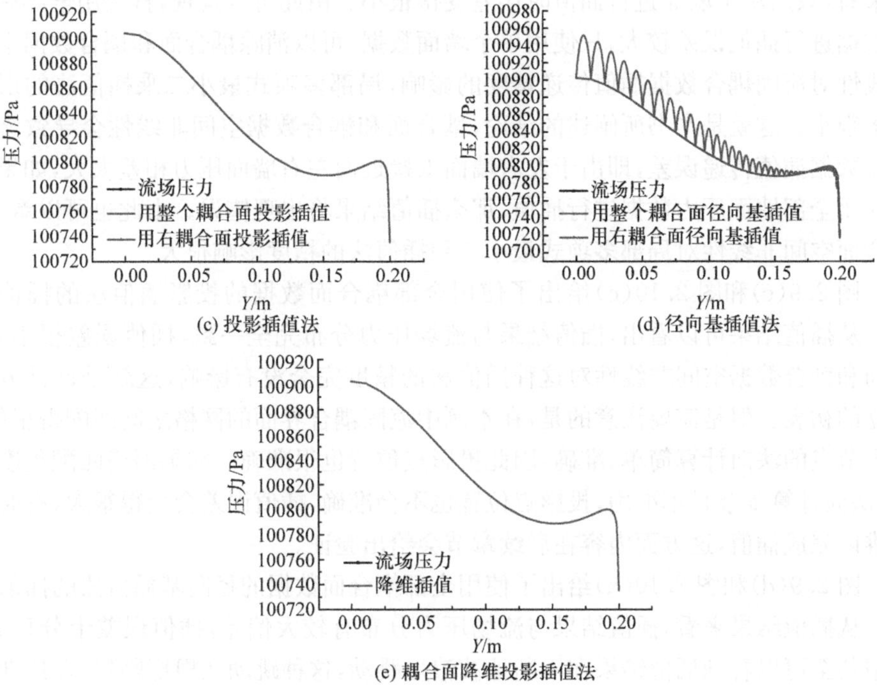

(c) 投影插值法　(d) 径向基插值法

(e) 耦合面降维投影插值法

图 2.10　粗网格右墙面的插值结果[27]

图 2.9(a)和图 2.10(a)给出了使用全部耦合面数据的最邻近插值法的插值结果。从插值结果可以看出，插值效果不好，结果不连续，有明显的台阶状，但是插值结果没有明显偏离流场压力值。最邻近插值法的特征是插值结果的曲线呈现台阶状。图 2.9(a)和图 2.10(a)还提供了左墙面压力插值只用左墙面流场压力数据的插值结果和右墙面压力插值只用右墙面流场压力数据的插值结果，插值结果同直接用所有墙面数据进行插值的结果完全一样，结果不好，分布也不连续，有明显的台阶状。因此，最邻近插值法的插值结果不会明显偏离流场压力值，只用左墙面、只用右墙面和同时使用所有墙面的压力数据对最邻近插值法的精度影响不大，这说明耦合面和耦合数据空间非线性对该方法的影响不大，算法较为鲁棒，其根本原因是该方法每次插值只选用一个最近的源节点，很难选错点，但需要注意最邻近插值法选错点的情况还是可能出现。

图 2.9(b)和图 2.10(b)给出了使用全部耦合面数据的局部多项式最小二乘插值法的插值结果。从插值结果来看，插值结果与流场压力分布有较大偏差，插值误差十分显著，图 2.10(b)中甚至可以看到插值结果在不断地跳动。为了对比，图 2.9(b)和图 2.10(b)中还提供了左墙面压力插值只使用左墙面流场压力数据的插值结果和右墙面压力插值只使用右墙面流场压力数据的插值结果。从这些结

果来看,只用单个墙面进行插值时误差变得很小。由此可以发现,直接用全部耦合面数据进行插值误差较大,只使用单个墙面数据,可以消除耦合面和耦合数据空间非线性对流固耦合数据插值传递精度的影响,局部多项式最小二乘插值法的误差也将很小。这就是本书所阐述的结论,耦合面和耦合数据空间非线性会导致流固耦合数据插值传递误差,即由于左右墙面太接近而左右墙面压力相差太大,如果直接使用全部墙面压力数据进行插值,那么插值结果将出现错误。由此也可以看出,耦合面空间非线性对局部多项式最小二乘插值法的精度影响很大。

图 2.9(c)和图 2.10(c)给出了使用全部耦合面数据的投影插值法的插值结果。从插值结果可以看出,插值结果与流场压力分布完全一致,插值误差很小,耦合面和耦合数据空间非线性对这种插值法的精度完全没有影响,这就是这种方法建立的初衷。但是需要注意的是,在本例中流固耦合界面的网格之间匹配得很好,各个节点的法向计算简单、准确,因此投影点位置也很准确。如果网格匹配程度不好,法向计算复杂且不准确,投影点位置也不会准确,插值误差会变得很大,有时甚至难以完成插值,这方面内容在后续章节会给出验证。

图 2.9(d)和图 2.10(d)给出了使用全部耦合面数据的径向基插值法的插值结果。从插值结果来看,插值结果与流场压力分布有较大偏差,插值误差十分显著,图中甚至可以看到插值结果在不断地波浪形跳动,这种跳动在根部剧烈,在顶部轻微。为了对比,图 2.9(d)和图 2.10(d)中还提供了左墙面压力插值只使用左墙面流场压力数据的插值结果和右墙面压力插值只使用右墙面流场压力数据的插值结果。从结果来看,只用单个墙面进行插值时插值结果和流场压力将变得完全一样,误差变得很小。根据以往经验,径向基插值法是一种非常鲁棒且精确的插值方法,但在本例中该插值方法存在的问题显现出来。由此可以发现,直接用全部耦合面数据进行插值的误差较大,只使用单个墙面数据,可以消除耦合面和耦合数据空间非线性对流固耦合数据插值传递精度的影响,径向基插值法的误差将非常小。这验证了本书所阐述的结论,耦合面和耦合数据空间非线性导致流固耦合数据插值传递误差。因此,耦合面和耦合数据空间非线性对径向基插值法的精度影响很大。本例中在墙体的根部流体网格较粗,在墙体的顶部流体网格较密,径向基插值法在墙体的根部受到相对的墙面影响较大,误差较大,在墙的顶部受到对面墙体的影响较小,误差较小。

图 2.9(e)和图 2.10(e)给出了使用全部耦合面数据的耦合面降维投影插值法的插值结果。从结果来看误差很小,耦合面和耦合数据空间非线性对耦合面降维投影插值法的插值精度没有影响。在本例中该方法与投影插值法有相同的精度。与投影插值法不同的是,该方法将空间耦合面进行了平面展开,它将始终保持这样的插值精度。

2.4.2　细网格下各插值方法的比较

作为对比，本节介绍网格密度增大后各插值方法的插值误差。流场的细网格模型如图 2.11 所示。

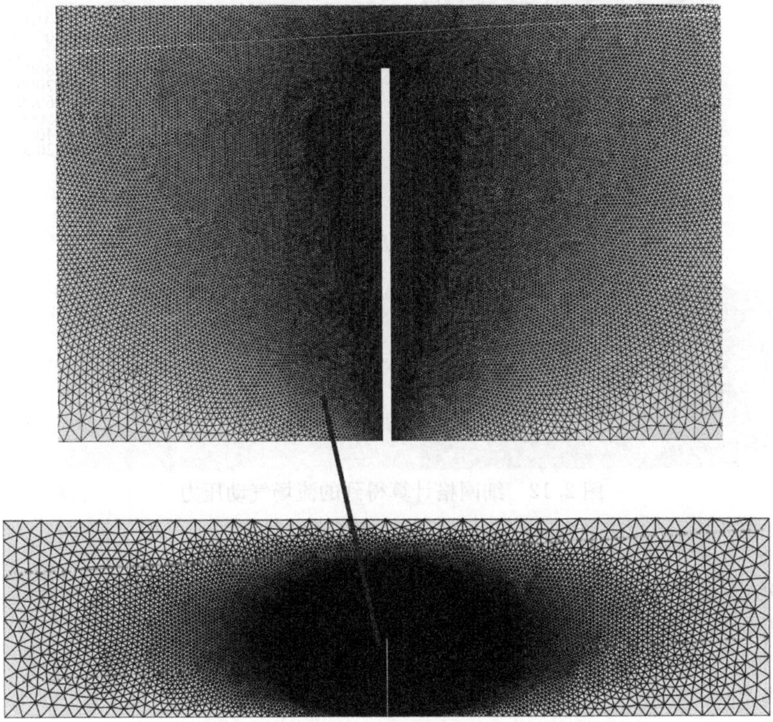

图 2.11　细网格模型

使用该流场网格模型计算得到的流场气动压力分布结果如图 2.12 所示。使用前面的最邻近插值法、局部多项式最小二乘插值法、投影插值法、径向基插值法和耦合面降维投影插值法将流场计算的墙面压力插值到墙体结构网格上，插值结果如图 2.13 和图 2.14 所示。在插值时各方法同时使用了所有墙体三个耦合面的流场压力数据。图 2.13 显示了细网格左墙面的插值结果，图 2.14 显示了细网格右墙面的插值结果。从结果来看，随着网格密度的增加，所有插值方法的插值精度都变得令人满意。

图 2.13(a)和图 2.14(a)给出了最邻近插值法的插值结果。从结果可以看出，插值结果较好。但从放大图来看，最邻近插值法的结果依然存在台阶问题。

图 2.13 (b)和图 2.14 (b)给出了局部多项式最小二乘插值法的插值结果。从结果来看，插值精度较好，只是墙面的顶部有一些误差。

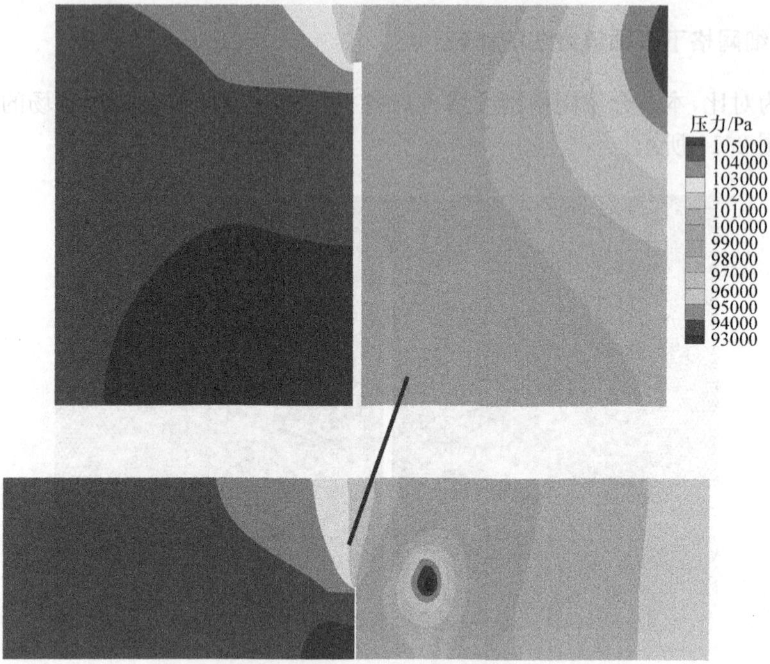

图 2.12　细网格计算得到的流场气动压力

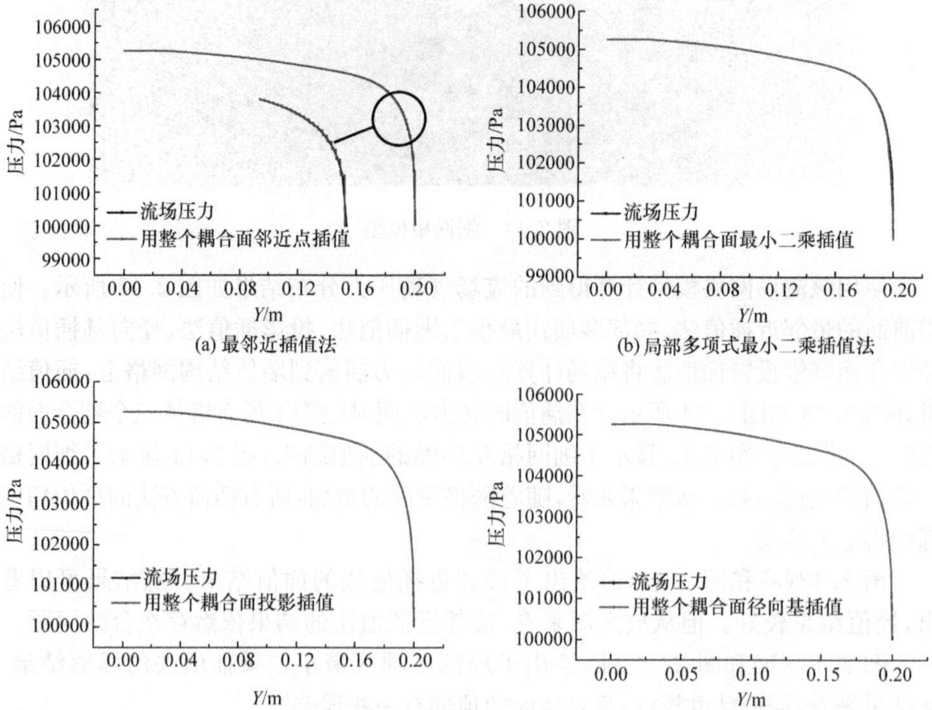

(a) 最邻近插值法　(b) 局部多项式最小二乘插值法

(c) 投影插值法　(d) 径向基插值法

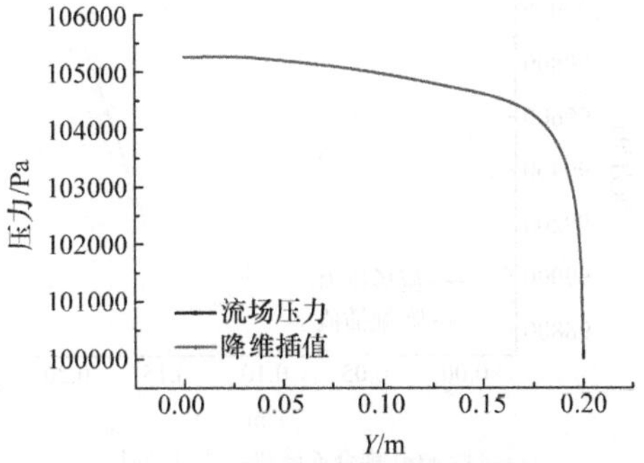

(e) 耦合面降维投影插值法

图 2.13　细网格左墙面的插值结果

图 2.13 (c)和图 2.14 (c)给出了投影插值法的插值结果。从结果来看,依然没有误差。

图 2.13 (d)和图 2.14 (d)给出了径向基插值法的插值结果。从结果来看,插值结果变得较好,只是在墙体顶部还有一些波动。

图 2.13 (e)和图 2.14 (e)给出了耦合面降维投影插值法的插值结果。从结果来看,网格密度增加对结果没有显著影响,结果依然没有误差。

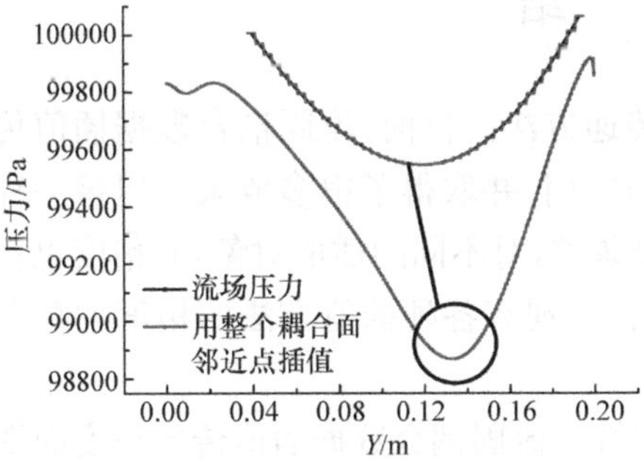

(a) 最邻近插值法

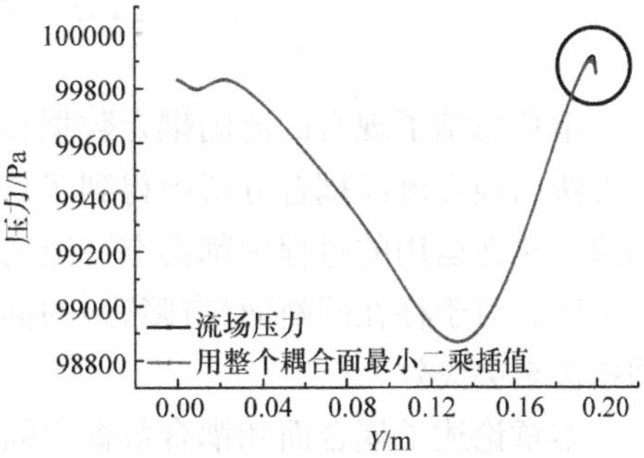

(b) 局部多项式最小二乘插值法

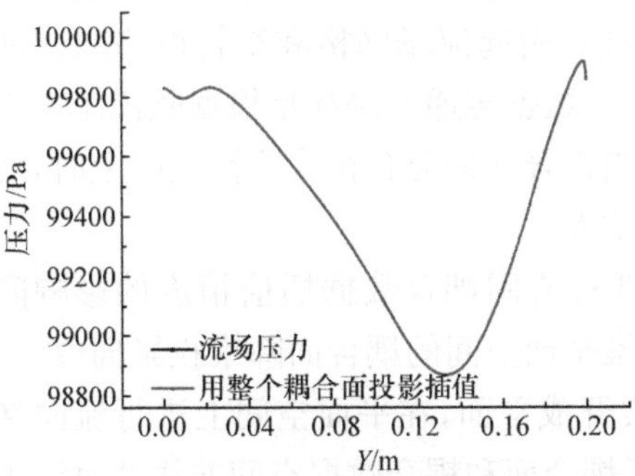

(c) 投影插值法

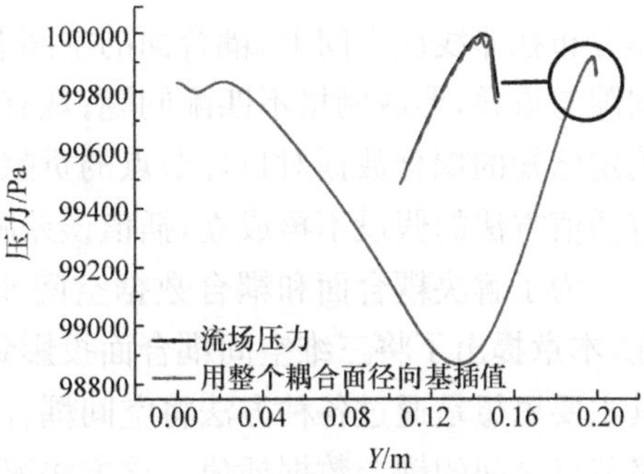

(d) 径向基插值法

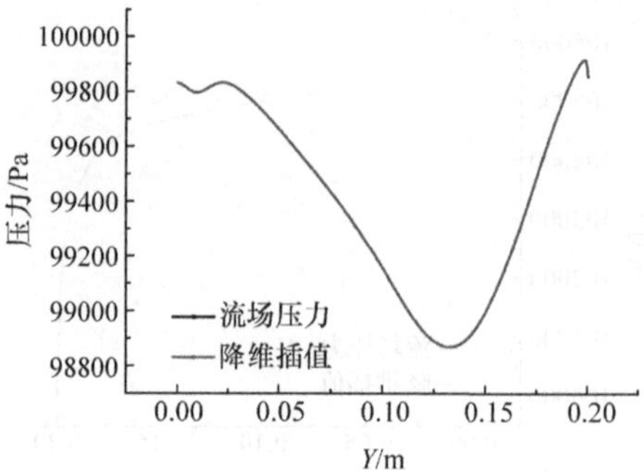

(e) 耦合面降维投影插值法

图 2.14 细网格右墙面的插值结果

总的来说，最邻近插值法、局部多项式最小二乘插值法、径向基插值法的插值精度随网格密度的增加而提高，投影插值法和耦合面降维投影插值法基本不受网格密度的影响；局部多项式最小二乘插值法、径向基插值法的插值精度受耦合面和耦合数据空间非线性的影响严重，而投影插值法和耦合面降维投影插值法不受影响。

2.5 小 结

本章总结了现有的流固耦合数据插值传递方法。目前，流固耦合数据插值传递方法已经在流固耦合分析中得到了广泛的应用，并取得了很多成果。但每一种插值方法在运用的过程中都会有一定的限制条件，对不同的插值对象，其精度也存在不同。对于存在间断面(有障碍)的插值问题，现有各种插值方法的精度均存在问题甚至会失效。

本章论述了耦合面和耦合数据空间非线性对流固耦合数据插值传递精度的影响，认为流固耦合面是三维空间内的曲面。当流固耦合面弯曲时，耦合面和耦合数据分布在非线性空间上，耦合面的空间非线性将引起流场网格和结构网格之间的间隙与重叠，形成网格不匹配问题；现有的耦合数据传递方法都是根据欧氏距离来确定已知的耦合数据对目标节点的贡献度，当耦合数据分布在非线性空间上时，现有插值方法的假设不再成立，插值误差随之增大。

为了解决耦合面和耦合数据空间非线性对流固耦合数据插值精度的影响问题，本章提出了将三维空间耦合面投影到二维平面空间的耦合面降维投影插值法，其主要思想是通过各种方法将空间耦合面展开成平面，在平面空间上进行流固网格节点之间的耦合数据插值。该方法解决了耦合面和耦合数据空间非线性对流固耦合数据插值精度的影响问题，使耦合面网格不匹配插值问题退化为网格不一致插值问题，进一步提高了插值精度。另外，将耦合面投影到平面空间，可以把高维插值问题转化为低维插值问题，在同等插值精度下能够减小插值过程中对数据点个数的需求。在插值多项式的精度和阶次不变的情况下，所需数据点越少，意味着最邻近点对插值结果的影响越大，插值精度也越高；插值函数的阶次不变，则插值结果的光滑程度不会改变。

本章验证了耦合面和耦合数据空间非线性对几种常见的流固耦合数据插值传递方法的影响，发现最邻近插值法、局部多项式最小二乘插值法、径向基插值法的插值精度随网格密度的增加而提高，投影插值法和耦合面降维投影插值法基本不受网格密度的影响。局部多项式最小二乘插值法、径向基插值法的插值精度受耦合面和耦合数据空间非线性的影响严重，而投影插值法和耦合面降维投影插值法不受影响。现有的研究认为径向基插值法是一种精度高的方法，但本章实例证明这种方法也会受到耦合面和耦合数据空间非线性的影响。

综上所述，流固耦合面降维投影的参数空间插值方法将从根本上解决耦合面和耦合数据空间非线性（包括网格不匹配）对流固耦合数据插值精度的影响问题，可提高流固耦合数据插值传递的精度。

参考文献

[1] Cover T, Hart P E. Nearest neighbor pattern classification[J]. IEEE Transactions on Information Theory, 1967, 13(1): 21-27.

[2] Hugger J. Local polynomial interpolation in a rectangle[J]. Calcolo, 1994, 31(3-4): 233-256.

[3] Gotway C A, Ferguson R B, Hergert G W, et al. Comparison of kriging and inverse-distance methods for mapping soil parameters[J]. Soil Science Society of America Journal, 1996, 60(4): 1237-1247.

[4] Hardy R L. Multiquadric equations of topography and other irregular surfaces[J]. Journal of Geophysical Research Atmospheres, 1971, 76(8): 1905-1915.

[5] Harder R L, Desmarais R N. Interpolation using surface splines[J]. Journal of Aircraft, 1972, 9(2): 189-191.

[6] Duchon J. Splines minimizing rotation-invariant semi-norms in Sobolev spaces[J]. Lecture Notes in Mathematics, 1977, 571: 85-100.

[7] Bookstein F L. Principal warps: Thin-plate splines and the decomposition of deformations[J]. IEEE Transactions on Pattern Analysis and Machine Intelligence, 1989, 11(6): 567-585.

[8] Buhmann M D. Radial Basis Functions: Theory and Implementations[M]. Cambridge: Cambridge University Press, 2005.

[9] Wu Z M. Compactly supported positive definite radial functions[J]. Advances in Computational Mathematics, 1995, 4(1): 283-292.

[10] 吴宗敏. 径向基函数、散乱数据拟合与无网格偏微分方程数值解[J]. 工程数学学报, 2002, 19(2): 1-12.

[11] Beckert A, Wendland H. Multivariate interpolation for fluid-structure interaction problems using radial basis functions[J]. Aerospace Science and Technology, 2001, 5(2): 125-134.

[12] Mutri V, Valliappan S. Numerical inverse isoparametric mapping in remeshing and nodal quantity contouring[J]. Computers and Structures, 1986, 22(6): 1011-1021.

[13] Samareh J A, Bhatia K G. A unified approach to modeling multidisciplinary interactions[R]. Hampton: NASA Langley Research Center, 2000.

[14] Goura G, Badcock K J, Woodgate M A, et al. A data exchange method for fluid-structure interaction problems[J]. Aeronautical Journal, 2016, 105(1046): 215-221.

[15] 徐敏,陈士橹. CFD/CSD耦合计算研究[J]. 应用力学学报,2004,21(2): 33-36.

[16] 徐敏,安效民,陈士橹. 一种CFD/CSD耦合计算方法[J]. 航空学报,2006,27(1): 33-37.

[17] Lesoinne M, Farhat C. Geometric conservation laws for flow problems with moving boundaries and deformable meshes, and their impact on aeroelastic computations[J]. Computer Methods in Applied Mechanics and Engineering, 1996, 134(1-2): 71-90.

[18] Cebral J, Lohner R. Conservative load projection and tracking for fluid structure problems[J]. AIAA Journal, 1997, 35(4): 687-692.

[19] Farhat C, Lesoinne M, Tallec P L. Load and motion transfer algorithms for fluid/structure interaction problems with non-matching discrete interfaces: Momentum and energy conservation, optimal discretization and application to aeroelasticity[J]. Computer Methods in Applied Mechanics and Engineering, 1998, 157(1): 95-114.

[20] Jaiman R K, Jiao X, Geubelle P H, et al. Assessment of conservative load transfer for fluid-solid interface with non-matching meshes[J]. International Journal for Numerical Methods in Engineering, 2005, 64(15): 2014-2038.

[21] Jaiman R K, Jiao X, Geubelle P H, et al. Conservative load transfer along curved fluid-solid interface with non-matching meshes[J]. Journal of Computational Physics, 2006, 218(1): 372-397.

[22] de Boer A D, van Zuijlen A H, Bijl H. Comparison of the conservative and a consistent approach for the coupling of non-matching meshes[J]. Computer Methods in Applied Mechanics and Engineering, 2008, 197(49-50): 4284-4297.

[23] Jiao X M, Heath M T. Common refinement based data transfer between non-matching meshes in multiphysics simulations[J]. International Journal for Numerical Methods in Engineering, 2004, 61(14): 2402-2427.

[24] Farrell P E, Piggott M D, Pain C C, et al. Conservative interpolation between unstructured meshes via supermesh construction[J]. Computer Methods in Applied Mechanics and Engineering, 2009, 198(33): 2632-2642.

[25] Menon S, Schmidt D P. Conservative interpolation on unstructured polyhedral meshes: An extension of the supermesh approach to cell-centered finite-volume variables[J]. Computer Methods in Applied Mechanics and Engineering, 2011, 200(41-44): 2797-2804.

[26] Tenenbaum J B, de Silva V, Langford J C. A global geometric framework for nonlinear

dimensionality reduction[J]. Science, 2000, 290(5500): 2319.

[27] Li L Z, Zhan J, Zhao J L, et al. An enhanced 3D data transfer method for fluid-structure interface by ISOMAP nonlinear space dimension reduction[J]. Advances in Engineering Software, 2015, 83(C): 19-30.

[28] Liu M M, Li L Z, Zhang J. Comparison of manifold learning algorithms used in FSI data interpolation of curved surfaces[J]. Multidiscipline Modeling in Materials and Structures, 2017, 13(2): 217-261.

[29] Li L Z, Lu Z Z, Wang J C, et al. Turbine blade temperature transfer using the load surface method[J]. Computer Aided Design, 2007, 39(6): 494-505.

[30] 李立州，王婧超，韩永志，等. 基于网格变形技术的涡轮叶片变形传递[J]. 航空动力学报，2007, 22(12): 2101-2104.

[31] 李立州，张珺，李磊，等. 基于局部坐标的载荷传递[J]. 机械强度，2011, 33(3): 423-427.

[32] Liu Z H, Li L H, Liu Z P. Data transfer of non-matching meshes in a common dimensionality reduction space for turbine blade[J]. International Journal of Vibration-Engineering, 2014, 16(7): 3399-3408.

[33] Bock S. Approach for coupled heat transfer/heat flux calculations[C]. RTO-AVT Symposium on "Advanced Flow Management: Part B—Heat Transfer and Cooling in Propulsion and Power Systems", Loen, 2001.

[34] 唐月红，李卫国，孙本华. 基于曲面上光滑插值方法的飞机表面 C_p 值重建[J]. 航空学报，2001, 22(3): 250-252.

第 3 章 压力梯度和网格密度对流固耦合数据传递精度的影响

本章继续进行已有插值方法与耦合面降维投影插值法的对比介绍，主要讨论压力梯度和网格密度对已有插值法和耦合面降维投影插值法精度的影响。由于已有插值方法较多，一一进行对比较为困难，本章仅介绍压力梯度和网格密度对局部多项式最小二乘插值法和耦合面降维投影插值法精度的影响。

3.1 研究模型

本节以一个半径为 100mm 的圆柱体流固耦合面的压力传递为对象，讨论压力梯度和网格密度对流固耦合插值传递精度的影响。选用该模型是因为圆柱面的半径是固定的，即圆柱体各个位置的曲率或弯曲程度是相同的，在流场和固体网格大小一定的情况下，耦合面上各个点的网格不匹配程度是相同的。流场网格模型如图 3.1 所示，流固耦合面的位置如图 3.2 所示，固体模型和网格模型如图 3.3 所示。

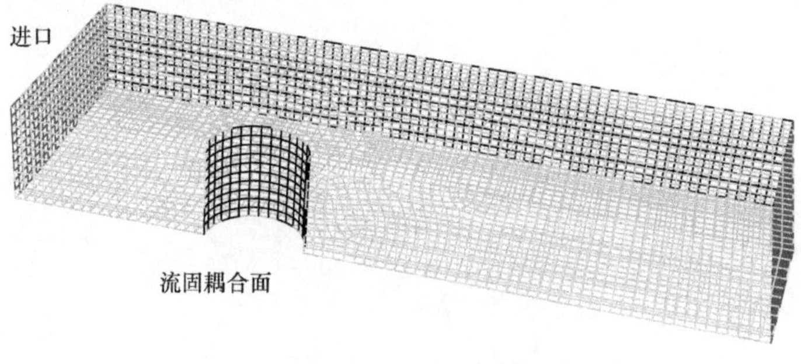

图 3.1 流场网格模型

下面分别用局部多项式最小二乘插值法和耦合面降维投影插值法，将流场计算得到的耦合面压力传递到固体模型表面作为载荷，比较插值误差，分析压力梯度和网格密度对插值精度的影响。

插值误差的估计方法如下。

(1) 将流场网格模型耦合面的压力分布 p_0 插值到固体模型耦合面上，得到固体耦合面的压力分布 p_1。

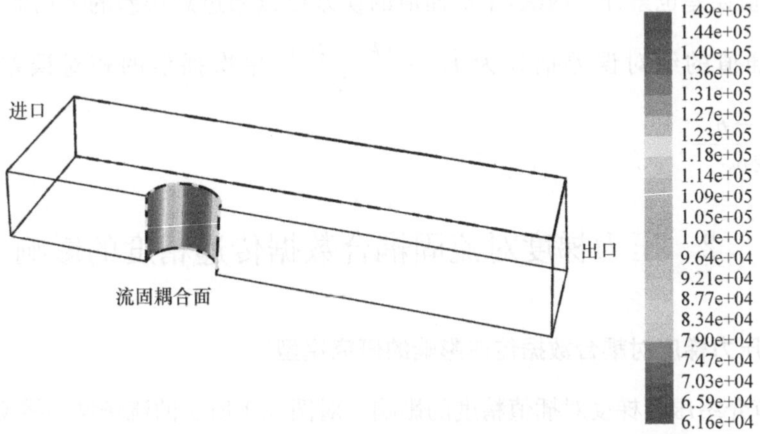

图 3.2　流固耦合面(单位:Pa)

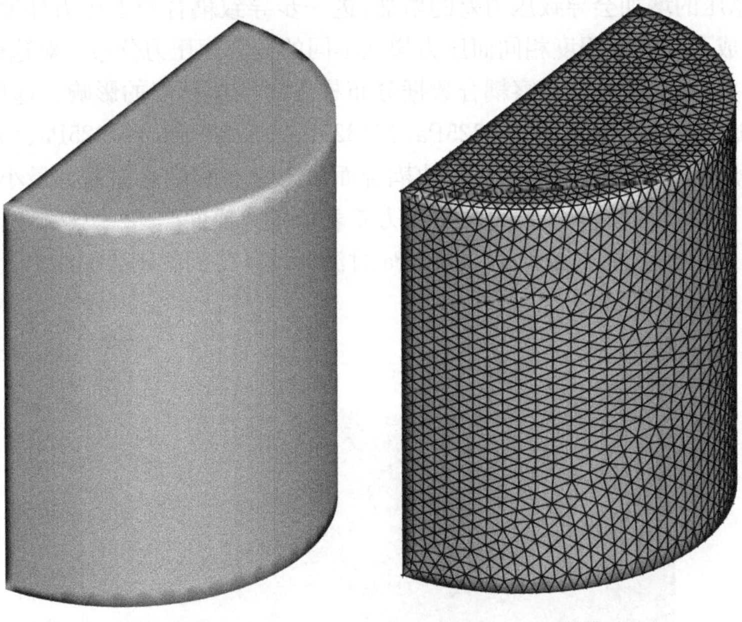

图 3.3　固体模型和网格模型

(2) 用同样的算法将固体耦合面的压力分布 p_1 插值回流体耦合面,得到流体耦合面的压力分布 p_2。

(3) 逐个节点比较计算插值得到的流体耦合面的压力分布 p_2 和流场数值计算得到的流体耦合面的压力分布 p_0,取最大误差作为插值误差。由于进行了两次

插值，插值误差也累计了两次，单次插值的误差可以通过总误差的平均值来估计，即单次插值的绝对误差估计为 $E_1=\frac{|p_0-p_2|}{2}$，单次插值的相对误差估计为 $E_2=\frac{|p_0-p_2|}{2p_0}$。

3.2 压力梯度对流固耦合数据传递精度的影响

3.2.1 压力梯度对耦合数据传递影响的研究模型

本节介绍压力梯度对插值精度的影响。对图 3.1 所示的流场网格模型给出不同的进口总压，得到不同进口总压下的流场压力分布和耦合面压力分布，确定耦合面的最大压力、最小压力和压力差。由于耦合面的面积、曲率半径和网格尺寸不变，进口总压的增加会导致压力差的增加，进一步导致耦合面上压力梯度的增加，这样就形成了不匹配程度相同而压力梯度不同的耦合面压力分布。对这样的耦合面进行压力插值，就可以考察耦合数据分布梯度对插值精度的影响。这里共给出 5 组流场进口总压，分别为 111325Pa、131325Pa、151325Pa、171325Pa、191325Pa，用图 3.1 所示的模型计算得到对应的耦合面压力分布和耦合面最大最小压力差。由于圆柱体的直径相同，下面直接用压力差表征压力梯度。

图 3.4 给出了进口总压为 111325Pa 时流场计算得到的耦合面压力分布，耦合面的压力差为 27125Pa。

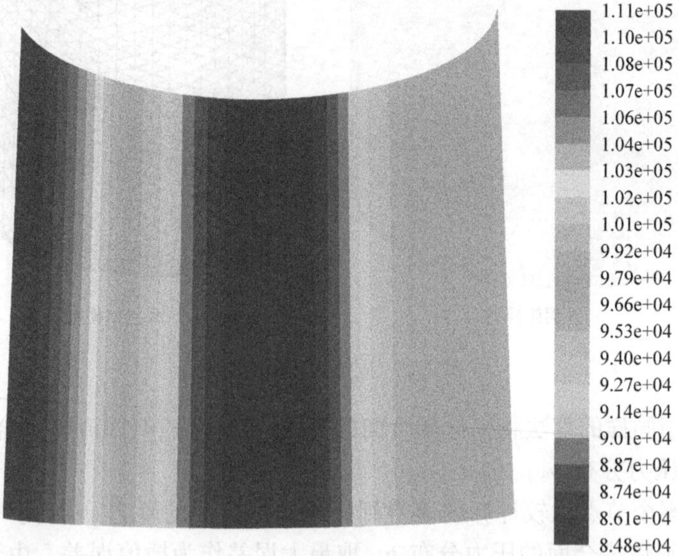

图 3.4 进口总压为 111325Pa 时流场计算得到的耦合面压力分布(单位：Pa)

图 3.5 给出了进口总压为 131325Pa 时流场计算得到的耦合面压力分布，耦合面的压力差为 74125Pa。

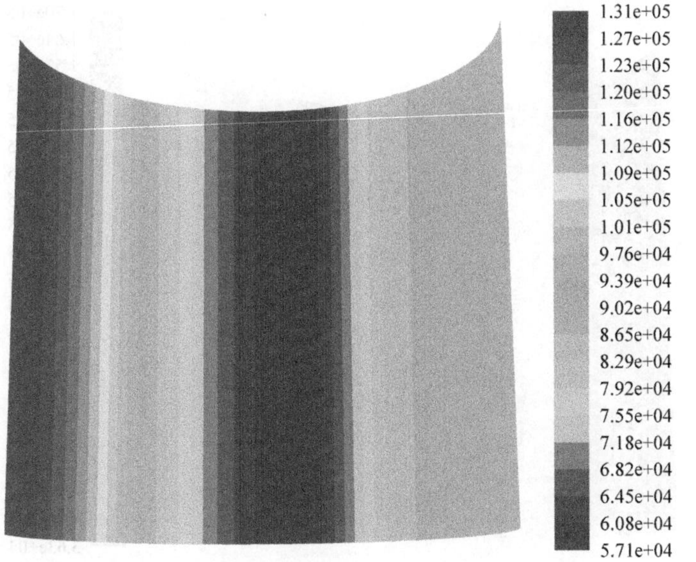

图 3.5　进口总压为 131325Pa 时流场计算得到的耦合面压力分布(单位:Pa)

图 3.6 给出了进口总压为 151325Pa 时流场计算得到的耦合面压力分布，耦合面的压力差为 105425Pa。

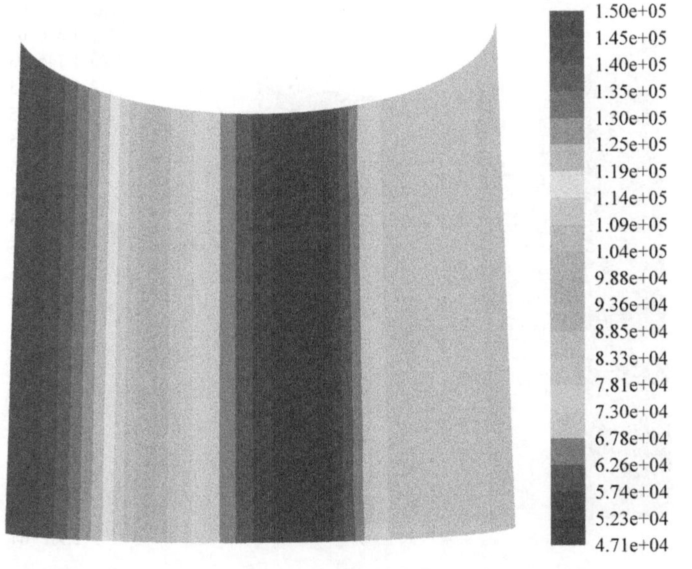

图 3.6　进口总压为 151325Pa 时流场计算得到的耦合面压力分布(单位:Pa)

图 3.7 给出了进口总压为 171325Pa 时流场计算得到的耦合面压力分布，耦合面的压力差为 133725Pa。

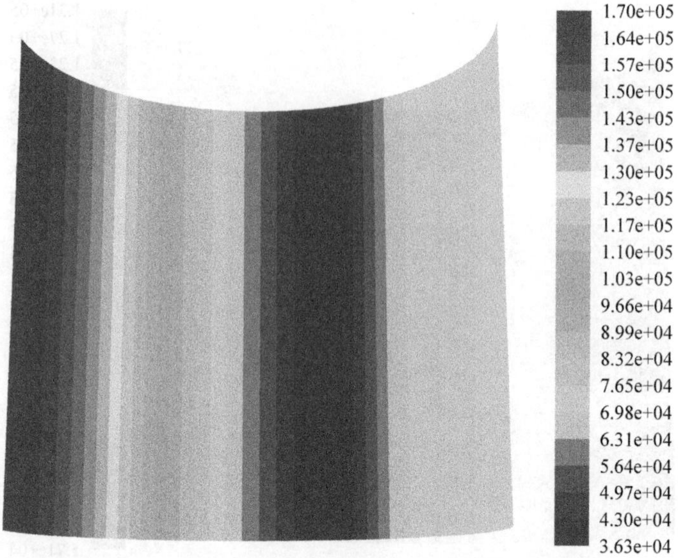

图 3.7 进口总压为 171325Pa 时流场计算得到的耦合面压力分布(单位:Pa)

图 3.8 给出了进口总压为 191325Pa 时流场计算得到的耦合面压力分布，耦合面的压力差为 161725Pa。

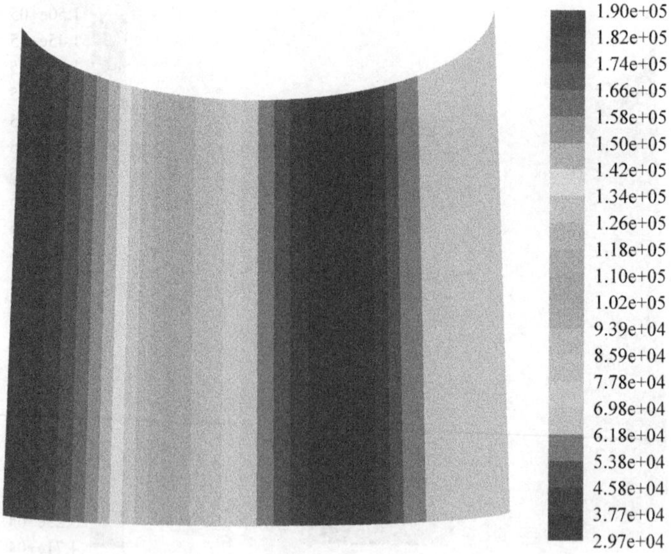

图 3.8 进口总压为 191325Pa 时流场计算得到的耦合面压力分布(单位:Pa)

图 3.9 给出了 5 组不同进口条件下耦合面压力差随进口总压的变化规律。从图 3.9 可以看出，随着进口总压的增加耦合面压力差直线上升，考虑到耦合面的面积不变，所以耦合面压力差随进口总压的增加而上升，符合要求。

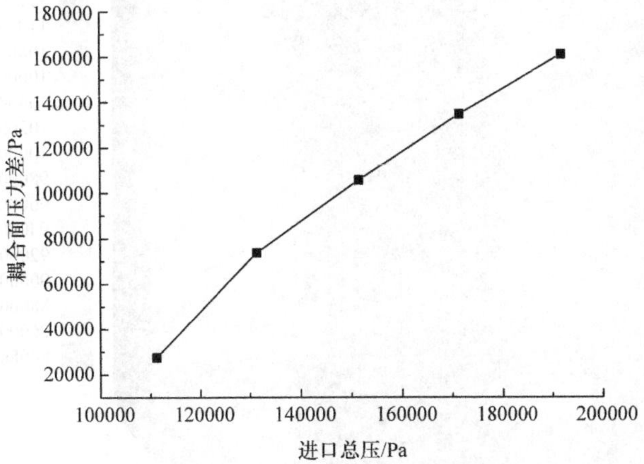

图 3.9　耦合面压力差随进口总压的变化

3.2.2　压力梯度对现有三维空间插值法精度的影响

本节介绍压力梯度对现有三维空间插值法精度的影响。由于现有三维空间插值法较多，这里经过筛选确定采用局部多项式最小二乘插值法进行插值，局部多项式最小二乘插值法的插值函数为 $F(x,y,z)=A+Bx+Cy+Dz$。下面分别对 5 组不同进口条件下的耦合面压力进行插值和误差估计，分析压力梯度对耦合数据插值传递精度的影响。选择局部多项式最小二乘插值法的原因是：在现有的几类方法中，最邻近插值法的精度不足；投影插值法在三维问题中某些点常常得不到插值结果；这个圆柱体插值问题的空间非线性不强，径向基插值法的精度较高，压力梯度对其精度影响不大。

进口总压为 111325Pa 时的流场压力分布如图 3.4 所示，插值到固体模型的压力分布如图 3.10 所示。通过同图 3.4 的对比可以得到耦合面的压力差为 27125Pa，最大绝对插值误差为 270Pa，最大相对插值误差为 0.001455。

进口总压为 131325Pa 时的流场压力分布如图 3.5 所示，插值到固体模型的压力分布如图 3.11 所示。通过同图 3.5 的对比可以得到耦合面的压力差为 74125Pa，最大绝对插值误差为 726Pa，最大相对插值误差为 0.00626。

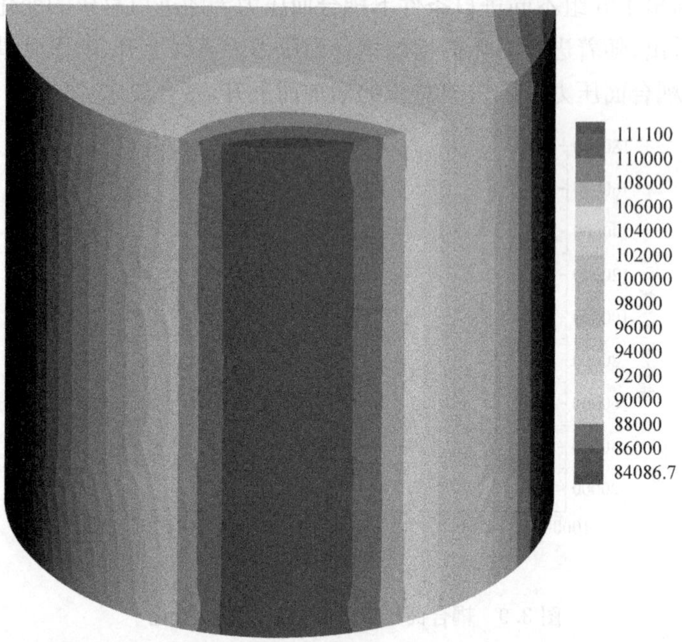

图 3.10　进口总压为 111325Pa 时插值到固体模型的压力分布 1(单位:Pa)

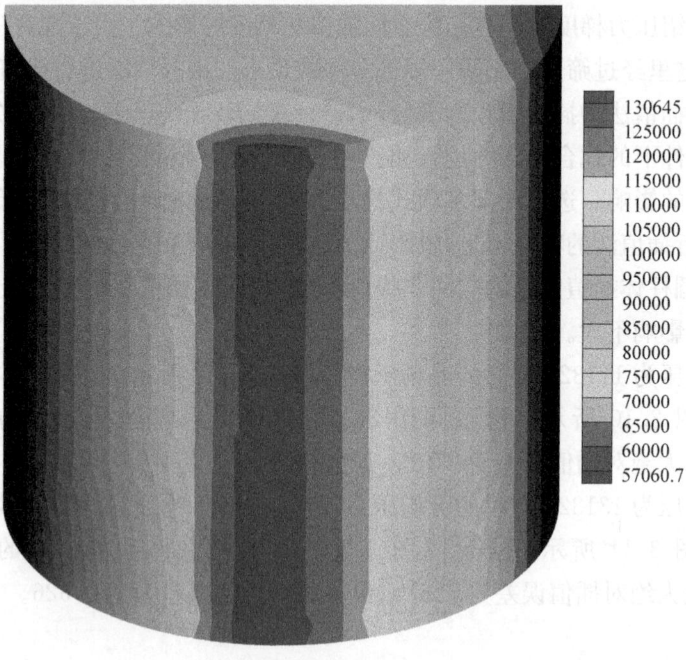

图 3.11　进口总压为 131325Pa 时插值到固体模型的压力分布 1(单位:Pa)

进口总压为 151325Pa 时的流场压力分布如图 3.6 所示，插值到固体模型的压力分布如图 3.12 所示。通过同图 3.6 的对比可以得到耦合面的压力差为 105425Pa，最大绝对插值误差为 1385Pa，最大相对插值误差为 0.0098。

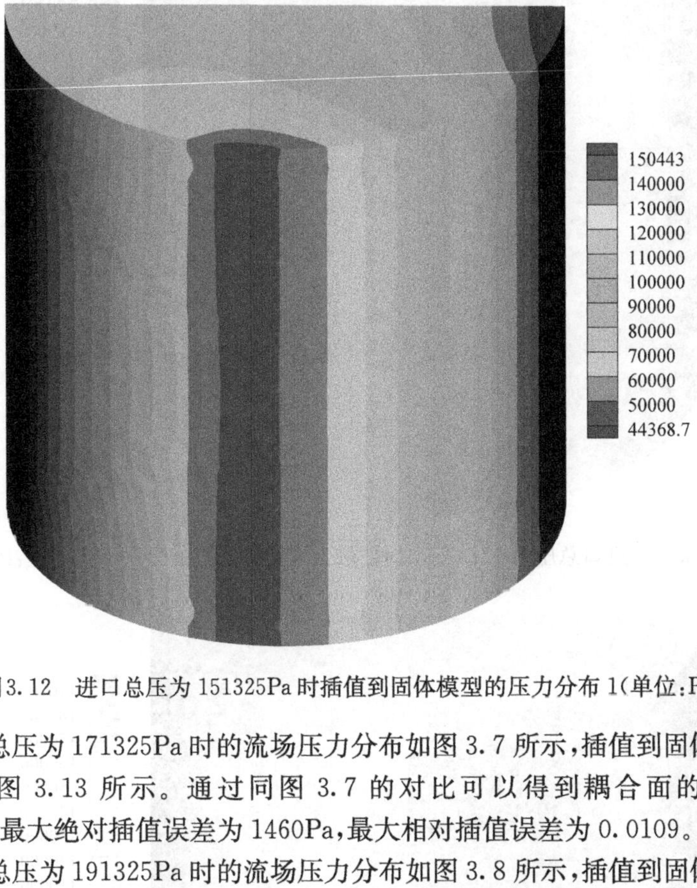

图3.12　进口总压为 151325Pa 时插值到固体模型的压力分布 1(单位:Pa)

进口总压为 171325Pa 时的流场压力分布如图 3.7 所示，插值到固体模型的压力分布如图 3.13 所示。通过同图 3.7 的对比可以得到耦合面的压力差为 133725Pa，最大绝对插值误差为 1460Pa，最大相对插值误差为 0.0109。

进口总压为 191325Pa 时的流场压力分布如图 3.8 所示，插值到固体模型的压力分布如图 3.14 所示。通过同图 3.8 的对比可以得到耦合面的压力差为 161725Pa，最大绝对插值误差为 1755Pa，最大相对插值误差为 0.0259。

图 3.15 和图 3.16 给出了局部多项式最小二乘插值法在 5 组不同进口条件下的绝对插值误差和相对插值误差。从图 3.15 可以看出，绝对插值误差随耦合面压力梯度线性增加。从图 3.16 可以看出，相对插值误差随耦合面压力梯度增加较快，这主要是相对插值误差计算过程中，分母的当地平均压力在逐渐减小，而分子的绝对插值误差在线性增大，因此相对插值误差上升较快。

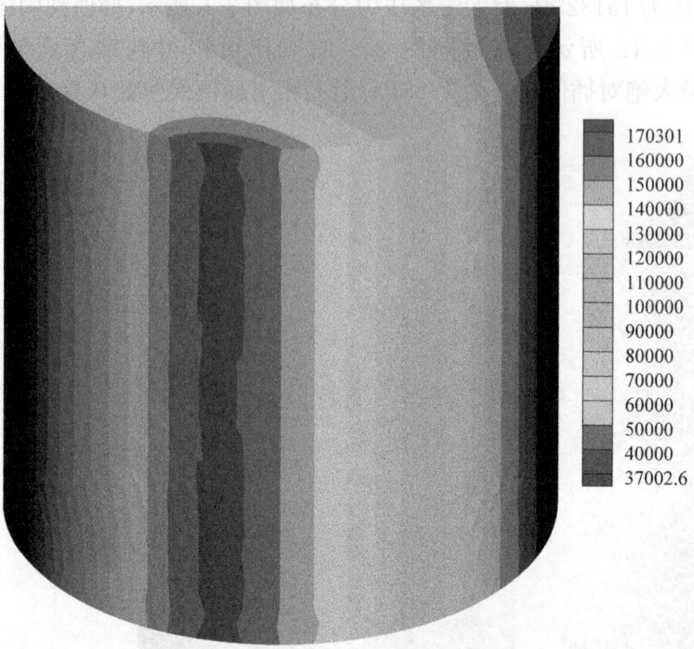

图 3.13　进口总压为 171325Pa 时插值到固体模型的压力分布 1(单位:Pa)

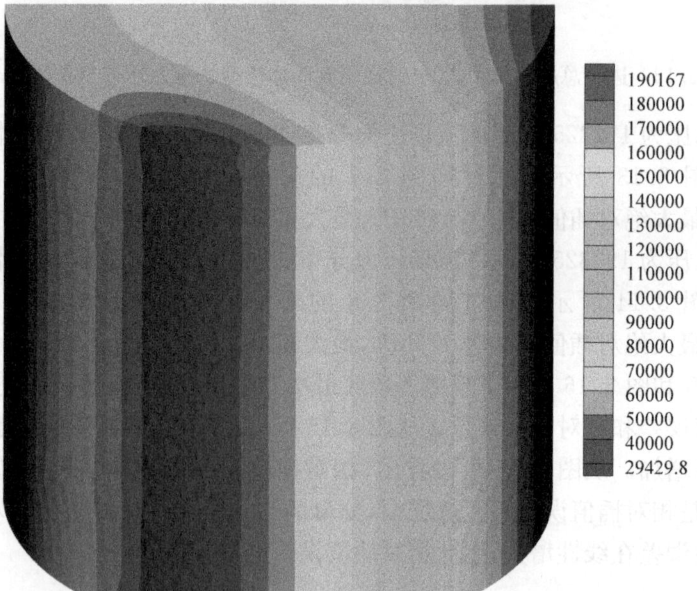

图 3.14　进口总压为 191325Pa 时插值到固体模型的压力分布 1(单位:Pa)

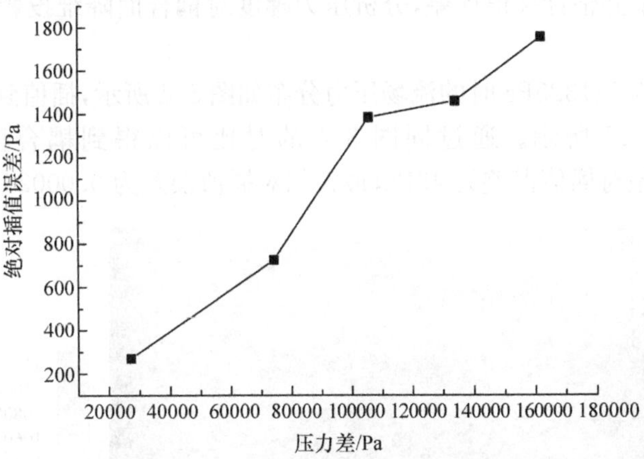

图 3.15　局部多项式最小二乘插值法的绝对插值误差随压力差变化图

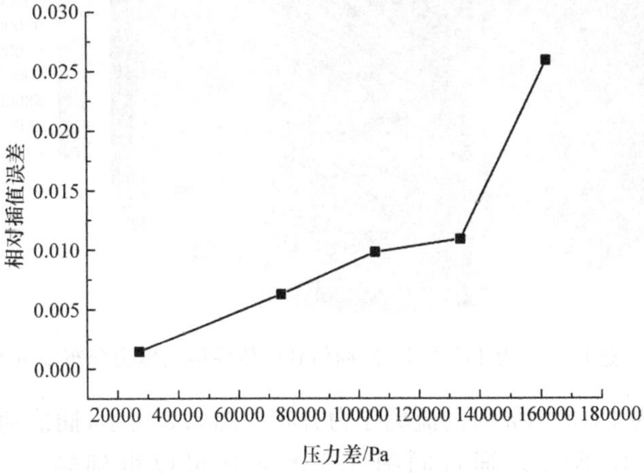

图 3.16　局部多项式最小二乘插值法的相对插值误差随压力差变化图

3.2.3　压力梯度对耦合面降维投影插值法精度的影响

本节介绍压力梯度对耦合面降维投影插值法精度的影响。由于本书提出的耦合面降维投影插值法较多，这里采用基于等距映射(isometric map，ISOMAP)降维投影的插值法，首先用 ISOMAP 法对耦合面进行降维投影，然后在投影的平面空间上用局部多项式最小二乘插值法进行插值，为了和 3.2.2 节的结果进行对比，局部多项式最小二乘插值函数为 $F(u,v)=A+Bu+Cv$，其中 u、v 是节点在投影的平面空间上的参数坐标。关于 ISOMAP 降维投影插值法的详细介绍可以参看第 6 章。用基于 ISOMAP 降维投影的插值法对 3.2.1 节 5 组不同进口条件的耦合面压力进行插值并估计插值误差，分析压力梯度对耦合面降维投影插值法精度的影响。

进口总压为111325Pa时的流场压力分布如图3.4所示，插值到固体模型的压力分布如图3.17所示。通过同图3.4的对比可以得到耦合面的压力差为27125Pa，最大绝对插值误差为49Pa，最大相对插值误差为0.00026。

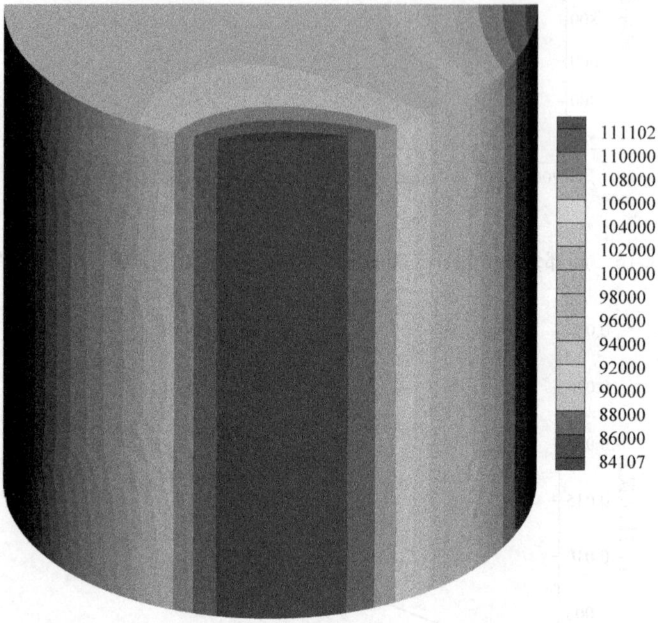

图3.17　进口总压为111325Pa时插值到固体模型的压力分布2(单位:Pa)

进口总压为131325Pa时的流场压力分布如图3.5所示，插值到固体模型的压力分布如图3.18所示。通过同图3.5的对比可以得到耦合面的压力差为74125Pa，最大绝对插值误差为152Pa，最大相对插值误差为0.0013。

进口总压为151325Pa时的流场压力分布如图3.6所示，插值到固体模型的压力分布如图3.19所示。通过同图3.6的对比可以得到耦合面的压力差为105425Pa，最大绝对插值误差为210Pa，最大相对插值误差为0.0017。

进口总压为171325Pa时的流场压力分布如图3.7所示，插值到固体模型的压力分布如图3.20所示。通过同图3.7的对比可以得到耦合面的压力差为133725Pa，最大绝对插值误差为230Pa，最大相对插值误差为0.0029。

进口总压为191325Pa时的流场压力分布如图3.8所示，插值到固体模型的压力分布如图3.21所示。通过同图3.8的对比可以得到耦合面的压力差为161725Pa，最大绝对插值误差为230Pa，最大相对插值误差为0.0038。

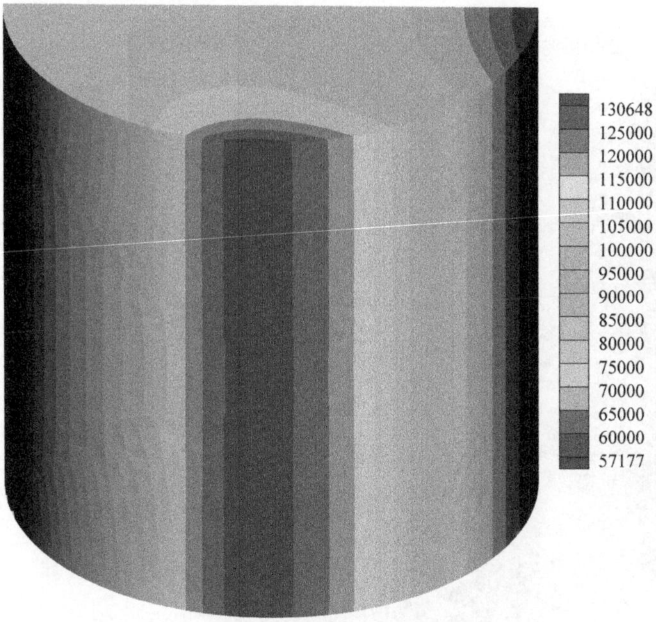

图 3.18　进口总压为 131325Pa 时插值到固体模型的压力分布 2(单位:Pa)

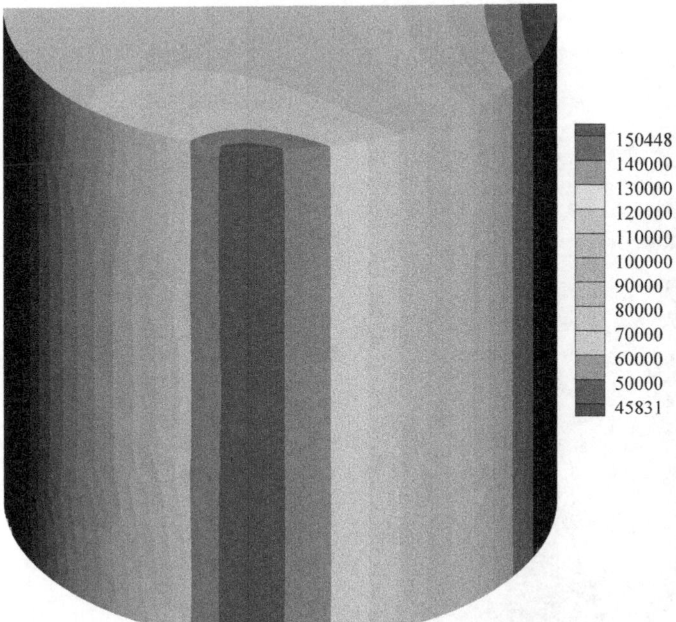

图3.19　进口总压为 151325Pa 时插值到固体模型的压力分布 2(单位:Pa)

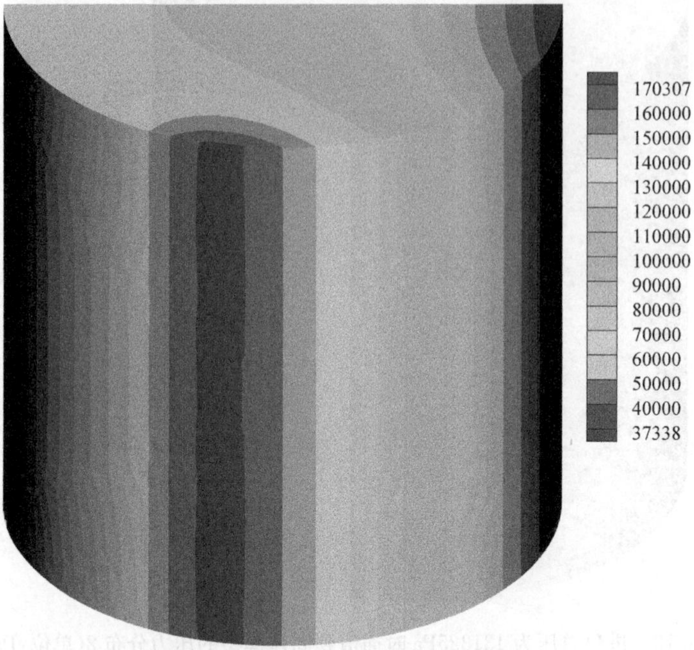

图 3.20 进口总压为 171325Pa 时插值到固体模型的压力分布 2(单位:Pa)

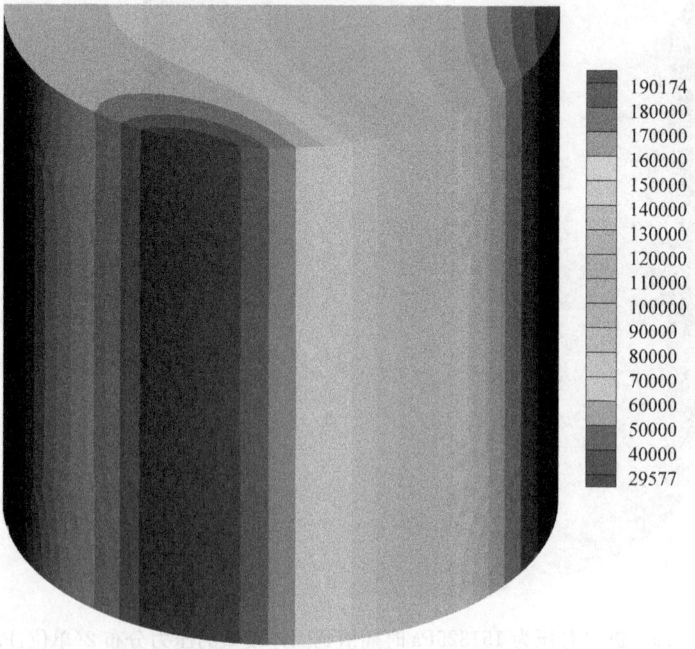

图 3.21 进口总压为 191325Pa 时插值到固体模型的压力分布 2(单位:Pa)

下面对比 5 组不同进口条件下耦合面的压力插值传递误差，分析压力梯度对耦合面降维投影插值法精度的影响。图 3.22 和图 3.23 给出了 ISOMAP 降维投影插值法的绝对插值误差和相对插值误差随耦合面压力差的变化。从图 3.22 可以看出，在压力差较低时绝对插值误差随压力差增加，随着压力差的逐渐增大，绝对插值误差变得平缓。从图 3.23 可以看出，相对插值误差增加较快，始终是线性增大，这主要是相对插值误差计算过程中，分母的当地平均压力在逐渐减小，而分子的绝对误差在快速减小，因此相对插值误差保持直线上升。

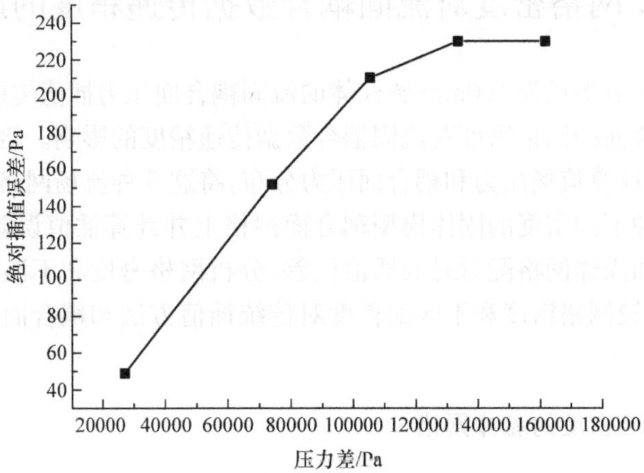

图 3.22　ISOMAP 降维投影插值法的绝对插值误差随压力差的变化

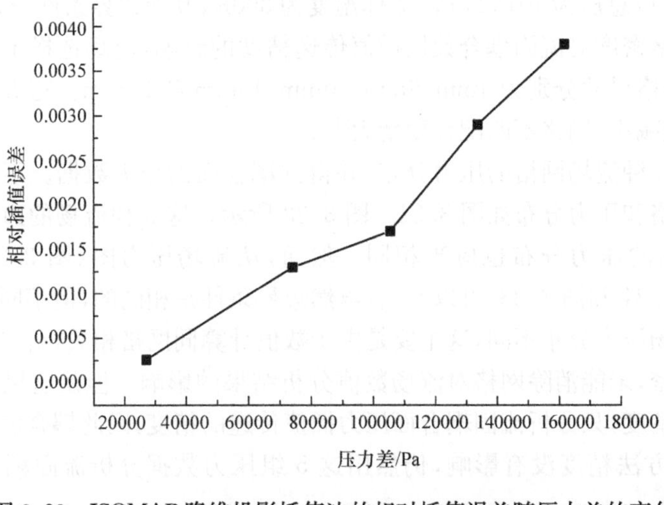

图 3.23　ISOMAP 降维投影插值法的相对插值误差随压力差的变化

对比图 3.15 和图 3.22 可以看出，采用三维空间插值法的最大绝对插值误差为 1755Pa，而采用耦合面降维投影插值法的最大绝对插值误差为 230Pa，远小于三维空间插值法。对比图 3.16 和图 3.23 可以看出，采用三维空间插值法的最大相对插值误差为 0.0259，而采用耦合面降维投影插值法的最大相对插值误差为 0.0038，远小于三维空间插值法，而且采用耦合面降维投影插值法的误差增长速度远小于采用三维空间插值法。因此，在耦合面压力梯度变化的问题中，耦合面降维投影插值法更具优势。

3.3 网格密度对流固耦合数据传递精度的影响

本节以 3.1 节半径为 100mm 圆柱体的流固耦合面压力插值传递为对象，介绍流场和固体耦合面的网格密度对流固耦合数据传递精度的影响。给出 5 种不同密度的流场网格，计算流场压力和耦合面压力分布，将这 5 种流场网格耦合面的压力插值传递到 5 种不同密度的固体模型耦合面网格上并计算插值误差，比较不同密度的流场网格和固体网格配对时的插值误差，分析网格密度和不匹配程度对插值精度的影响，比较网格密度和不匹配程度对传统插值方法和耦合面降维投影插值法的影响程度。

3.3.1 不同网格密度的流体网格

对图 3.1 所示的半径为 100mm 圆柱体的外流场划分不同密度的网格，进行流场计算获得流固耦合面的压力分布。流场计算的边界条件是进口总压为 151325Pa，出口总压为 101325 Pa，流体温度为 300K，其他边界条件与 3.1 节相同。为了分析网格密度对流固耦合数据插值传递精度的影响，流场选择了 5 种不同密度的网格，网格尺寸分别为 4mm、6mm、10mm、15mm 和 20mm。随着网格尺寸增大，网格密度减小，网格不匹配程度增大[1]。

计算这 5 种流场网格的压力分布，并得到耦合面的压力数据。不同密度的流场耦合面网格和压力分布如图 3.24～图 3.33 所示。这 5 种流场的边界条件是相同的，耦合面的压力分布也应当相同。然而，从流场压力图（图 3.25、图 3.27、图 3.29、图 3.31 和图 3.33）可以看出，虽然边界条件是相同的，但不同网格密度下耦合面的流场压力分布不同，这主要是由于数值计算同网格相关，给出的几种网格密度还不够密，未能消除网格对流场数值分析结果的影响。但是这里不讨论流场数值分析的精度，只分析流固耦合面压力插值传递的精度，因此耦合面压力分布不精确对插值方法精度没有影响，仍然用这 5 组压力数据分析流固耦合数据插值问题。

尺寸为 4mm 的流场耦合面网格如图 3.24 所示，其对应的耦合面压力分布如图 3.25 所示。

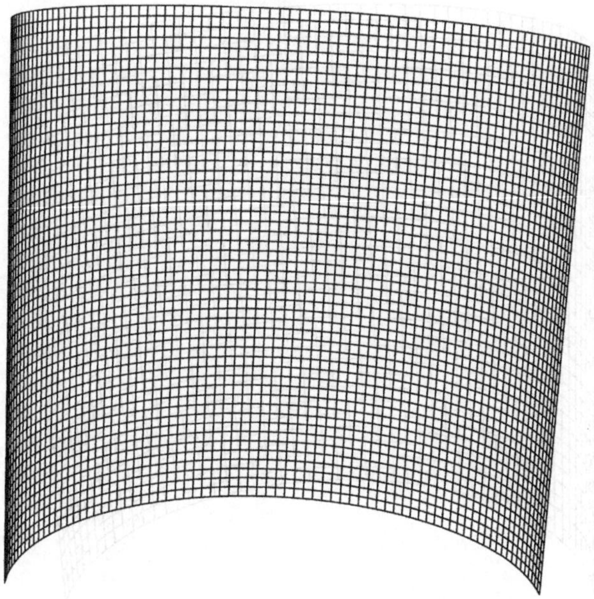

图3.24　尺寸为4mm的流场耦合面网格

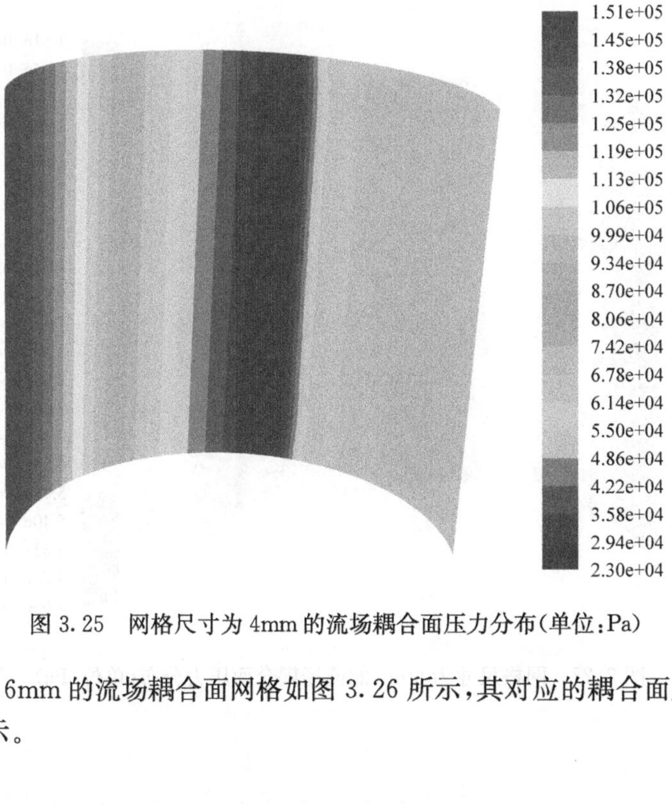

图3.25　网格尺寸为4mm的流场耦合面压力分布(单位:Pa)

尺寸为6mm的流场耦合面网格如图3.26所示,其对应的耦合面压力分布如图3.27所示。

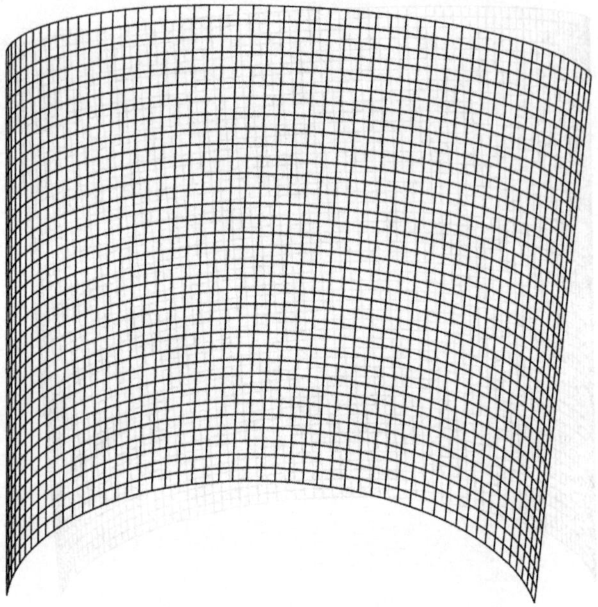

图 3.26 尺寸为 6mm 的流场耦合面网格

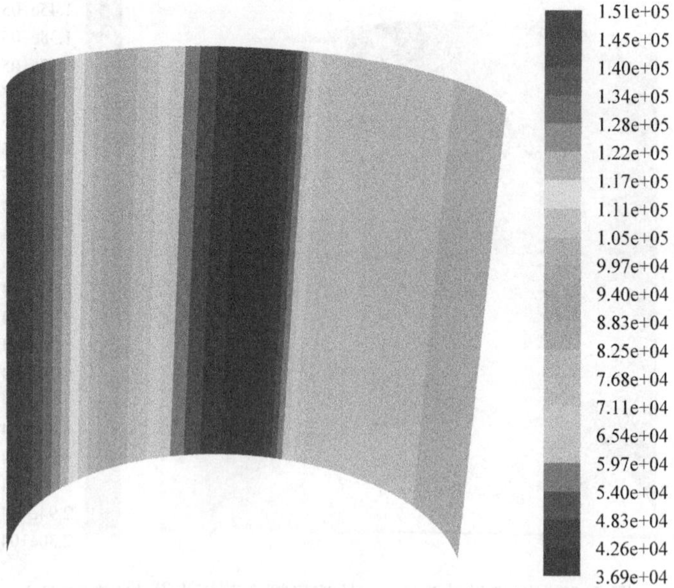

图 3.27 网格尺寸为 6mm 的流场耦合面压力分布(单位:Pa)

尺寸为 10mm 的流场耦合面网格如图 3.28 所示,其对应的耦合面压力分布如图 3.29 所示。

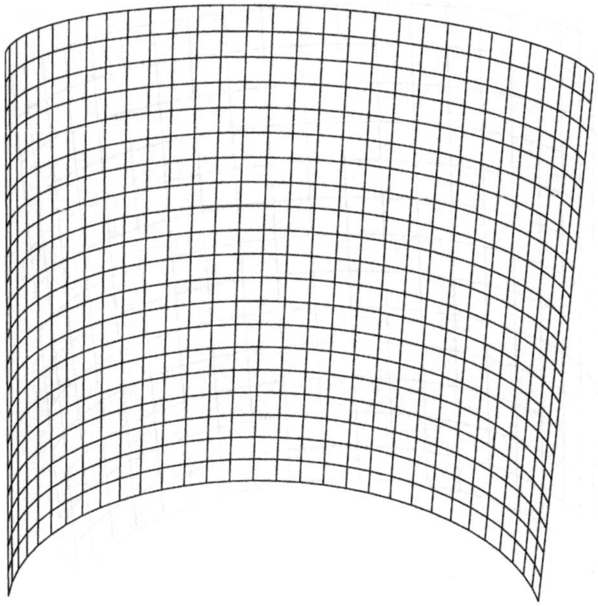

图 3.28　尺寸为 10mm 的流场耦合面网格

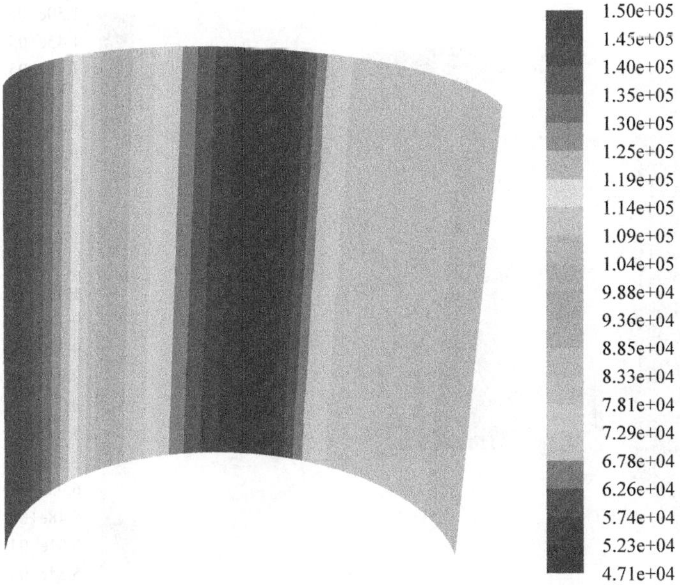

图 3.29　网格尺寸为 10mm 的流场耦合面压力分布(单位:Pa)

尺寸为 15mm 的流场耦合面网格如图 3.30 所示,其对应的耦合面压力分布如图 3.31 所示。

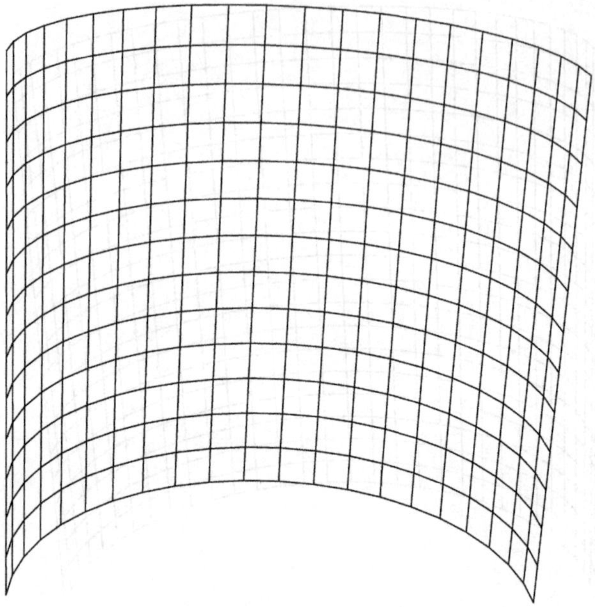

图 3.30　尺寸为 15mm 的流场耦合面网格

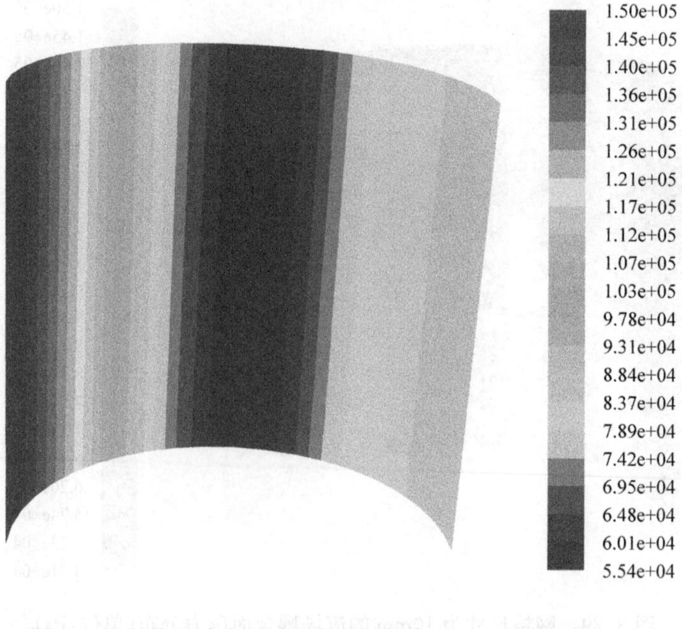

图 3.31　网格尺寸为 15mm 的流场耦合面压力分布(单位:Pa)

尺寸为 20mm 的流场耦合面网格如图 3.32 所示，其对应的耦合面压力分布如图 3.33 所示。

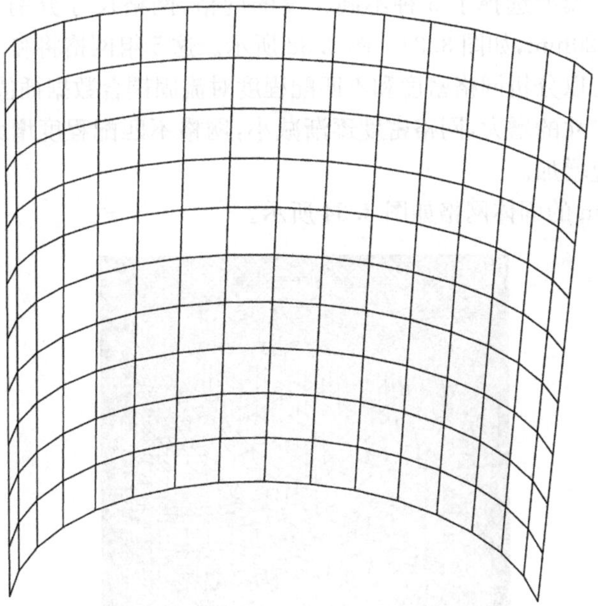

图 3.32　尺寸为 20mm 的流场耦合面网格

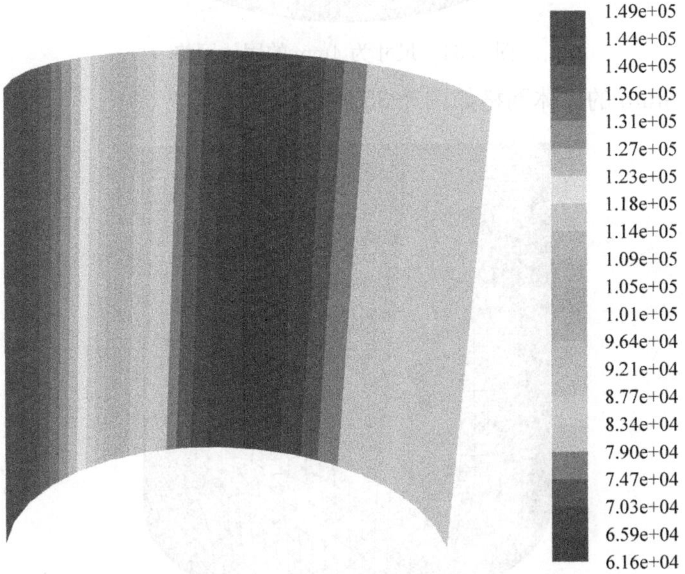

图 3.33　网格尺寸为 20mm 的流场耦合面压力分布(单位:Pa)

3.3.2　不同网格密度的固体网格

圆柱体固体模型选择了 5 种不同密度的网格，网格尺寸分别为 4mm、6mm、8mm、10mm 和 20mm，如图 3.34～图 3.38 所示。这 5 组网格将和 3.3.1 节中的 5 种流场网格配对以分析网格密度和不匹配程度对流固耦合数据插值传递精度的影响。随着网格尺寸的增大，网格密度逐渐减小，网格不匹配程度增大，耦合面数据传递的难度相应增加。

尺寸为 4mm 的固体网格如图 3.34 所示。

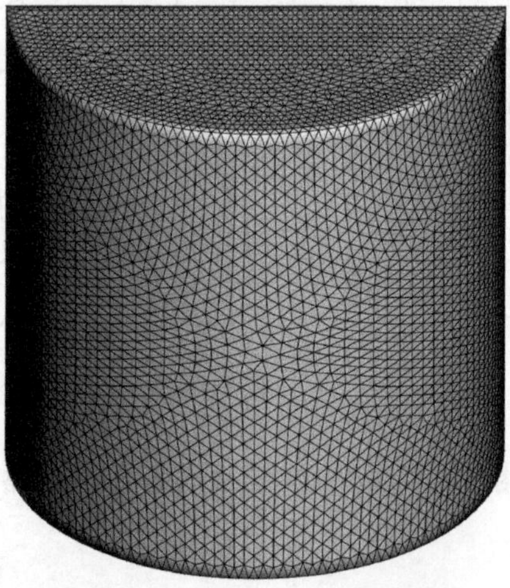

图 3.34　尺寸为 4mm 的固体网格

尺寸为 6mm 的固体网格如图 3.35 所示。

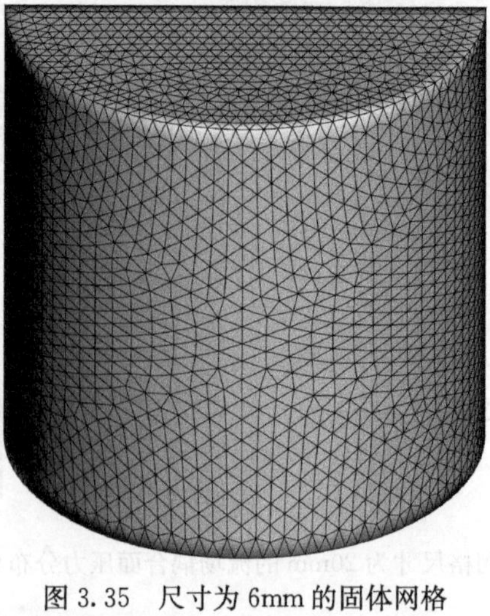

图 3.35　尺寸为 6mm 的固体网格

尺寸为 8mm 的固体网格如图 3.36 所示。

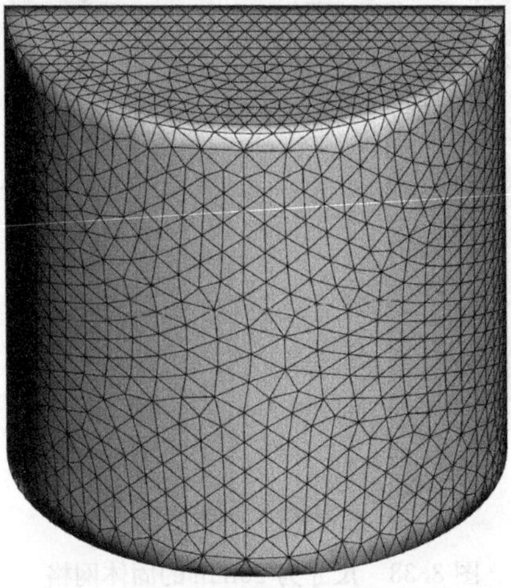

图 3.36　尺寸为 8mm 的固体网格

尺寸为 10mm 的固体网格如图 3.37 所示。

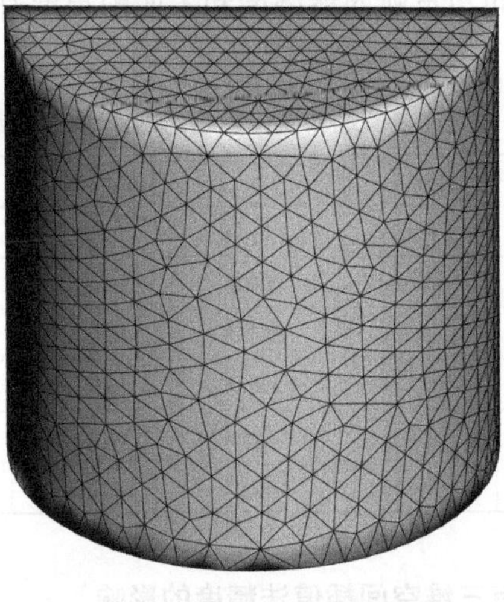

图 3.37　尺寸为 10mm 的固体网格

尺寸为 20mm 的固体网格如图 3.38 所示。

3.3.3　不同密度流场和固体网格的配对模型

不同密度流场和固体的耦合面网格配对方式如表 3.1 所示，一共有 25 组配对模型，模型编号见表 3.1。模型编号中 M 代表模型，第 1 个数字代表流场网格密度，第 2 个数字代表固体网格密度，“x”表示从第 1 个数字代表的流场耦合网格插

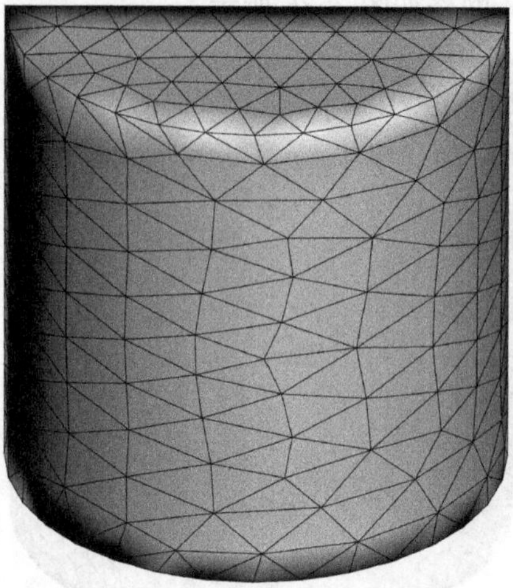

图 3.38 尺寸为 20mm 的固体网格

值到第 2 个数字代表的固体网格。模型编号的数字越小代表网格密度越大,模型编号的数字越大代表网格密度越小。对这 25 组不同密度流场和固体的耦合面网格进行压力插值,可以反映网格密度和不匹配程度对耦合面数据传递精度的影响。

表 3.1 不同密度流场和固体网格的配对方式与模型编号

模型编号		流场网格尺寸				
		4mm	6mm	10mm	15mm	20mm
固体网格尺寸	4mm	M4x4	M6x4	M10x4	M15x4	M20x4
	6mm	M4x6	M6x6	M10x6	M15x6	M20x6
	8mm	M4x8	M6x8	M10x8	M15x8	M20x8
	10mm	M4x10	M6x10	M10x10	M15x10	M20x10
	20mm	M4x20	M6x20	M10x20	M15x20	M20x20

3.3.4 网格密度对现有三维空间插值法精度的影响

本节介绍网格密度对现有三维空间插值法精度的影响。由于现有三维空间插值法较多,这里经过筛选确定采用局部多项式最小二乘插值法进行插值,多项式插值函数为 $F(x,y,z)=A+Bx+Cy+Dz$。用局部多项式最小二乘插值法分别对 25 组不同密度流场和固体网格的配对模型进行压力插值与误差估计,分析网格密度对耦合数据插值传递精度的影响。选择局部多项式最小二乘插值法的原因是:在现有的几类方法中,最邻近插值法的精度不足,投影插值法常常出现个别点得不到插值结果的情况；这个圆柱体的插值问题耦合面和耦合数据的空间非线性不强，径向基插值法的插值精度较高，压力梯度对其精度影响不大。

图 3.39～图 3.43 分别给出了 M4x4、M4x6、M4x8、M4x10、M4x20 配对模型，即流场网格为 4mm 和固体网格为 4mm、6mm、8mm、10mm、20mm 的插值结果。因为都采用了 4mm 的流场网格，耦合面流场压力相同，所以插值到固体网格的压力分布也应该相同。然而，从插值结果可以看到固体耦合面压力分布并不相同，这说明耦合面网格尺寸对插值精度有影响。按照一般的理解，当网格密度大时插值结果应该更为均匀和精确，当网格密度小时插值结果的不光滑精度应该更差。图 3.39 和图 3.40 中的流场和固体网格密度都大，插值精度应该很高，但实际插值结果非常糟糕，插值得到的固体耦合面最小压力值和流场计算的耦合面最小压力值结果相差很大。仔细观察图 3.39 和图 3.40 可以发现，除了在圆柱体上下端面处误差很大，在其他位置插值结果都很好。由于网格密度较大，插值方法在圆柱体上下端面处选择的流场最近节点近似在一条直线上，插值函数的求逆过程出现奇异，插值函数系数求解误差较大。另外，选择的流场最近节点近似在一条直线上，导致目标节点在插值平面之外，目标点插值出现外插的情况，这些都会增大插值误差。

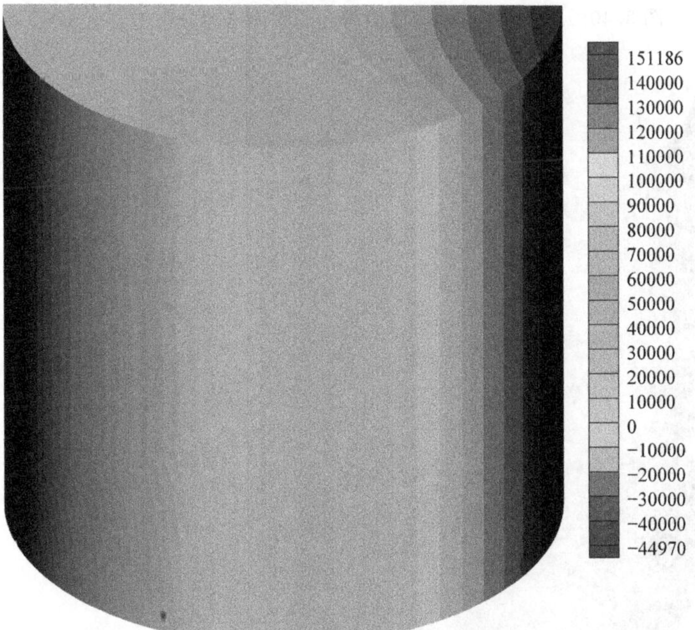

图 3.39　M4x4 配对模型插值得到的固体压力分布 1(单位：Pa)

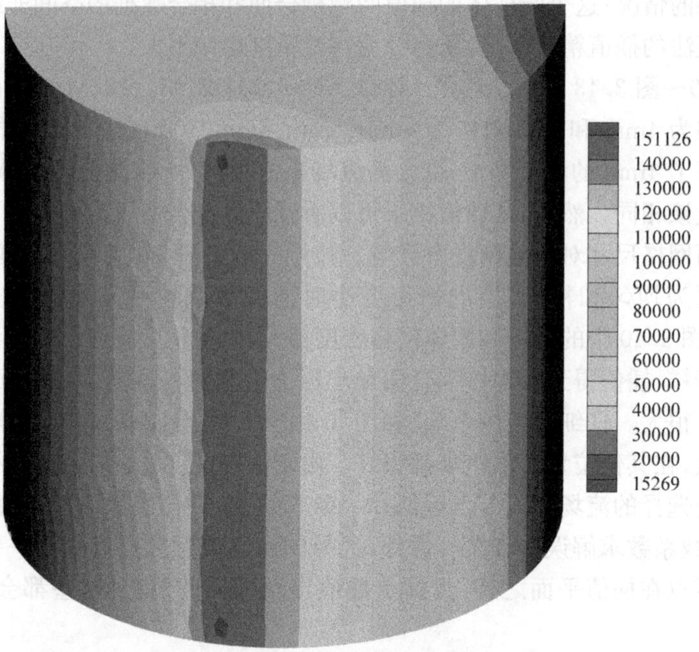

图 3.40　M4x6 配对模型插值得到的固体压力分布 1(单位:Pa)

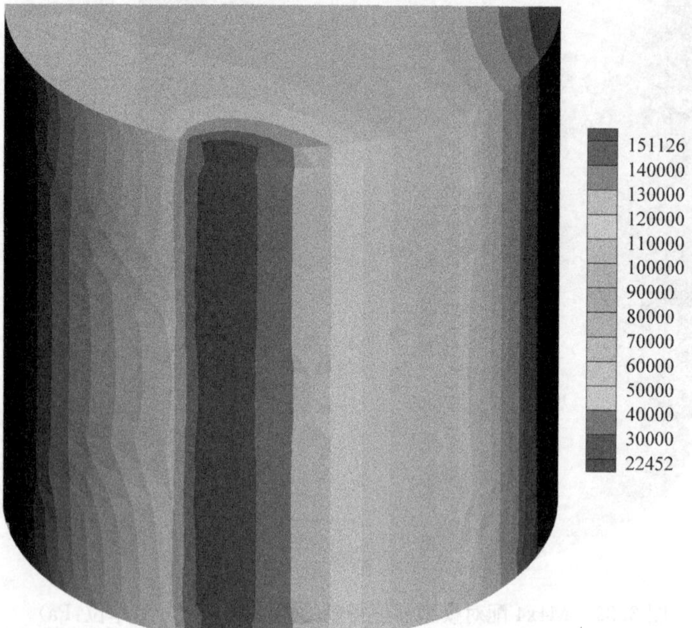

图 3.41　M4x8 配对模型插值得到的固体压力分布 1(单位:Pa)

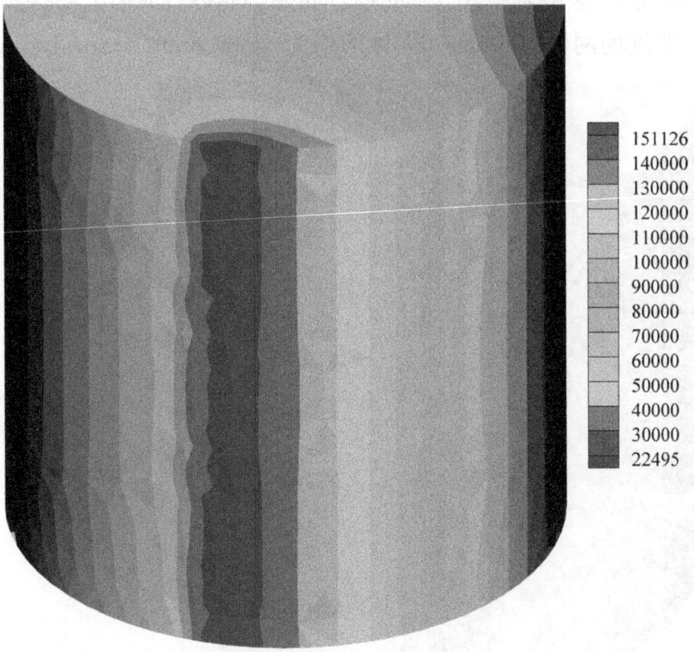

图 3.42 M4x10 配对模型插值得到的固体压力分布 1(单位:Pa)

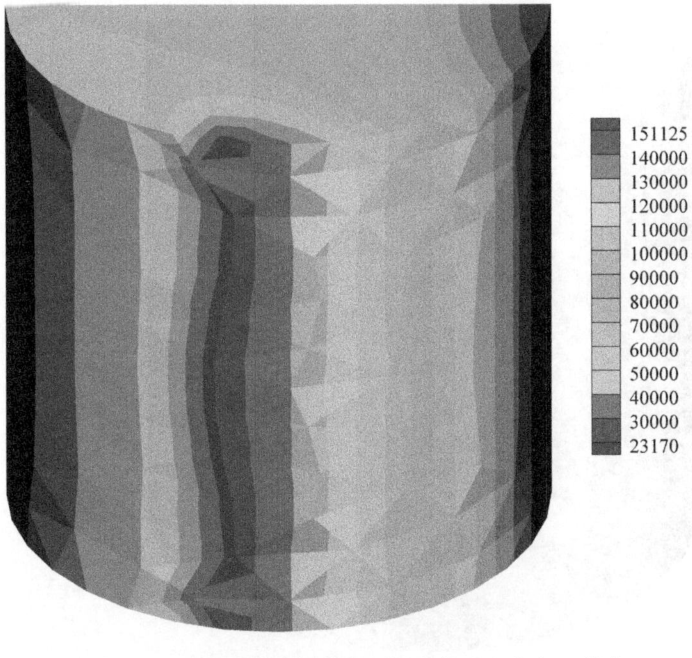

图 3.43 M4x20 配对模型插值得到的固体压力分布 1(单位:Pa)

图 3.44～图 3.48 分别给出了 M6x4、M6x6、M6x8、M6x10、M6x20 配对模型的插值结果，即流场网格为 6mm 和固体网格为 4mm、6mm、8mm、10mm 和 20mm

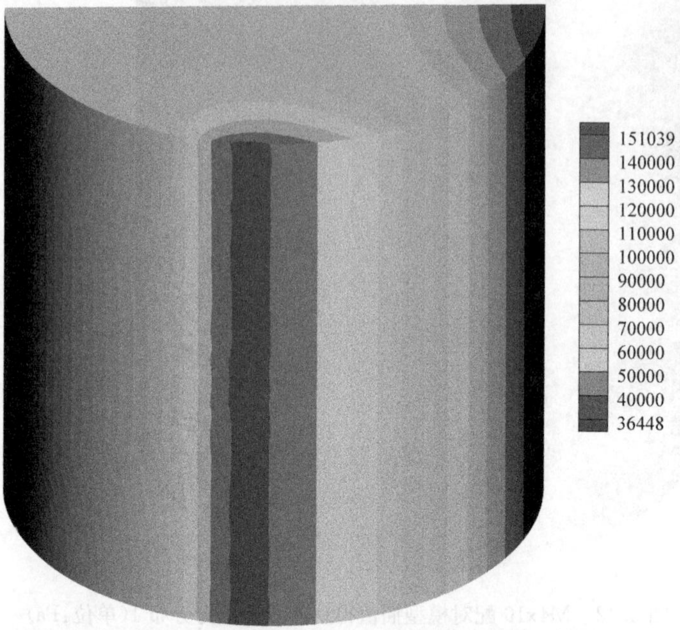

图 3.44　M6x4 配对模型插值得到的固体压力分布 1(单位：Pa)

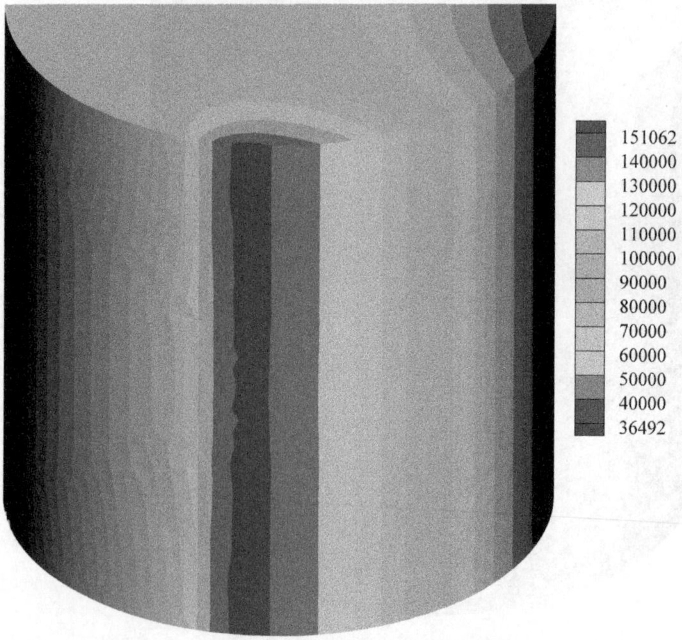

图 3.45　M6x6 配对模型插值得到的固体压力分布 1(单位：Pa)

的插值结果。因为都采用了 6mm 的流场网格,耦合面流场压力(图 3.27)相同,所以插值到固体网格的压力分布也应该相同。从结果来看,插值得到的固体耦合面

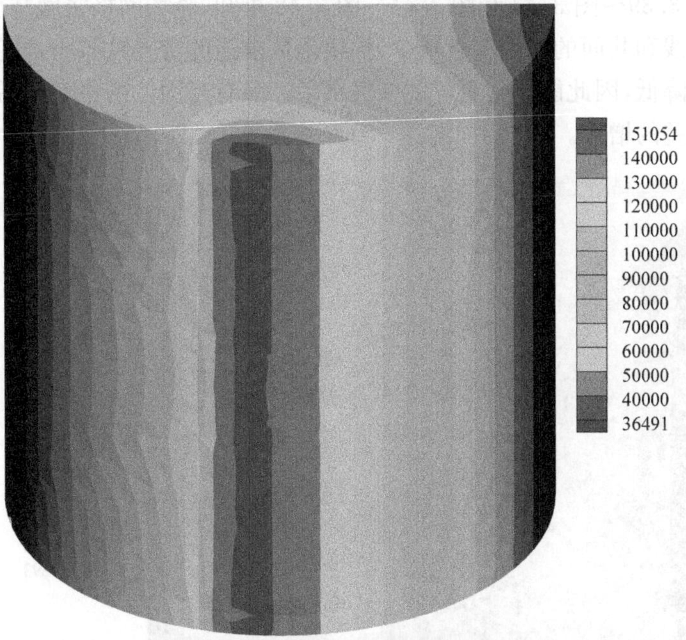

图 3.46　M6x8 配对模型插值得到的固体压力分布 1(单位:Pa)

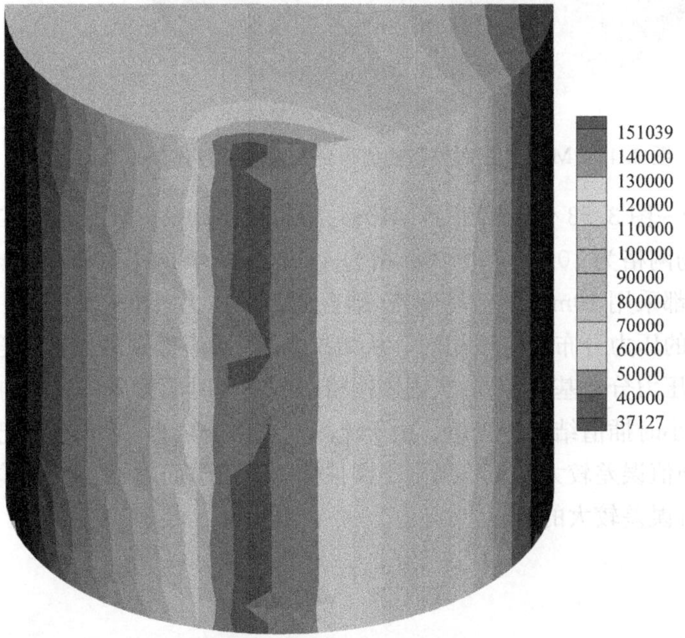

图 3.47　M6x10 配对模型插值得到的固体压力分布 1(单位:Pa)

压力分布与流场的压力分布基本相同，当固体网格密度较大时压力分布更为均匀，当固体网格密度较小时插值结果不光滑，这说明固体耦合面网格对插值精度有影响。对比图 3.39～图 3.43 和图 3.44～图 3.48 可知，流场网格密度减小后插值算法选出的共线和共面的流场节点减少，插值函数求逆的奇异性减小，插值函数的系数求解误差降低，因此能得到更好的插值结果。只有当固体网格变得稀疏时，才会导致插值误差的增大。

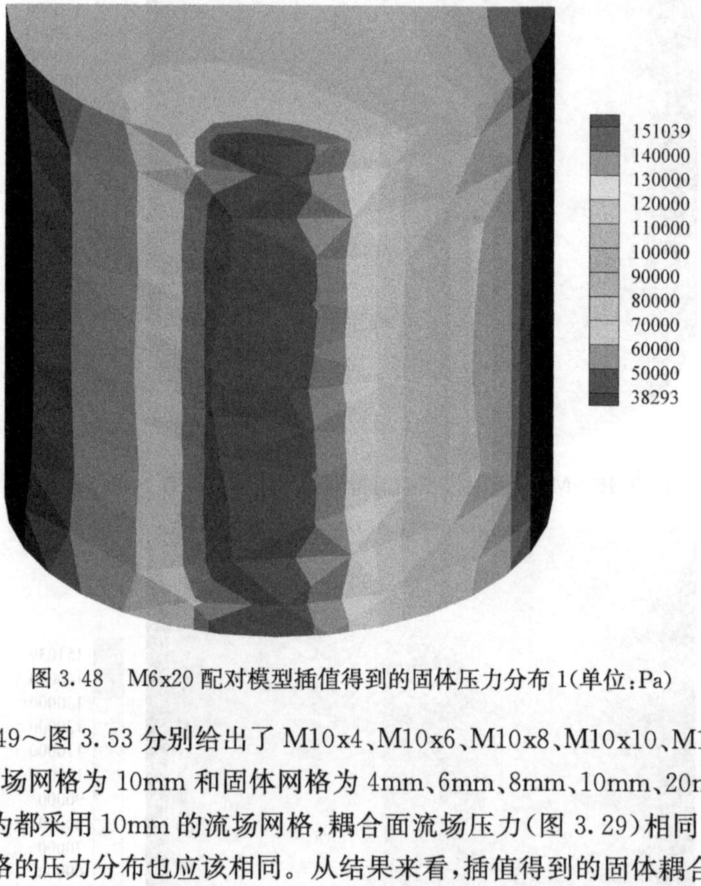

图 3.48　M6x20 配对模型插值得到的固体压力分布 1(单位：Pa)

图 3.49～图 3.53 分别给出了 M10x4、M10x6、M10x8、M10x10、M10x20 配对模型，即流场网格为 10mm 和固体网格为 4mm、6mm、8mm、10mm、20mm 的插值结果。因为都采用 10mm 的流场网格，耦合面流场压力(图 3.29)相同，所以插值到固体网格的压力分布也应该相同。从结果来看，插值得到的固体耦合面压力分布与流场的压力分布基本相同，当固体网格密度较大时压力分布更为均匀，当固体网格密度较小时插值结果不光滑。由于流场网格密度减小，网格不匹配程度加大，精度下降，插值误差较大的点不局限于圆柱体的上下端面附近，无论固体网格尺寸如何，都会有误差较大的点。

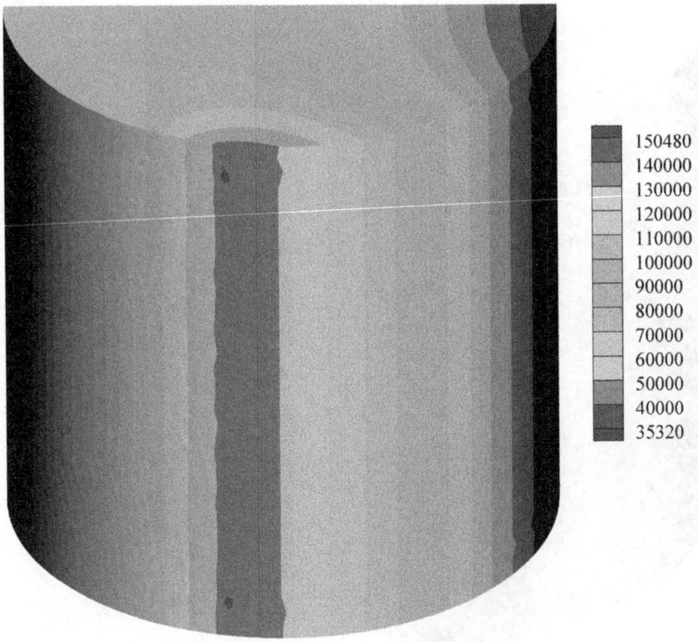

图 3.49　M10x4 配对模型插值得到的固体压力分布 1(单位:Pa)

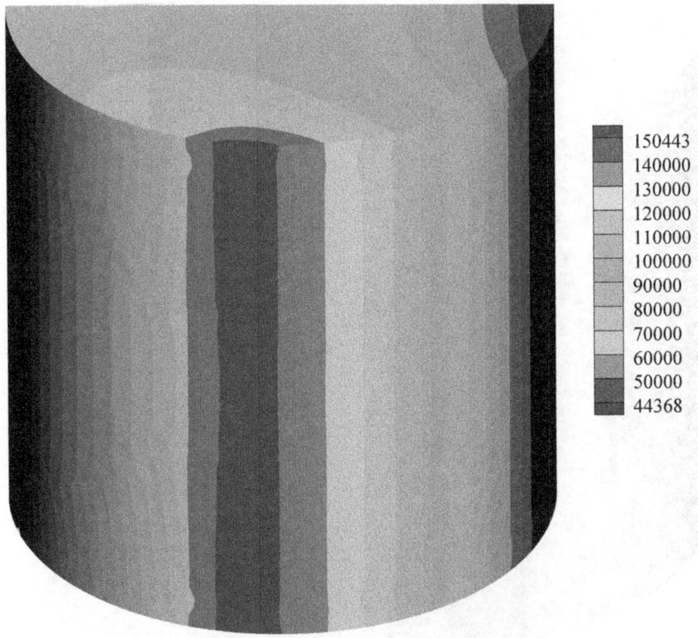

图 3.50　M10x6 配对模型插值得到的固体压力分布 1(单位:Pa)

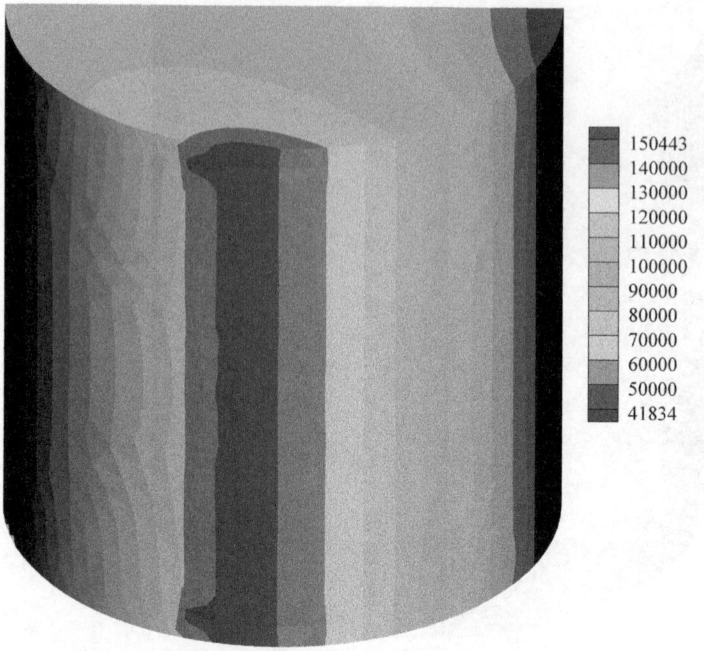

图 3.51　M10x8 配对模型插值得到的固体压力分布 1(单位:Pa)

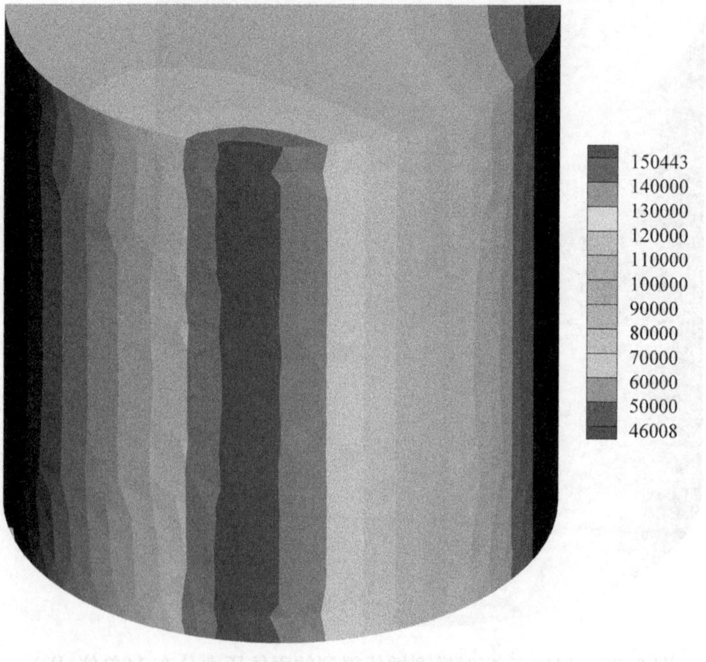

图 3.52　M10x10 配对模型插值得到的固体压力分布 1(单位:Pa)

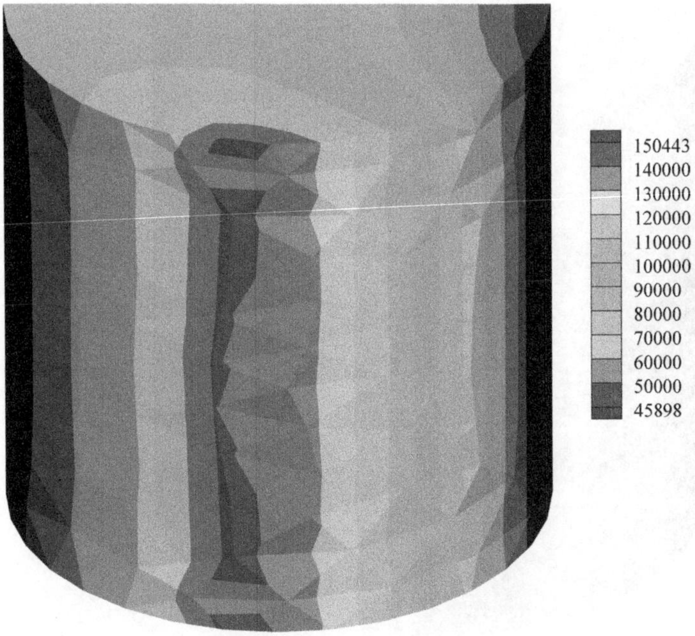

图 3.53　M10x20 配对模型插值得到的固体压力分布 1(单位:Pa)

图 3.54～图 3.58 分别给出了 M15x4、M15x6、M15x8、M15x10、M15x20 配对

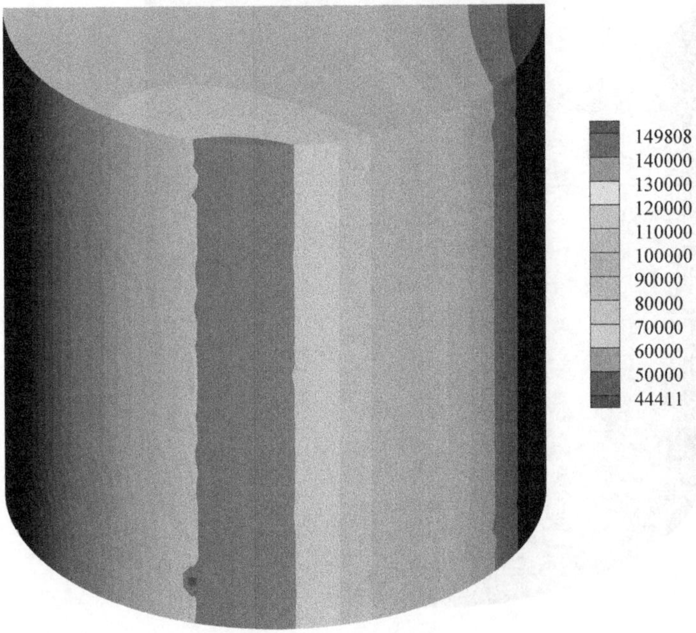

图 3.54　M15x4 配对模型插值得到的固体压力分布 1(单位:Pa)

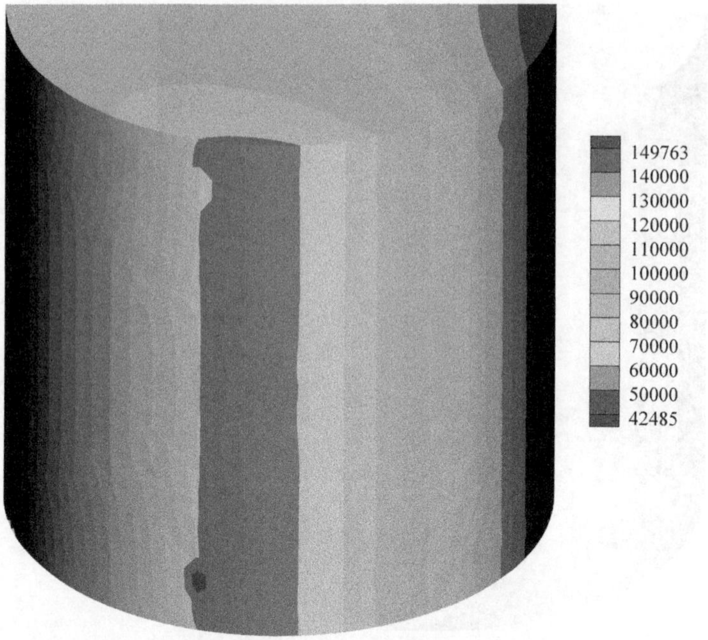

图 3.55 M15x6 配对模型插值得到的固体压力分布 1(单位:Pa)

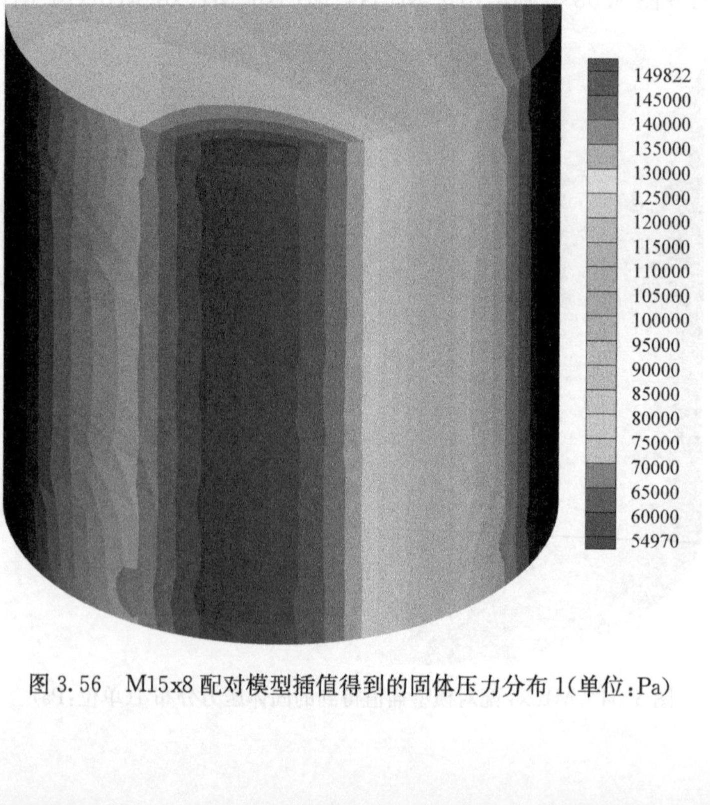

图 3.56 M15x8 配对模型插值得到的固体压力分布 1(单位:Pa)

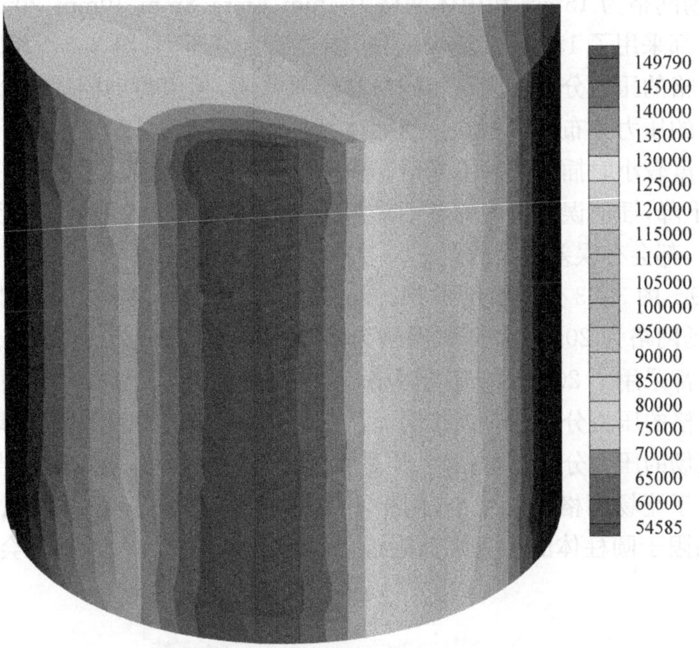

图 3.57　M15x10 配对模型插值得到的固体压力分布 1(单位:Pa)

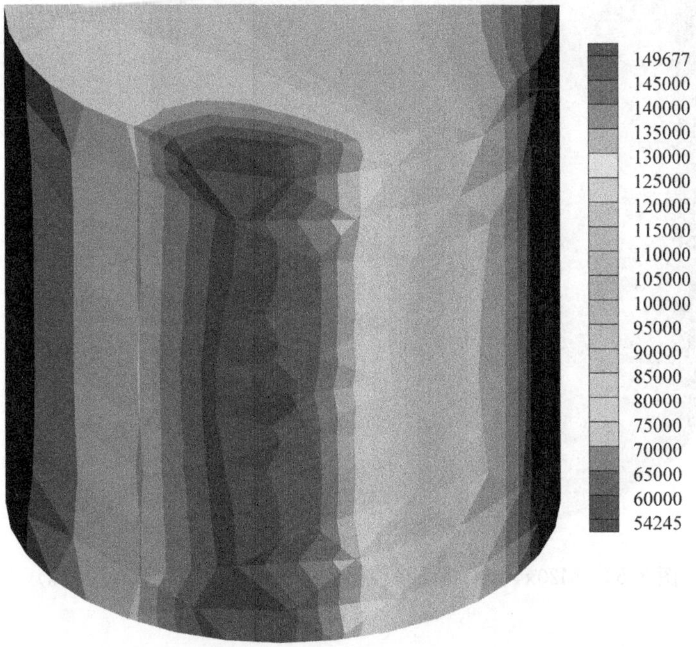

图 3.58　M15x20 配对模型插值得到的固体压力分布 1(单位:Pa)

模型,即流场网格为 15mm 和固体网格为 4mm、6mm、8mm、10mm、20mm 的插值结果。因为都采用了 15mm 的流场网格,耦合面流场压力(图 3.31)相同,所以插值到固体网格的压力分布也应该相同。从结果来看,插值得到固体耦合面的压力分布与流场的压力分布基本相同。当固体网格密度较大时压力分布更为均匀,当固体网格密度较小时插值结果不光滑。由于流场网格密度减小,网格不匹配程度加大,精度下降,插值误差较大的点不局限于圆柱体的上下端面附近,无论固体网格尺寸如何,都会有误差较大的点。

图 3.59～图 3.63 分别给出了 M20x4、M20x6、M20x8、M20x10、M20x20 配对模型,即流场网格为 20mm 和固体网格为 4mm、6mm、8mm、10mm、20mm 的插值结果。因为都采用了 20mm 的流场网格,耦合面流场压力(图 3.33)相同,所以插值到固体网格的压力分布也应该相同。从结果来看,插值得到的固体耦合面的压力分布与流场的压力分布基本相同,但是无论网格密度大小,压力插值结果分布都不光滑。由于流场网格密度减小,网格不匹配程度加大,精度下降,插值误差较大的点不局限于圆柱体的上下端面附近,无论固体网格尺寸如何,都会有误差较大的点。

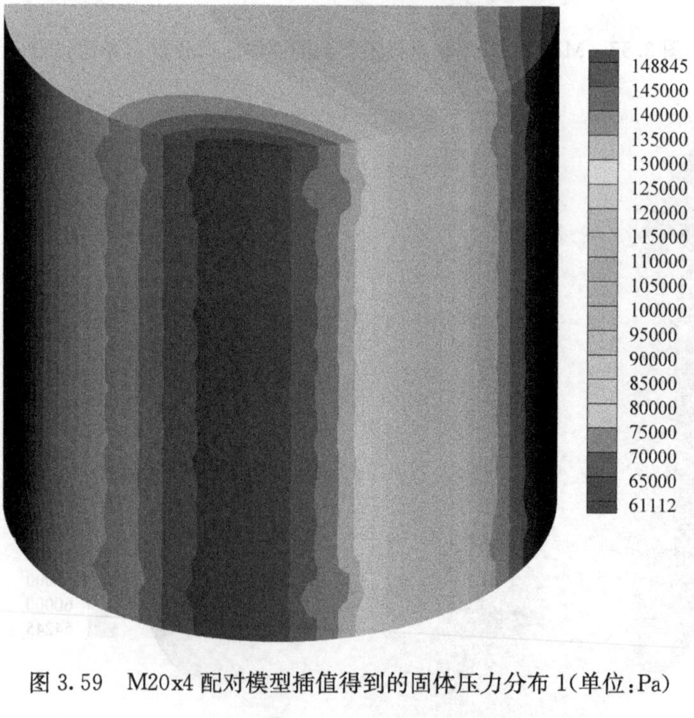

图 3.59　M20x4 配对模型插值得到的固体压力分布 1(单位:Pa)

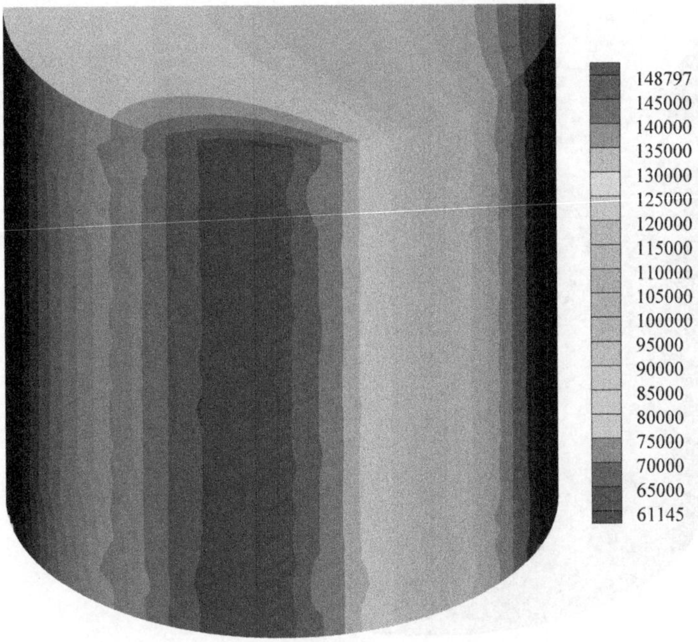

图 3.60　M20x6 配对模型插值得到的固体压力分布 1(单位:Pa)

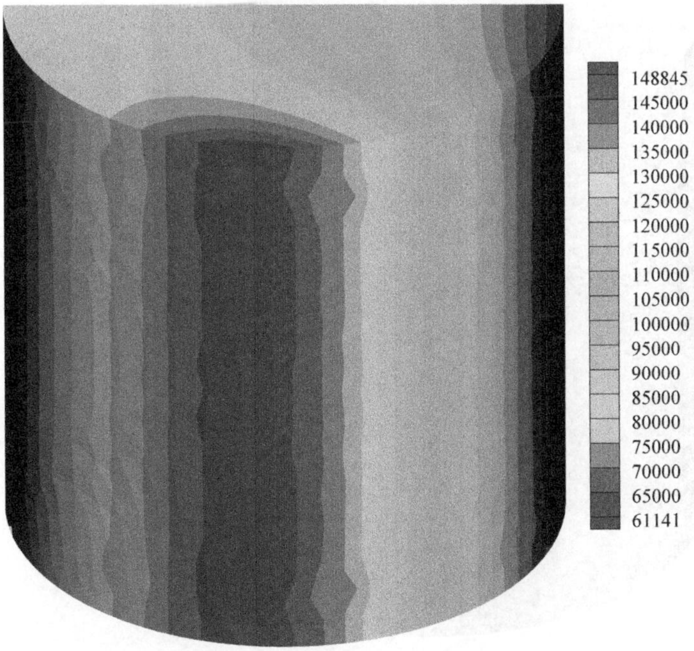

图 3.61　M20x8 配对模型插值得到的固体压力分布 1(单位:Pa)

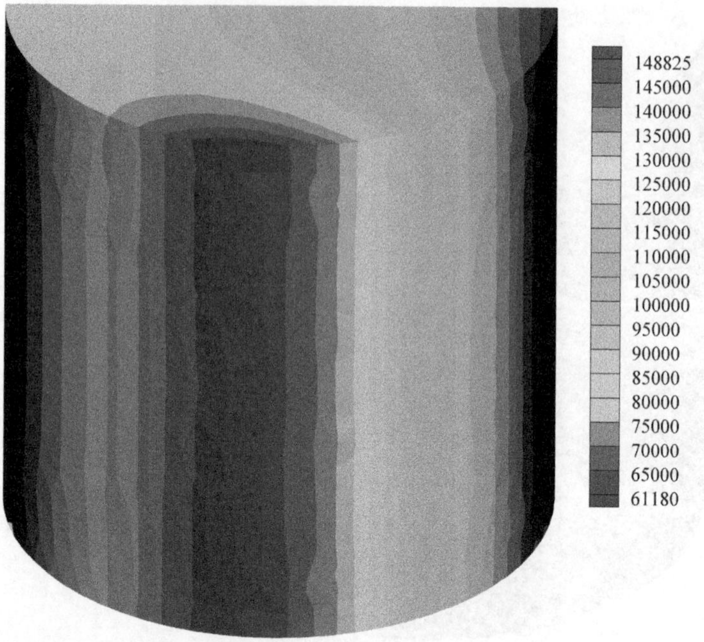

图 3.62　M20x10 配对模型插值得到的固体压力分布 1(单位:Pa)

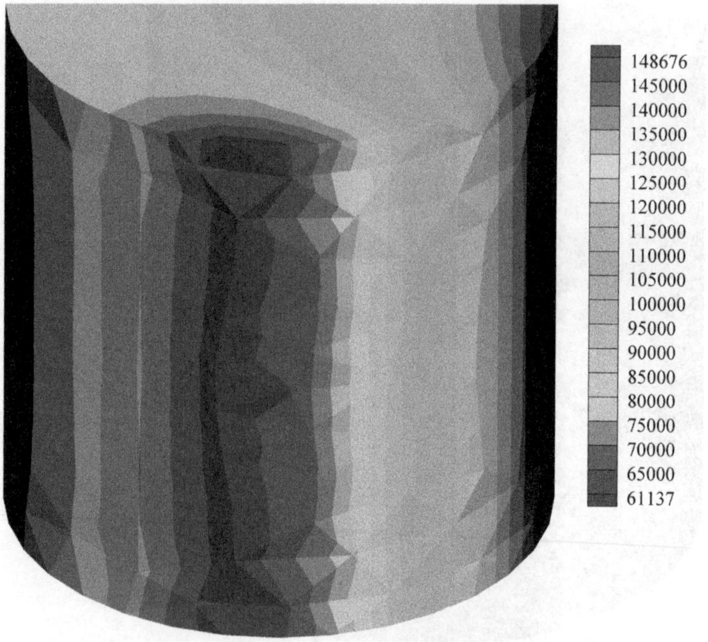

图 3.63　M20x20 配对模型插值得到的固体压力分布 1(单位:Pa)

计算 25 组不同尺寸的流场网格和固体网格配对模型的压力插值最大绝对误差与最大相对误差表。现有三维空间插值法的最大绝对误差的结果统计如表 3.2 所示，现有三维空间插值法的最大相对误差的结果如表 3.3 所示。图 3.64 和图 3.65 分别给出了现有三维空间插值法的最大绝对误差和最大相对误差随网格密度的变化。从图中可以看出，随着网格密度的增加，压力插值精度增加。

表 3.2　现有三维空间插值法的最大绝对误差

最大绝对误差/Pa		流场网格尺寸				
		4mm	6mm	10mm	15mm	20mm
固体网格尺寸	4mm	23684.1	1156.43	3956.49	693.434	551.885
	6mm	7613.34	2687.42	1382.50	1880.49	485.674
	8mm	4354.18	2551.09	6365.00	3105.07	1952.37
	10mm	6614.9	1824.38	1917.55	23836.4	1361.36
	20mm	11052.7	11118.0	3920.01	9970.83	5265.03

表 3.3　现有三维空间插值法的最大相对误差

最大相对误差		流场网格尺寸				
		4mm	6mm	10mm	15mm	20mm
固体网格尺寸	4mm	0.178845	0.007336	0.025141	0.004305	0.00334
	6mm	0.057911	0.035109	0.009799	0.015508	0.001909
	8mm	0.053643	0.021024	0.05225	0.019278	0.011814
	10mm	0.068078	0.014176	0.013037	0.084538	0.009944
	20mm	0.113553	0.077171	0.02022	0.03339	0.03846

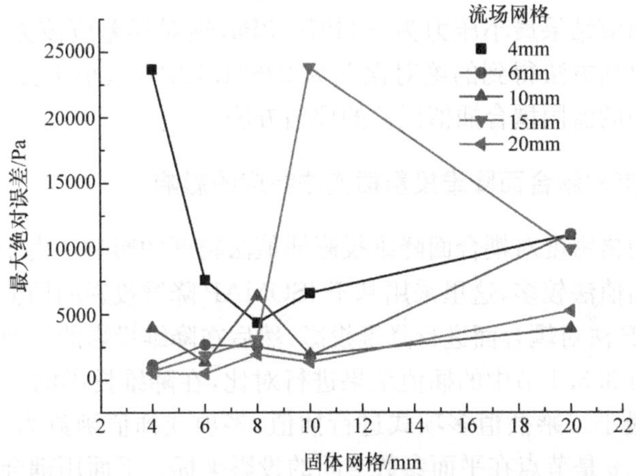

图 3.64　现有三维空间插值法的最大绝对误差随网格密度的变化

综上所述，流场和固体的网格密度对耦合面数据插值精度都有影响。流场网

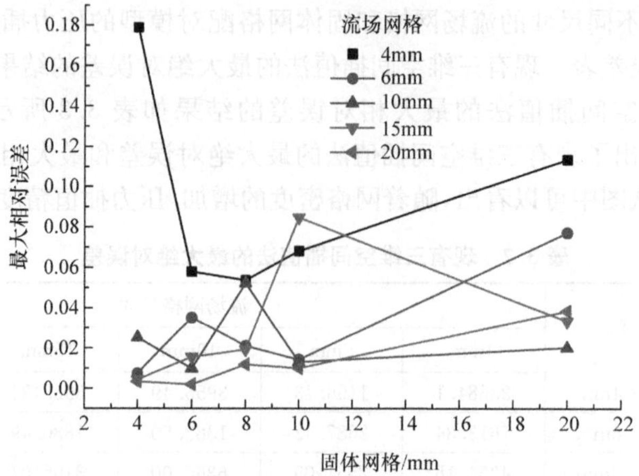

图 3.65 现有三维空间插值法的最大相对误差随网格密度的变化

格和固体网格越密，插值结果越均匀连续，流场和固体的压力越相同；流场网格和固体网格越稀疏，插值结果越不均匀不连续，流场压力和固体压力相差越大。但需要注意的是，在流场和固体网格都非常密时局部多项式最小二乘插值法选择的最近流场节点可能在一条直线上，导致插值函数求逆过程出现奇异和目标节点在插值平面之外的情况，引起插值误差的增大。这时，应当使用径向基插值法避免这一问题。径向基插值法对流场网格密度过小的问题并不敏感，网格密度越大，结果越精确。但径向基插值法并不适合所有问题，在 2.3 节已经讨论了径向基插值法的失效条件。

另外，本节发现所用的插值误差评估方法对插值方法精度的评估并不准确。例如，尺寸为 4mm 的流场网格计算得到的最小压力为 2.3×10^4Pa，尺寸为 4mm 的固体网格的插值结果最小压力为 -44970.8Pa，绝对误差应该为 67970Pa，而所用的插值误差评估方法得到的绝对误差为 23684.12Pa，远小于实际值。因此，应该寻找更为精确的流固耦合插值误差的评估方法。

3.3.5 网格密度对耦合面降维投影插值法精度的影响

本节介绍网格密度对耦合面降维投影插值法精度的影响。由于本书提出的耦合面降维投影插值法较多，这里采用基于 ISOMAP 降维投影的插值法[2]。该方法首先用 ISOMAP 法对耦合面进行降维投影，然后在降维投影的平面参数空间上进行插值。为了与 3.3.4 节中的插值结果进行对比，在降维投影的平面参数空间上依然采用局部最小二乘插值多项式进行插值，多项式插值函数为 $F(u,v)=A+Bu+Cv$，其中 u、v 是节点在平面参数空间的投影坐标。下面用耦合面降维投影插值法传递 3.3.3 节 25 组配对模型的耦合面压力并估计插值误差，分析网格密度和不匹配程度对耦合面降维投影插值法精度的影响。

图 3.66～图 6.90 分别给出了用耦合面降维投影插值法得到的不同配对模型的固体耦合面压力插值结果。从各图可以看出，用各配对模型插值到固体网格的压力

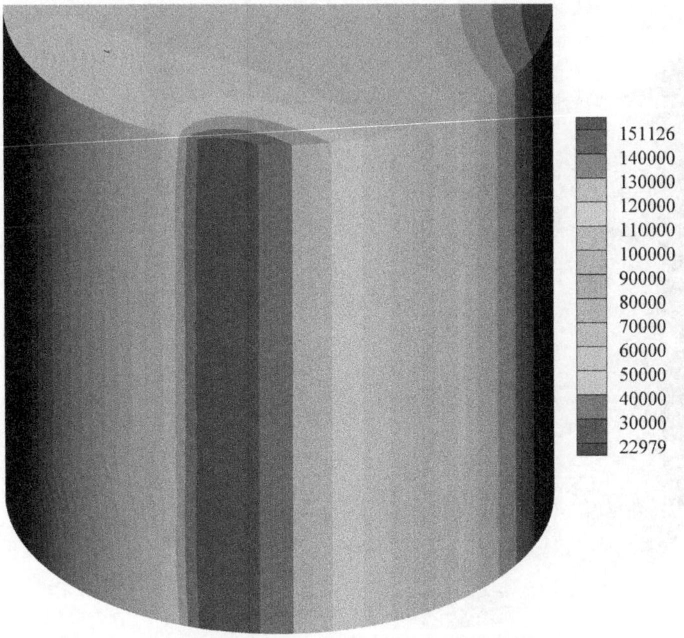

图 3.66　M4x4 配对模型插值得到的固体压力分布 2(单位：Pa)

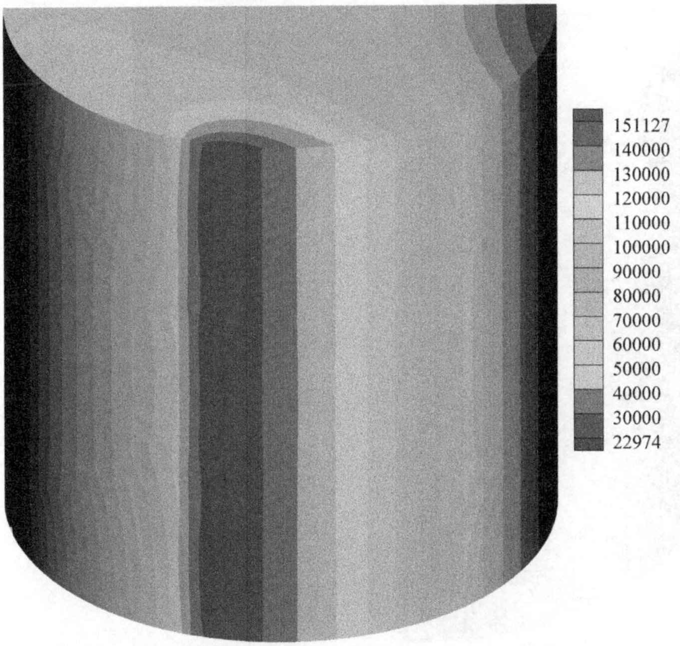

图 3.67　M4x6 配对模型插值得到的固体压力分布 2(单位：Pa)

分布均匀连续，固体网格的压力插值结果与流场的耦合面压力基本一致，最大压力值和最小压力值没有明显的偏差，说明耦合面降维投影插值法精度较好。同 3.3.4 节

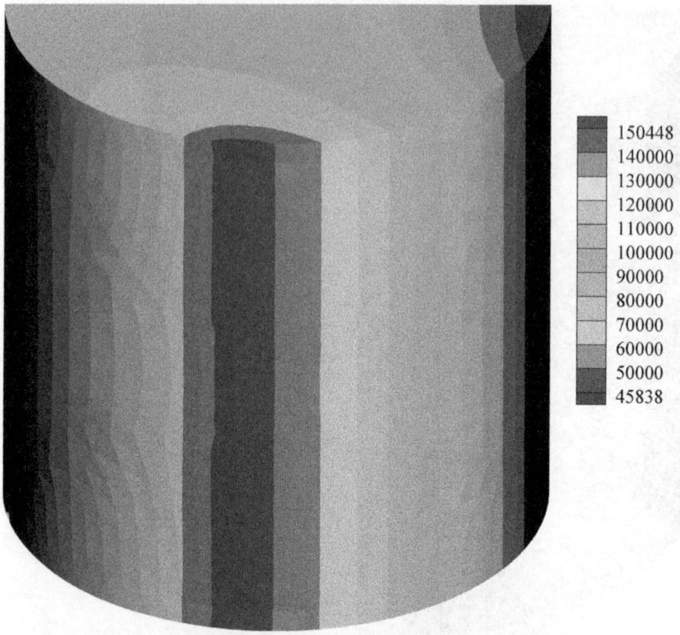

图 3.68 M4x8 配对模型插值得到的固体压力分布 2(单位:Pa)

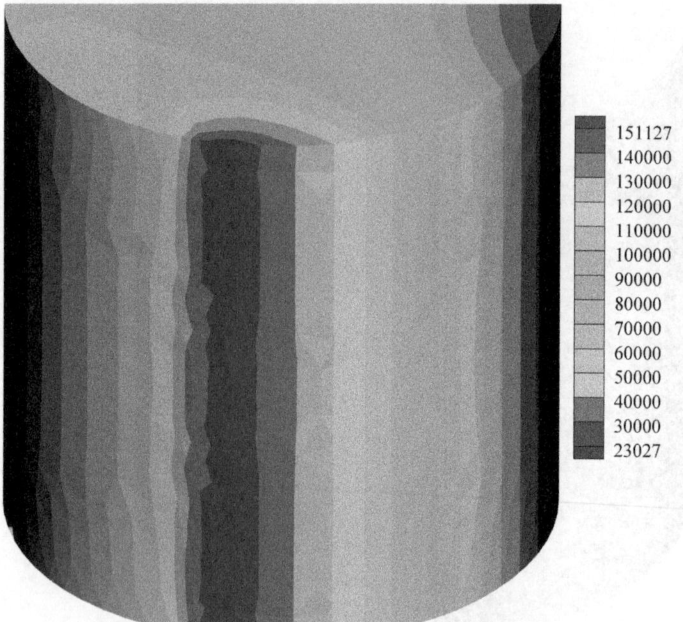

图 3.69 M4x10 配对模型插值得到的固体压力分布 2(单位:Pa)

的插值结果对比可以发现，耦合面降维投影插值法有较高的精度，且对网格密度变化不敏感，鲁棒性非常好，即使在网格密度较小时，插值结果也没有偏离真值，结果中没有奇点。

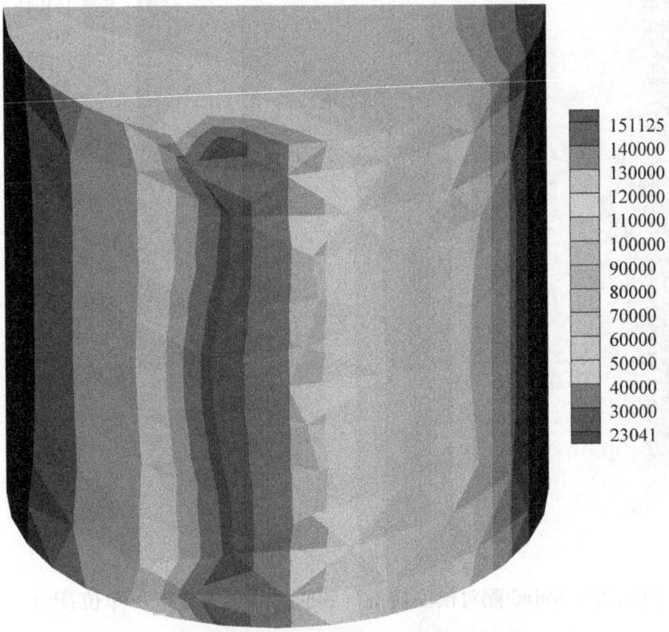

图 3.70　M4x20 配对模型插值得到的固体压力分布 2(单位：Pa)

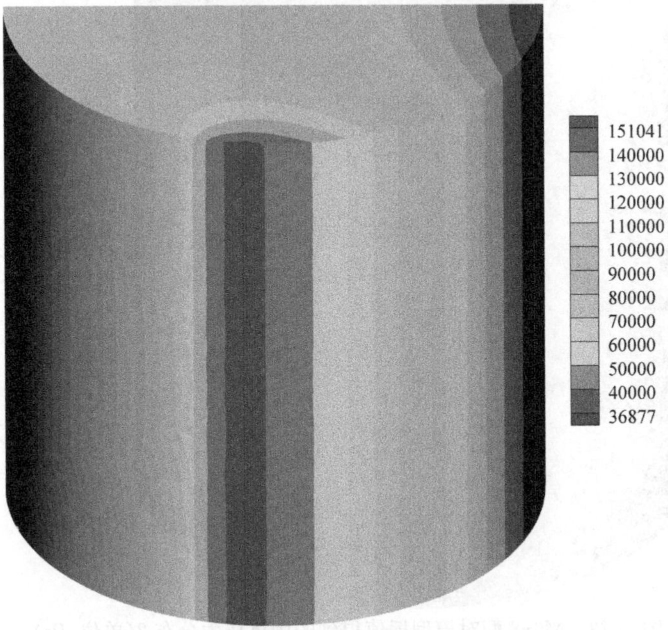

图 3.71　M6x4 配对模型插值得到的固体压力分布 2(单位：Pa)

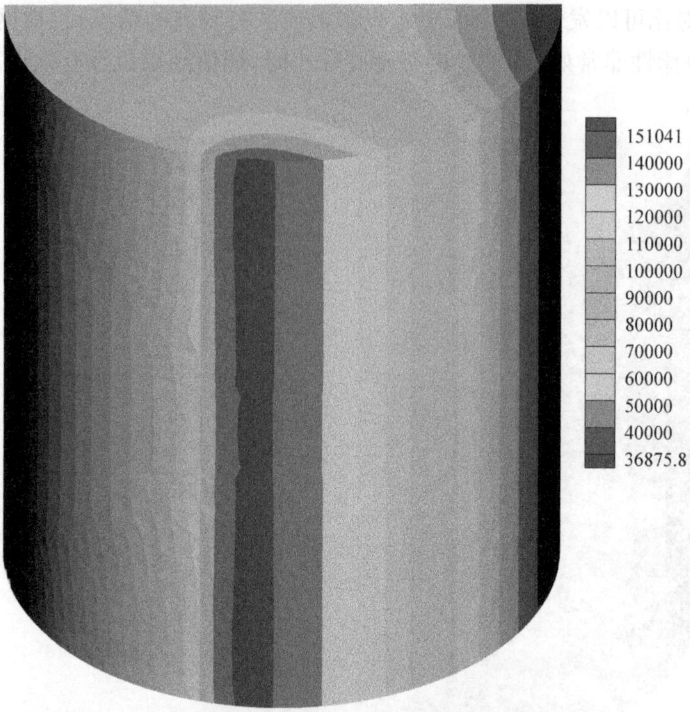

图 3.72　M6x6 配对模型插值得到的固体压力分布 2(单位:Pa)

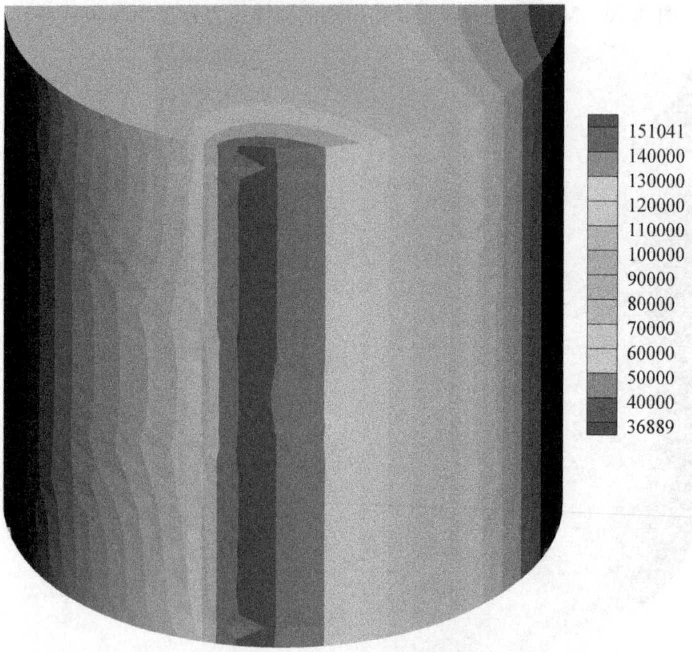

图 3.73　M6x8 配对模型插值得到的固体压力分布 2(单位:Pa)

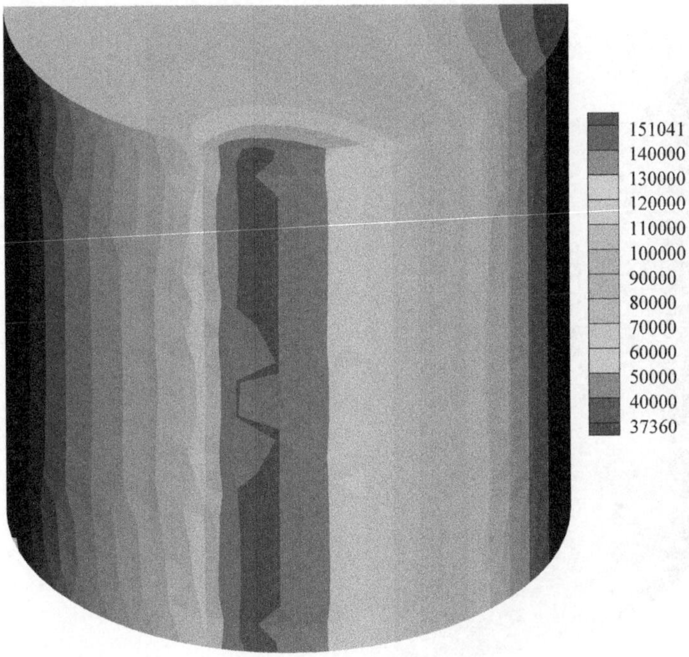

图 3.74　M6x10 配对模型插值得到的固体压力分布 2(单位:Pa)

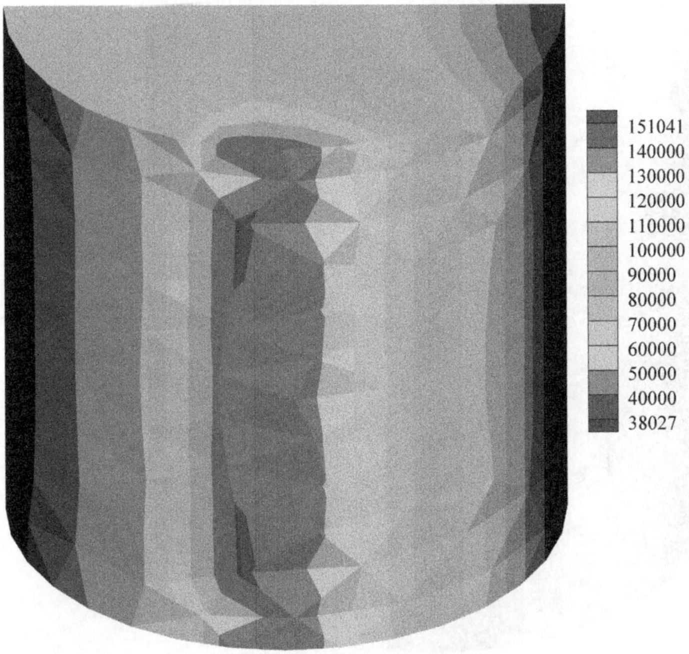

图 3.75　M6x20 配对模型插值得到的固体压力分布 2(单位:Pa)

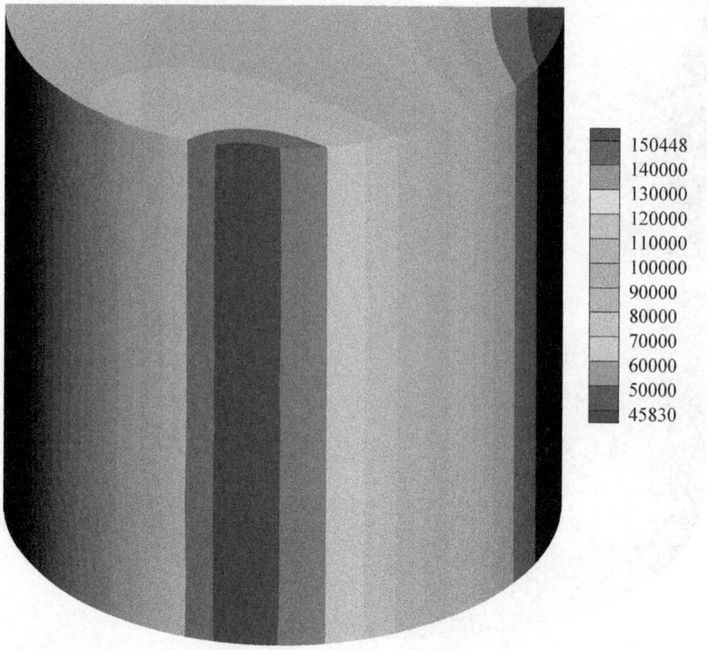

图 3.76　M10x4 配对模型插值得到的固体压力分布 2(单位:Pa)

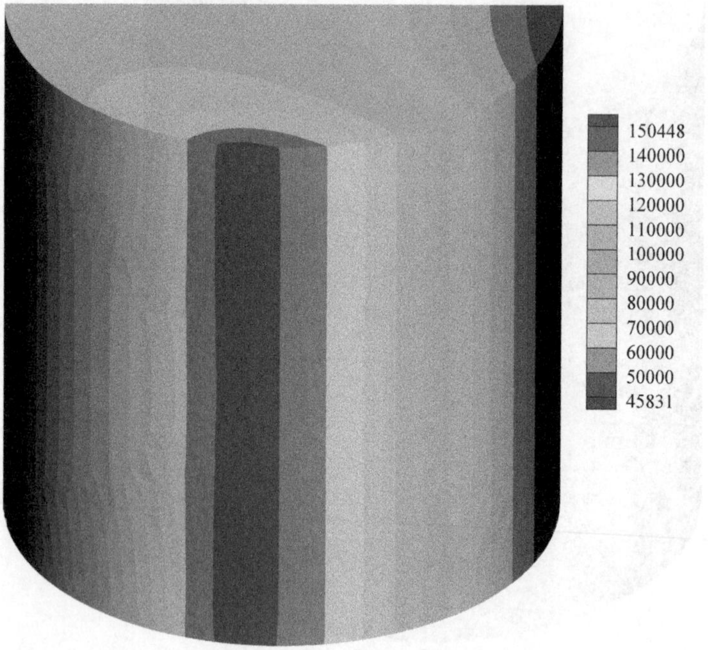

图 3.77　M10x6 配对模型插值得到的固体压力分布 2(单位:Pa)

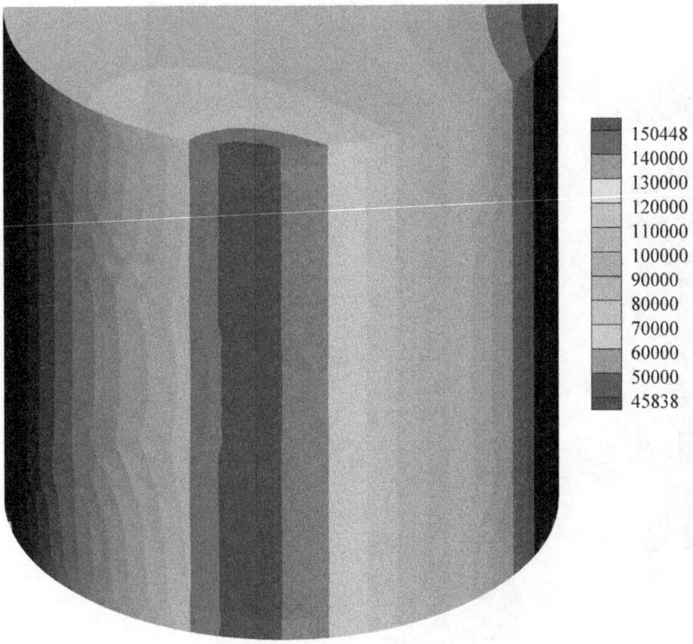

图 3.78　M10x8 配对模型插值得到的固体压力分布 2(单位:Pa)

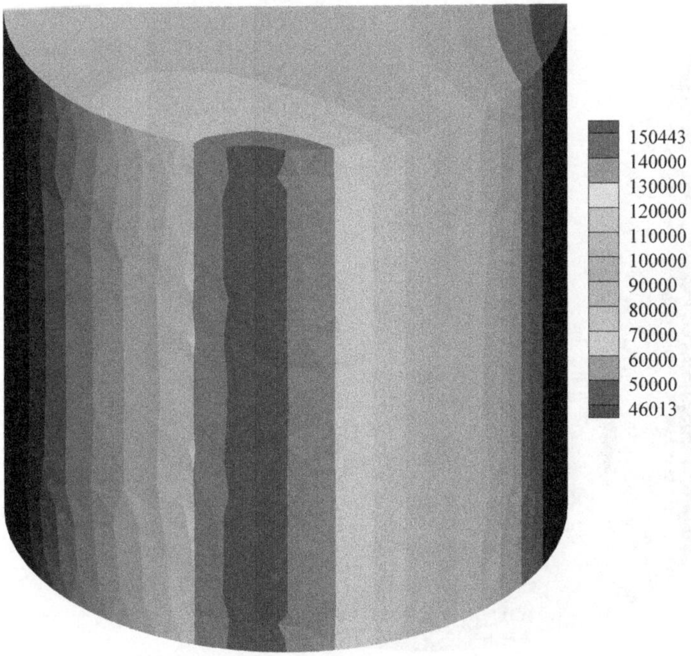

图 3.79　M10x10 配对模型插值得到的固体压力分布 2(单位:Pa)

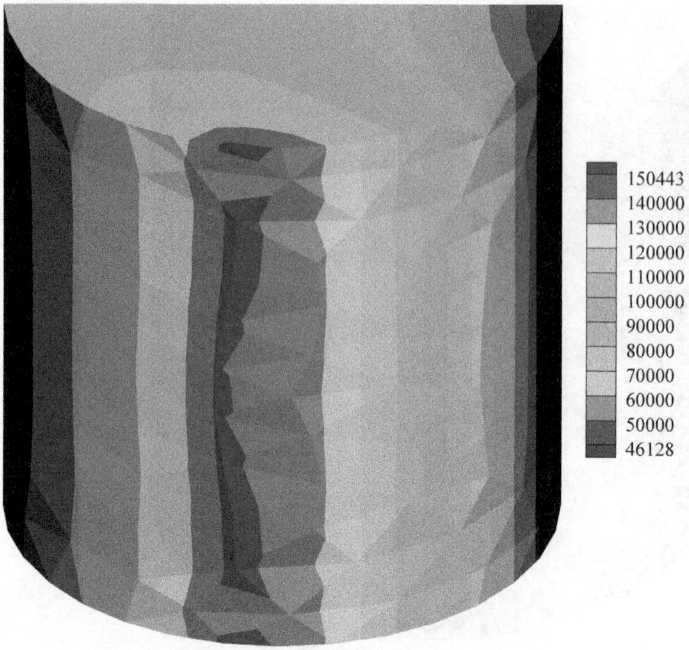

图 3.80 M10x20 配对模型插值得到的固体压力分布 2(单位:Pa)

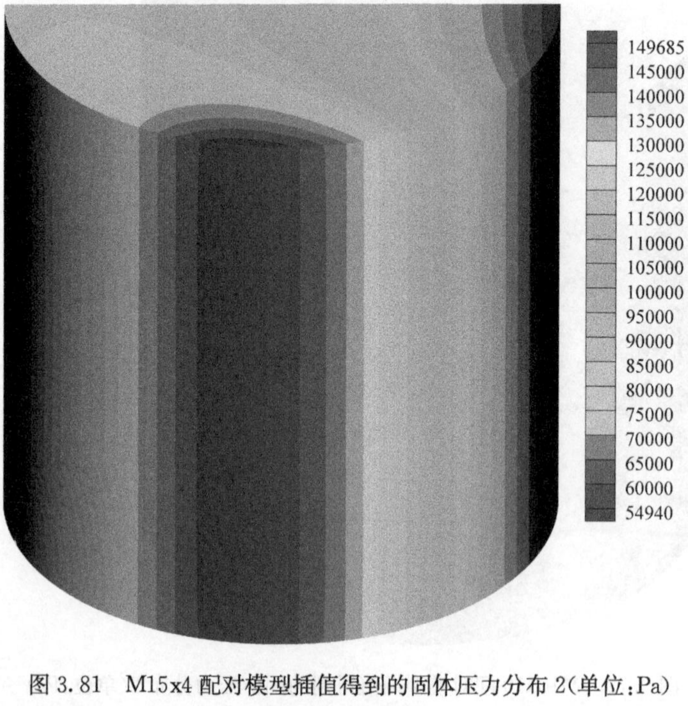

图 3.81 M15x4 配对模型插值得到的固体压力分布 2(单位:Pa)

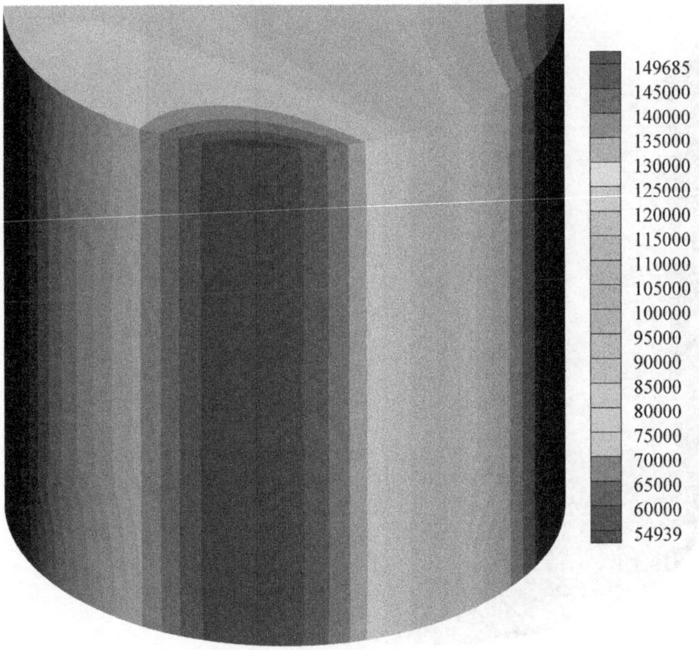

图 3.82　M15x6 配对模型插值得到的固体压力分布 2(单位:Pa)

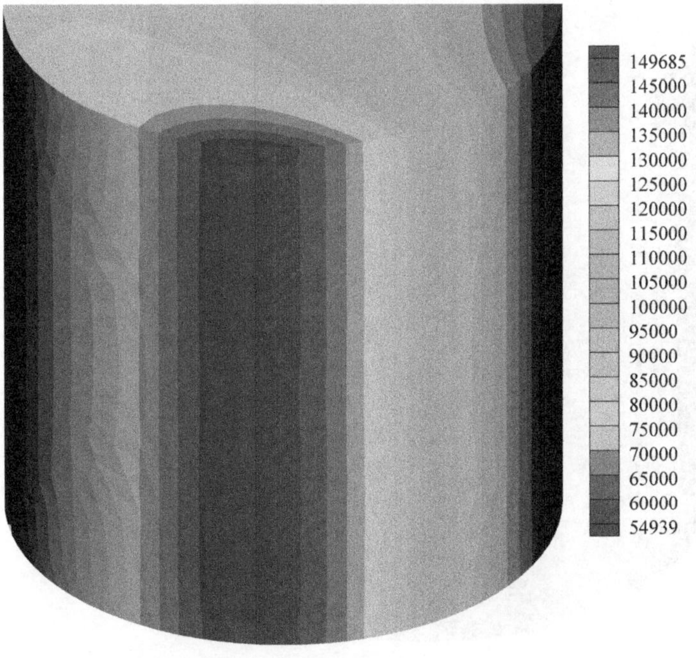

图 3.83　M15x8 配对模型插值得到的固体压力分布 2(单位:Pa)

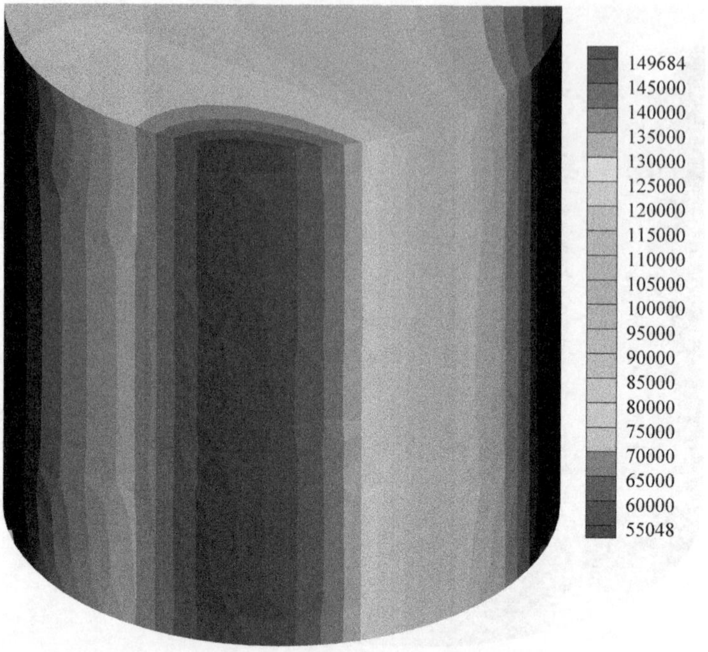

图 3.84　M15x10 配对模型插值得到的固体压力分布 2(单位:Pa)

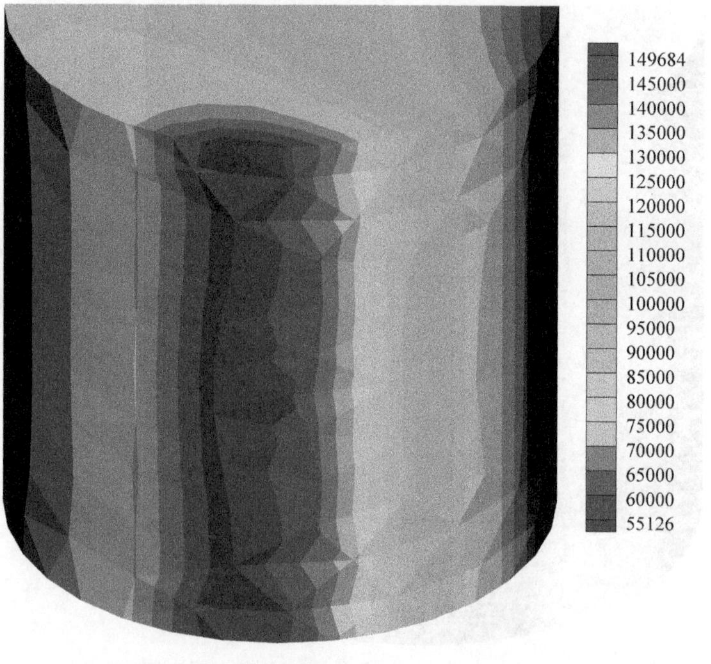

图 3.85　M15x20 配对模型插值得到的固体压力分布 2(单位:Pa)

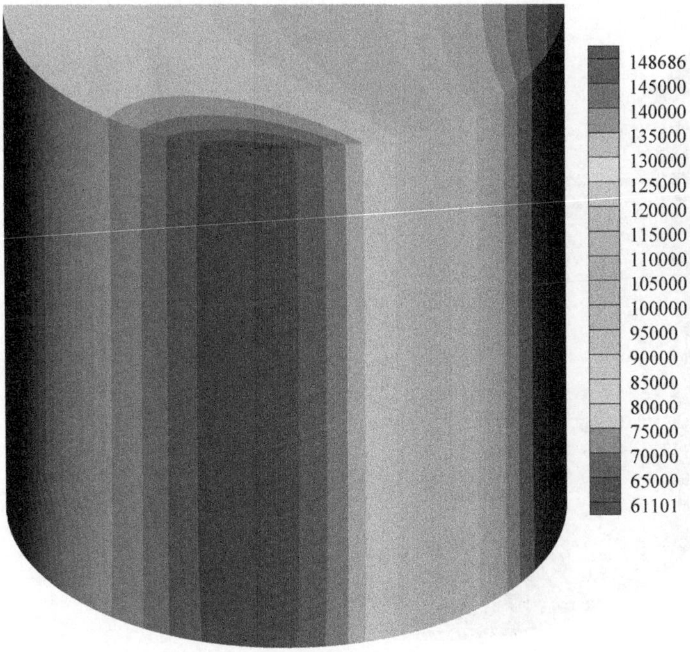

图 3.86　M20x4 配对模型插值得到的固体压力分布 2(单位:Pa)

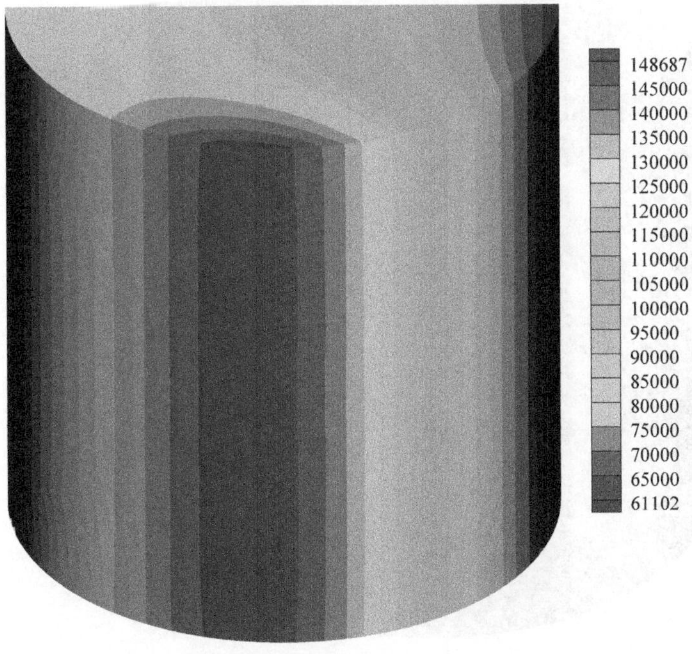

图 3.87　M20x6 配对模型插值得到的固体压力分布 2(单位:Pa)

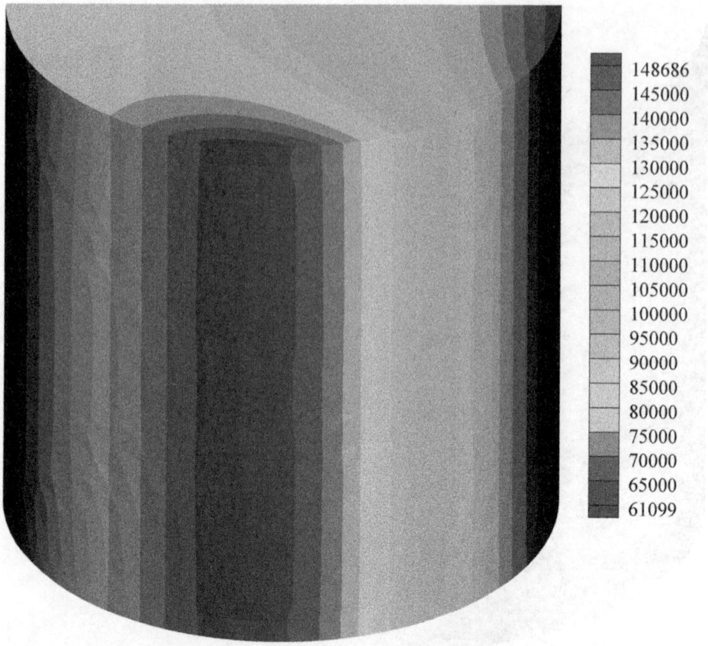

图 3.88　M20x8 配对模型插值得到的固体压力分布 2(单位:Pa)

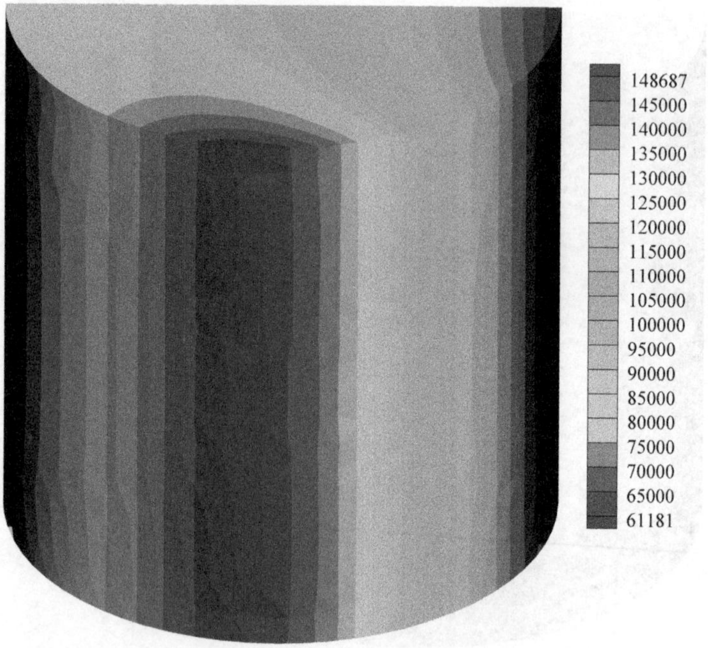

图 3.89　M20x10 配对模型插值得到的固体压力分布 2(单位:Pa)

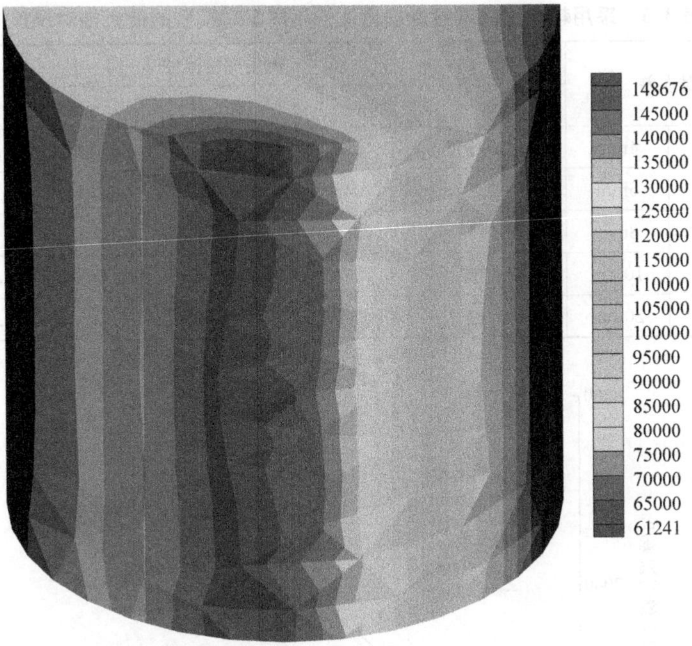

图 3.90　M20x20 配对模型插值得到的固体压力分布 2(单位:Pa)

采用耦合面降维投影插值法的 25 组不同配对模型的最大绝对误差和最大相对误差如表 3.4 和表 3.5 所示。图 3.91 和图 3.92 分别给出了采用耦合面降维投影法的 25 组不同配对模型的最大绝对误差和最大相对误差随网格密度的变化规律。从图中可以看出,随着固体网格密度的增加,插值精度增加;随着固体网格密度的减小,插值精度降低,基本符合人们对网格密度影响插值精度的认知。随着流场网格密度的增加,插值精度降低,随着流场网格密度的减小,插值精度增加,这主要是由于流场数值计算的精度受网格密度的影响严重,在本例中网格密度越大,压力梯度越大,所以压力插值的误差越大。总的来说,耦合面降维投影插值法的精度较高,受网格密度的影响较小。

表 3.4　采用耦合面降维投影插值法的不同配对模型的最大绝对误差

最大绝对误差/Pa		流场网格尺寸				
		4mm	6mm	10mm	15mm	20mm
固体网格尺寸	4mm	230.7380	216.8145	150.9586	102.8207	111.3206
	6mm	831.7334	355.5855	207.6485	152.8591	142.3968
	8mm	1107.4	463.1982	273.2218	124.8306	212.0767
	10mm	1308.6	481.4653	449.2711	295.9661	52.9035
	20mm	3558.6	2.8929e3	767.0652	608.2730	137.4510

表 3.5　采用耦合面降维投影插值法的不同配对模型的最大相对误差

最大相对误差		流场网格尺寸				
		4mm	6mm	10mm	15mm	20mm
固体网格尺寸	4mm	0.0026	0.0029	0.0016	9.285×10^{-4}	9.037×10^{-4}
	6mm	0.0071	0.0045	0.0018	0.0014	0.0011
	8mm	0.0116	0.0062	0.0027	0.0011	0.0017
	10mm	0.0152	0.0063	0.0044	0.0026	3.404×10^{-4}
	20mm	0.0342	0.0201	0.0083	0.0055	8.844×10^{-4}

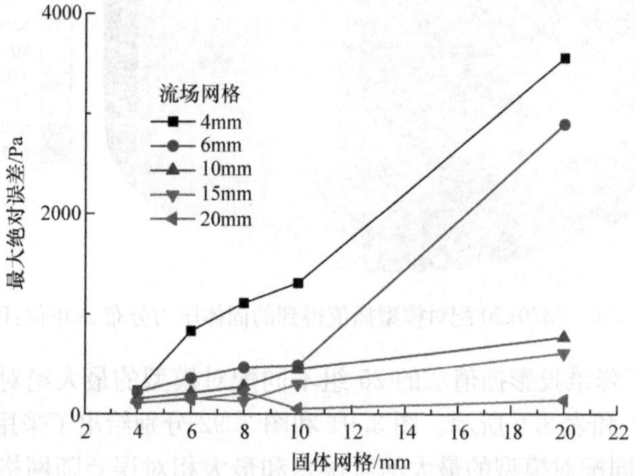

图 3.91　采用耦合面降维投影插值法的不同配对模型的最大绝对误差随网格密度的变化

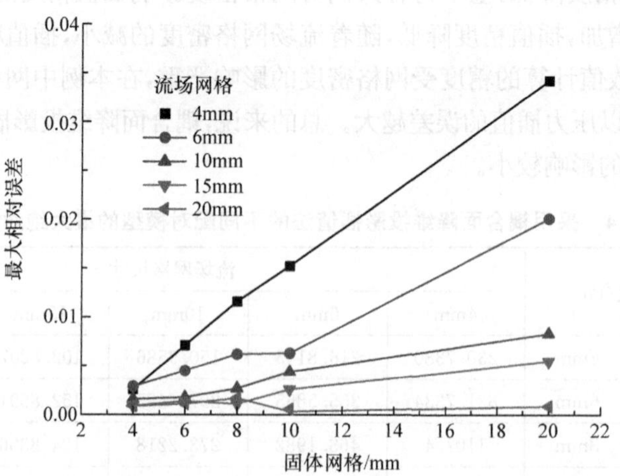

图 3.92　采用耦合面降维投影插值法的不同配对模型的最大相对误差随网格密度的变化

3.4 小　　结

本章通过圆柱体耦合面压力插值的实例讨论了压力梯度和网格密度对现有三维空间插值法和耦合面降维投影插值法精度的影响。总的来说，压力梯度增大，无论现有三维空间插值法还是耦合面降维投影插值法，插值误差都会增大，但压力梯度对现有三维空间插值法的影响更为严重；网格密度增加，现有三维空间插值法和耦合面降维投影插值法的精度增加，耦合面降维投影插值法比三维空间插值法的精度高，其插值精度受网格密度的影响较小。

参 考 文 献

[1] 崔鹏，韩景龙. 一种局部形式的流固耦合界面插值方法[J]. 振动与冲击，2009，28(10)：64-67.

[2] Li L Z，Zhan J，Zhao J L，et al. An enhanced 3D data transfer method for fluid-structure interface by ISOMAP nonlinear space dimension reduction[J]. Advances in Engineering Software，2015，83(C)：19-30.

第4章 参数空间投影插值传递方法

第2章和第3章介绍了现有三维空间插值法,阐述了耦合面和耦合数据空间非线性对插值精度的影响机理并用实例加以证明;进一步提出将三维空间的耦合面降维投影到二维参数空间(也称平面参数空间)并在二维参数空间内进行耦合数据插值传递,用以解决网格不匹配和空间非线性对插值精度的影响,降低耦合数据插值的难度并提高精度;结果证明耦合面降维投影插值法与现有三维空间插值法相比非常精确。无论耦合面是一般曲面还是有间断的高度非线性曲面,耦合面降维投影插值法都能取得很好的精度。然而,对于耦合面降维投影插值法也存在新的问题:如何将任意空间流固耦合面投影到平面参数空间,或者如何将任意空间流固耦合面展开成为平面?

本章及后续的内容将介绍耦合面展开成为平面的具体方法,进而建立耦合面降维投影的数据插值传递方法。本章主要介绍参数空间投影插值传递方法[1],该方法通过二维的网格定义耦合面的参数表达,并以此为媒介将耦合面投影到平面参数空间,并在该平面参数空间中进行流固耦合数据的插值传递。

4.1 耦合面向二维参数空间投影的方法

将流固耦合面向平面参数空间投影,需要建立耦合面三维空间任意点 $\vec{X}(x,y,z)$ 向平面参数空间点 $\vec{Y}(u,v)$ 的映射关系 $\vec{X}(x,y,z)\to\vec{Y}(u,v)$。这里给出一种借助额外的网格将耦合面节点投影到参数空间的方法。

(1) 若流固耦合面形状复杂,将耦合面分成简单几何面;若耦合面形状简单,则不需要。

(2) 用结构化四边形网格划分每一个简单几何小面(图4.1)。这种结构化四边形网格在这里称为投影网格。在投影时这种投影网格用来定义每一个简单几何小面向平面参数空间的投影关系。

(3) 为每一个简单几何小面的投影网格,定义投影网格(图4.1)从三维空间到平面参数空间的投影关系。

(4) 将流固耦合面的流场和结构节点投影到投影网格上,通过投影网格映射到平面参数空间。

流固耦合面结构化四边形网格的划分可以借助通用的网格处理软件,这里不再赘述。下面主要介绍投影网格面向参数空间映射的方法和流固耦合面节点通过投影网格面向平面参数空间映射的过程。

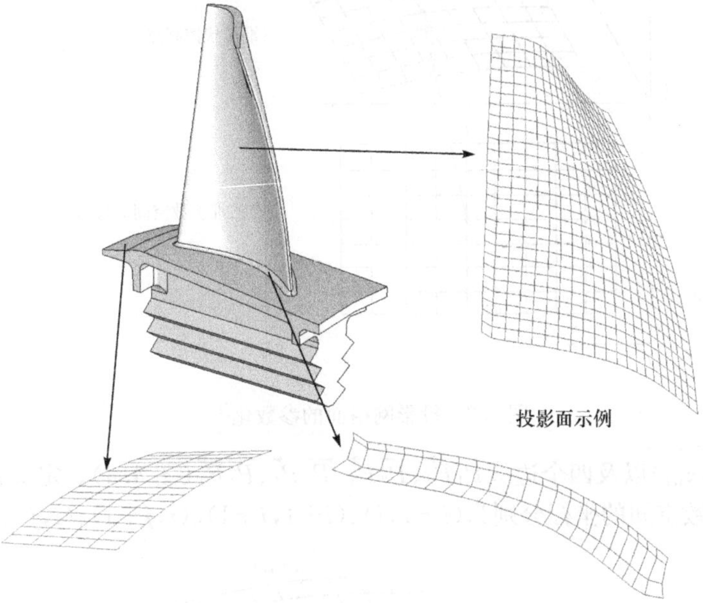

图 4.1　复杂耦合面定义投影[1]

4.1.1　投影网格向二维参数空间的映射关系

投影网格既是耦合面的近似，又是耦合面的一个表征，耦合面的形状决定了投影网格的形状。投影网格的节点作为形状控制节点，也是耦合面形状的表征。投影网格和节点向二维参数空间的投影关系也可以看作耦合面向参数空间的投影关系，这里用投影网格建立耦合面向平面参数空间映射代替直接建立耦合面向平面空间的映射关系。由于这个投影网格有规则的行列结构，可以非常方便地定义一种投影过程，比直接定义流固耦合面向平面参数空间的映射关系方便得多。投影网格的节点向平面参数空间的映射关系如下：投影网格为结构网格，其控制节点有规则的行和列的拓扑结构。

根据这一拓扑结构，可以定义三维空间节点向二维参数空间的投影关系。

定义投影网格上第 i 行第 j 列的节点(x_{ij}, y_{ij}, z_{ij})在二维参数空间的坐标为(u_{ij}, v_{ij})，$u_{ij}=i$，$v_{ij}=j$，如图 4.2 所示。

4.1.2　耦合面任意节点向二维参数空间的投影

设点 $\vec{N}_0(x_0, y_0, z_0)$是耦合面网格上的任意学科节点，位置是在投影网格的一个四边形单元面 $S_{\vec{P}_4\vec{P}_2\vec{P}_3\vec{P}_1}$（图 4.3）上。四边形单元面 S 有四个形状控制点 $\vec{P}_1(x_{i+1,j}, y_{i+1,j}, z_{i+1,j})$、$\vec{P}_2(x_{i+1,j+1}, y_{i+1,j+1}, z_{i+1,j+1})$、$\vec{P}_3(x_{i,j+1}, y_{i,j+1}, z_{i,j+1})$和

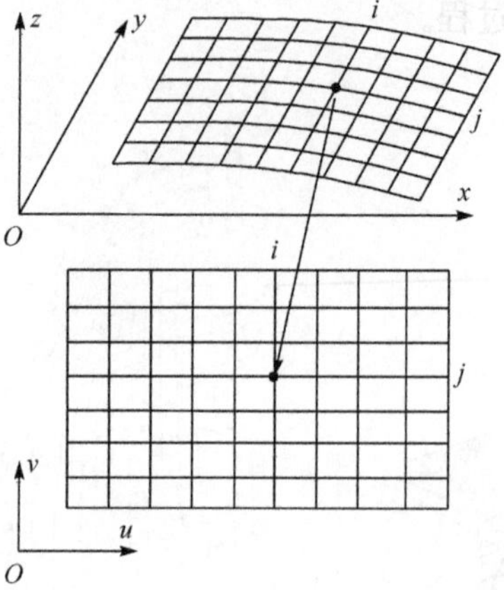

图 4.2　投影网格面的参数化[1]

$\vec{P}_4(x_{i,j},y_{i,j},z_{i,j})$以及四个边线$\overrightarrow{P_1P_2}$、$\overrightarrow{P_2P_3}$、$\overrightarrow{P_3P_4}$、$\overrightarrow{P_4P_1}$(图 4.3)。定义四个形状控制点在参数空间的坐标分别为$(i+1,j)$、$(i+1,j+1)$、$(i,j+1)$、(i,j)。

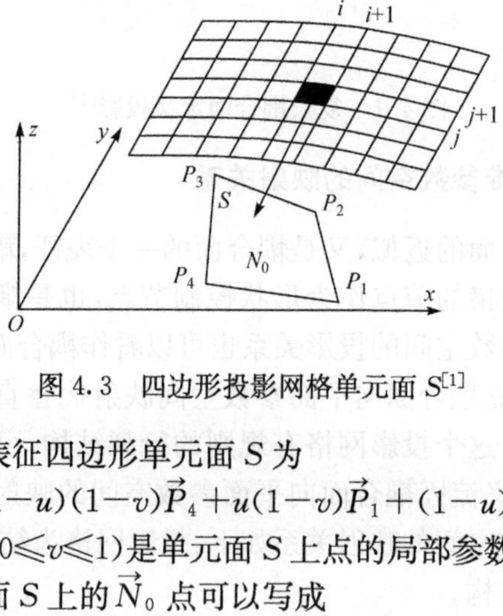

图 4.3　四边形投影网格单元面 S[1]

用参数二次曲面表征四边形单元面 S 为

$$S(u,v)=(1-u)(1-v)\vec{P}_4+u(1-v)\vec{P}_1+(1-u)v\vec{P}_3+uv\vec{P}_2 \tag{4.1}$$

式中,u 和 $v(0\leqslant u\leqslant 1,0\leqslant v\leqslant 1)$是单元面 S 上点的局部参数坐标。

在该四边形单元面 S 上的 $\vec{N}_0$ 点可以写成

$$\vec{N}_0(u_0,v_0)=(1-u_0)(1-v_0)\vec{P}_4+u_0(1-v_0)\vec{P}_1+(1-u_0)v_0\vec{P}_3+u_0v_0\vec{P}_2 \tag{4.2}$$

令 $t_0=u_0v_0$,代入式(4.2)可得

$$\vec{N}_0=(1-u_0-v_0+t_0)\vec{P}_4+(u_0-t_0)\vec{P}_1+(v_0-t_0)\vec{P}_3+t_0\vec{P}_2 \tag{4.3}$$

整理可得

$$\vec{N}_0=\vec{P}_4-u_0(\vec{P}_4+\vec{P}_1)-v_0(\vec{P}_4+\vec{P}_3)+t_0(\vec{P}_4-\vec{P}_1-\vec{P}_3+\vec{P}_2) \tag{4.4}$$

将形状控制点 $\vec{P}_1(x_{i+1,j},y_{i+1,j},z_{i+1,j})$、$\vec{P}_2(x_{i+1,j+1},y_{i+1,j+1},z_{i+1,j+1})$、$\vec{P}_3(x_{i,j+1},y_{i,j+1},z_{i,j+1})$、$\vec{P}_4(x_{i,j},y_{i,j},z_{i,j})$和 $\vec{N}_0$ 的坐标替换到式(4.4)中,可得线

性方程组为

$$\begin{bmatrix} -(x_4+x_1) & -(x_4+x_3) & (x_4-x_1-x_3+x_2) \\ -(y_4+y_1) & -(y_4+y_3) & (y_4-y_1-y_3+y_2) \\ -(z_4+z_1) & -(z_4+z_3) & (z_4-z_1-z_3+z_2) \end{bmatrix} \begin{bmatrix} u_0 \\ v_0 \\ t_0 \end{bmatrix} = \begin{bmatrix} x_0-x_4 \\ y_0-y_4 \\ z_0-z_4 \end{bmatrix} \tag{4.5}$$

求解线性方程组(4.5)，得点 $\vec{N}_0$ 在平面参数空间的局部坐标为(u_0, v_0)，则点 $\vec{N}_0$ 在平面参数空间的全局坐标为(u_{N_0}, v_{N_0})，其值等于$(i+u_0, j+v_0)$。

通过以上步骤可以定义流固耦合面上任意点的参数空间坐标。

4.1.3　学科节点和投影网格单元位置关系的判别

由 4.1.2 节可知，在耦合面的任意学科节点 $\vec{N}_0$ 向投影网格和参数空间的投影过程需要寻找适当的单元面 S。确定学科节点 $\vec{N}_0$ 在哪个投影网格单元面 S 上，需要一种判别方法。

图 4.4 给出了平面 Z 和单元面 S 的相互关系。图 4.5 给出了任意学科节点 $\vec{N}_0(x_0, y_0, z_0)$ 和投影网格的单元面 S 的关系，这个单元面 S 有四个角点 $\vec{P}_1(x_{i+1,j}, y_{i+1,j}, z_{i+1,j})$、$\vec{P}_2(x_{i+1,j+1}, y_{i+1,j+1}, z_{i+1,j+1})$、$\vec{P}_3(x_{i,j+1}, y_{i,j+1}, z_{i,j+1})$和 $\vec{P}_4(x_{i,j}, y_{i,j}, z_{i,j})$。通过分析学科节点 $\vec{N}_0(x_0, y_0, z_0)$和单元面 S 的相互关系，可以得到一组判定学科节点 $\vec{N}_0(x_0, y_0, z_0)$是否在单元面 S 的准则，该准则包括 4 个判断条件。

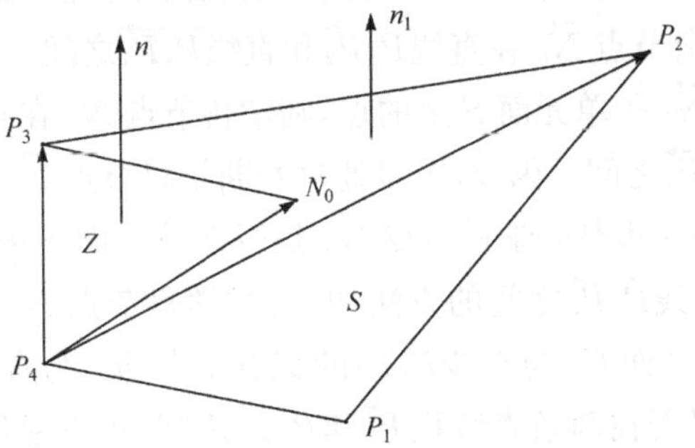

图 4.4　平面 Z 和单元面 S 的相互关系[1]

判断条件 1：共面条件，要求过学科节点 $\vec{N}_0$ 和直线$\overrightarrow{P_3P_4}$构成三角形面且与单元面 S 共面。

直线$\overrightarrow{P_3P_4}$在单元面 $S_{\vec{P}_4\vec{P}_2\vec{P}_3\vec{P}_1}$ 上，如果单元面 S 是一个平面，而学科节点 $\vec{N}_0$ 又在该面上，那么过学科节点 $\vec{N}_0$ 和直线$\overrightarrow{P_3P_4}$的平面 $Z(Z_{\vec{P}_4\vec{P}_3\vec{N}_0})$与单元面 S 应该是同一个平面。然而，单元面 S 是空间曲面上的一个单元面，它很难成为一个平面，只有当其尺寸非常小时，才可以看作一个平面。因此，如果学科节点 $\vec{N}_0$ 是在单元面 S 上，则平面 Z 和单元面 S 应该是几乎共面的。这个共面条件是判断学科节点 $\vec{N}_0$ 在单元面 S 上的第一个条件。

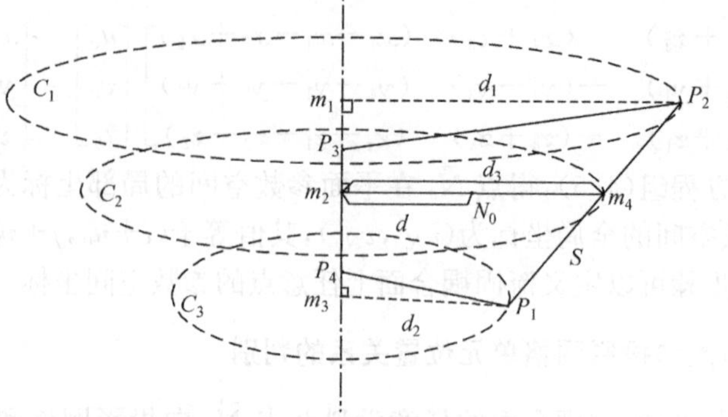

图 4.5　学科节点 $\vec{N}_0$ 和单元面 S 的关系[1]

平面 Z 和单元面 S 是否共面，可以通过两个面的法向量之间的关系来判定。定义 $\vec{n}_1=\overrightarrow{P_2P_4}\times\overrightarrow{P_3P_4}$ 是平面 $S_{\vec{P}_4\vec{P}_2\vec{P}_3}$ 的法向量，$\vec{n}=\overrightarrow{N_0P_4}\times\overrightarrow{P_3P_4}$ 是平面 Z 的法向量(图 4.4)。由于单元面 S 几乎是一个平面，这里用平面 $S_{\vec{P}_4\vec{P}_2\vec{P}_3}$ 的法向量 $\vec{n}_1$ 代替单元面 S 的法向量。这时，平面 Z 和单元面 S 的共面条件可以用方向向量 $\vec{n}_1$ 和 $\vec{n}$ 的同向条件表示，也就是说，当法向量 $\vec{n}_1$ 和 $\vec{n}$ 之间的夹角 α 小于一个小量 ε 时，平面 Z 和单元面 S 共面。另外，如果学科节点 $\vec{N}_0$ 在左半面，法向量 $\vec{n}_1$ 和 $\vec{n}$ 之间的夹角 α 将会大于 90°，这时就不能满足 $\alpha<\varepsilon$。因此，满足法向量 $\vec{n}_1$ 和 $\vec{n}$ 之间的夹角 α 小于一个小量 ε 的学科节点 $\vec{N}_0$ 在单元面 S 所在的平面上(图 4.5)。

判断条件 2：学科节点 $\vec{N}_0$ 在直线 $\overrightarrow{P_1P_2}$ 和直线 $\overrightarrow{P_3P_4}$ 之间。

如果学科节点 $\vec{N}_0$ 是单元面 S 上的点，则学科节点 $\vec{N}_0$ 在直线 $\overrightarrow{P_1P_2}$ 的右侧，在直线 $\overrightarrow{P_1P_2}$ 和直线 $\overrightarrow{P_3P_4}$ 之间。因此，可以通过判断学科节点 $\vec{N}_0$ 是否在直线 $\overrightarrow{P_1P_2}$ 和直线 $\overrightarrow{P_3P_4}$ 之间，来进一步判断学科节点 $\vec{N}_0$ 是否在单元面 S 内部。判断学科节点 $\vec{N}_0$ 在直线 $\overrightarrow{P_1P_2}$ 和直线 $\overrightarrow{P_3P_4}$ 之间的方法如下：过学科节点 $\vec{N}_0$ 做一个垂直于直线 $\overrightarrow{P_3P_4}$ 的平面 C_2。该平面 C_2 与直线 $\overrightarrow{P_1P_2}$ 的交点是点 $\vec{m}_4$，与直线 $\overrightarrow{P_3P_4}$ 的交点是点 $\vec{m}_2$。学科节点 $\vec{N}_0$ 是否在两条直线 $\overrightarrow{P_1P_2}$ 和 $\overrightarrow{P_3P_4}$ 之间，可以通过比较学科节点 $\vec{N}_0$ 到点 $\vec{m}_2$ 的距离 d 是否小于点 $\vec{m}_4$ 到点 $\vec{m}_2$ 的距离 d_3 加以判断。可以通过以下方法计算 d 和 d_3。

过点 $\vec{P}_3$ 和点 $\vec{P}_4$ 的空间直线 $\overrightarrow{P_3P_4}$ 的参数方程可表示为

$$\begin{cases}x=x_{\vec{P}_4}+At\\ y=y_{\vec{P}_4}+Bt\\ z=z_{\vec{P}_4}+Ct\end{cases}\tag{4.6}$$

式中，t 是该直线方程的参数坐标；(x,y,z) 是直线上任意点的坐标；$(x_{\vec{P}_4},y_{\vec{P}_4},z_{\vec{P}_4})$ 是点 $\vec{P}_4$ 的坐标；$A=x_{\vec{P}_3}-x_{\vec{P}_4}$、$B=y_{\vec{P}_3}-y_{\vec{P}_4}$、$C=z_{\vec{P}_3}-z_{\vec{P}_4}$ 是直线方程的参数，

$(x_{\vec{P}_3}, y_{\vec{P}_3}, z_{\vec{P}_3})$是点 $\vec{P}_3$ 的坐标。

过点 $\vec{P}_2$ 且垂直于直线$\overrightarrow{P_3P_4}$的平面 C_1 可以写成

$$A(x-x_{\vec{P}_2})+B(y-y_{\vec{P}_2})+C(z-z_{\vec{P}_2})=0 \tag{4.7}$$

式中，$(x_{\vec{P}_2}, y_{\vec{P}_2}, z_{\vec{P}_2})$是 $\vec{P}_2$ 的坐标。

联立两个直线$\overrightarrow{P_3P_4}$和面 C_1 的方程，可求解两者交点或 $\vec{m}_1$ 的坐标。联立后的方程组如下：

$$\begin{cases} x=x_{\vec{P}_4}+At \\ y=y_{\vec{P}_4}+Bt \\ z=z_{\vec{P}_4}+Ct \\ A(x-x_{\vec{P}_2})+B(y-y_{\vec{P}_2})+C(z-z_{\vec{P}_2})=0 \end{cases} \tag{4.8}$$

求解方程(4.8)，得交点 $\vec{m}_1$ 的坐标为

$$\begin{cases} x_{\vec{m}_1}=x_{\vec{P}_4}+At_{\vec{m}_1} \\ y_{\vec{m}_1}=y_{\vec{P}_4}+Bt_{\vec{m}_1} \\ z_{\vec{m}_1}=z_{\vec{P}_4}+Ct_{\vec{m}_1} \end{cases} \tag{4.9}$$

式中，$t_{\vec{m}_1}=\dfrac{-[A(x_{\vec{P}_4}-x_{\vec{P}_2})+B(y_{\vec{P}_4}-y_{\vec{P}_2})+C(z_{\vec{P}_4}-z_{\vec{P}_2})]}{A^2+B^2+C^2}$是交点 $\vec{m}_1$ 的参数坐标值；$(x_{\vec{m}_1}, y_{\vec{m}_1}, z_{\vec{m}_1})$是 $\vec{m}_1$ 的坐标。

求得点 $\vec{P}_2$ 到直线$\overrightarrow{P_3P_4}$的距离 d_1 为

$$d_1=\sqrt{(x_{\vec{m}_1}-x_{\vec{P}_2})^2+(y_{\vec{m}_1}-y_{\vec{P}_2})^2+(z_{\vec{m}_1}-z_{\vec{P}_2})^2} \tag{4.10}$$

用相同的方法可以得到点 $\vec{P}_1$ 到直线$\overrightarrow{P_3P_4}$的距离 d_2 为

$$d_2=\sqrt{(x_{\vec{m}_3}-x_{\vec{P}_1})^2+(y_{\vec{m}_3}-y_{\vec{P}_1})^2+(z_{\vec{m}_3}-z_{\vec{P}_1})^2} \tag{4.11}$$

式中，$(x_{\vec{m}_3}, y_{\vec{m}_3}, z_{\vec{m}_3})$是交点 $\vec{m}_3$ 的坐标，$x_{\vec{m}_3}=x_{\vec{P}_4}+At_{\vec{m}_3}$，$y_{\vec{m}_3}=y_{\vec{P}_4}+Bt_{\vec{m}_3}$，$z_{\vec{m}_3}=z_{\vec{P}_4}+Ct_{\vec{m}_3}$，$t_{\vec{m}_3}=\dfrac{-[A(x_{\vec{P}_4}-x_{\vec{P}_1})+B(y_{\vec{P}_4}-y_{\vec{P}_1})+C(z_{\vec{P}_4}-z_{\vec{P}_1})]}{A^2+B^2+C^2}$是交点 $\vec{m}_3$ 的参数坐标值。

交点 $\vec{m}_4$ 到交点 $\vec{m}_2$ 的距离 d_3 可以通过如下公式求得：

$$d_3=d_1+(d_2-d_1)\frac{\|\overrightarrow{m_1m_2}\|}{\|\overrightarrow{m_1m_3}\|} \tag{4.12}$$

同样，学科节点 $\vec{N}_0$ 到直线$\overrightarrow{P_3P_4}$之间的距离 d 可以用如下公式求得：

$$d=\sqrt{(x_{\vec{m}_2}-x_0)^2+(y_{\vec{m}_2}-y_0)^2+(z_{\vec{m}_2}-z_0)^2} \tag{4.13}$$

式中，$(x_{\vec{m}_2}, y_{\vec{m}_2}, z_{\vec{m}_2})$是交点 $\vec{m}_2$ 的三维空间坐标，$x_{\vec{m}_2}=x_{\vec{P}_4}+At_{\vec{m}_2}$，$y_{\vec{m}_2}=y_{\vec{P}_4}+Bt_{\vec{m}_2}$，$z_{\vec{m}_2}=z_{\vec{P}_4}+Ct_{\vec{m}_2}$，$t_{\vec{m}_2}=\dfrac{-[A(x_{\vec{P}_4}-x_0)+B(y_{\vec{P}_4}-y_0)+C(z_{\vec{P}_4}-z_0)]}{A^2+B^2+C^2}$是交点 $\vec{m}_2$ 的参数坐标值。

比较距离 d 和 d_3，如果 d 大于 d_3，则学科节点 $\vec{N}_0$ 在直线$\overrightarrow{P_1P_2}$和直线$\overrightarrow{P_3P_4}$外；如果 d 小于 d_3，则学科节点 $\vec{N}_0$ 在直线$\overrightarrow{P_1P_2}$和直线$\overrightarrow{P_3P_4}$之间。

判断条件 3：学科节点 $\vec{N}_0$ 在直线$\overrightarrow{P_1P_4}$和直线$\overrightarrow{P_2P_3}$之间。

通过以上三个条件的判断，可以确定学科节点 $\vec{N}_0$ 在单元面 S 所在的平面上，并在直线$\overrightarrow{P_3P_4}$和直线$\overrightarrow{P_1P_2}$之间(图 4.6(a))，但这还不足以判定学科节点 $\vec{N}_0$ 是否在直线$\overrightarrow{P_1P_4}$和直线$\overrightarrow{P_2P_3}$之间。学科节点 $\vec{N}_0$ 可能在直线$\overrightarrow{P_3P_4}$和直线$\overrightarrow{P_1P_2}$之间，但是距离直线$\overrightarrow{P_1P_4}$和直线$\overrightarrow{P_2P_3}$很远，这样用判断条件 1 和判断条件 2 判定后的区域大于单元面 S 的区域。因此，需要从另外一个方向判定学科节点 $\vec{N}_0$ 是否在直线$\overrightarrow{P_1P_4}$和直线$\overrightarrow{P_2P_3}$之间。

判断学科节点 $\vec{N}_0$ 是否在直线$\overrightarrow{P_3P_4}$和直线$\overrightarrow{P_1P_2}$之间的方法和判断学科节点 $\vec{N}_0$ 是否在直线$\overrightarrow{P_1P_4}$和直线$\overrightarrow{P_2P_3}$之间的方法相同，这里不再赘述。

判断条件 4：交集条件。

判定学科节点 $\vec{N}_0$ 是否在直线$\overrightarrow{P_3P_4}$和直线$\overrightarrow{P_1P_2}$之间称为方向 1 搜索，判定学科节点 $\vec{N}_0$ 是否在直线$\overrightarrow{P_1P_4}$和直线$\overrightarrow{P_2P_3}$之间称为方向 2 搜索，它们的交集就是单元面 S(图 4.6)。图 4.6(a)给出了方向 1 搜索；图 4.6(b)给出了方向 2 搜索，图 4.6(c)给出了它们的交集面 S。

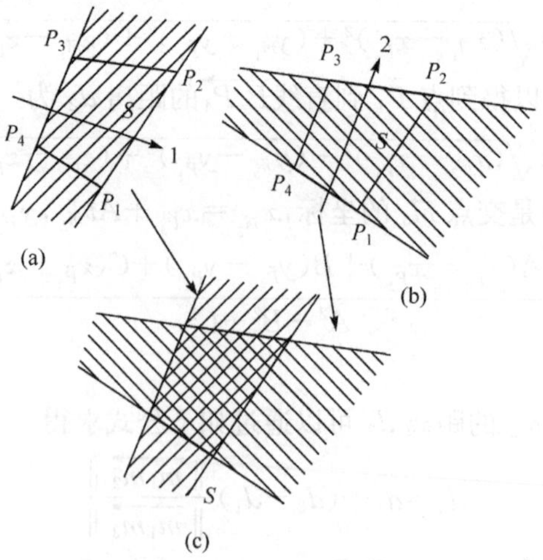

图 4.6　交集条件[1]

4.2　流固耦合数据参数空间插值传递方法

流固耦合数据参数空间插值传递方法是将耦合面上的源节点和需要传递的耦合数据投影到参数化的投影网格面，进一步投影到定义好的平面参数空间，在平面参数空间中用双三次 B 样条函数拟合这些投影后的节点以及耦合数据，将耦合面上的目标学科节点投影到参数化的投影网格面，进而投影到定义好的同一个平面参数空间，并根据拟合好的双三次 B 样条函数插值计算目标节点的耦合数据。该方法主要包括如下步骤(图 4.7)。

(1) 通过耦合面的结构化投影网格定义耦合面节点向平面参数空间的投影，建立耦合面向平面参数空间的影射关系 $\vec{X}(x,y,z)\rightarrow\vec{Y}(u,v)$。

(2) 借助投影网格将源学科耦合面上的节点和耦合数据投影到定义好的平面参数空间。

(3) 用双三次 B 样条函数拟合投影到参数空间的源学科耦合面的耦合数据(如温度、压力、位移等)。

由于源学科耦合面上的节点 $\vec{N}_k(x_k,y_k,z_k)(k=1,2,\cdots,K)$已经投影到平面参数空间，耦合面上的耦合数据也从三维空间分布(x_k,y_k,z_k,p_k)转成二维平面分布(u_k,v_k,p_k)。在平面参数空间中这个耦合数据场(u_k,v_k,p_k)可以用双三次 B 样条函数曲面拟合[2]，拟合函数如下：

$$p(u,v)=\sum_{\alpha=0}^{m+2}\sum_{\beta=0}^{n+2}\boldsymbol{M}_\alpha(t_u)\boldsymbol{M}_\beta^{\mathrm{T}}(t_v)\boldsymbol{Q}_{\alpha\beta} \tag{4.14}$$

式中，$\boldsymbol{M}_\alpha(t_u)=\begin{cases}0, & \alpha<i-1\text{ 或 }\alpha>i+2,\\ [t_u^3\quad t_u^2\quad t_u\quad 1]\boldsymbol{A}, & \alpha=i-1,i,i+1,i+2\end{cases}$是定义在 u 轴上的分割；$\boldsymbol{M}_\beta(t_v)=\begin{cases}0, & \beta<j-1\text{ 或 }\beta>j+2,\\ [t_v^3\quad t_v^2\quad t_v\quad 1]\boldsymbol{A}, & \beta=j-1,j,j+1,j+2\end{cases}$是定义在 v 轴上的分割；α、β 是双三次 B 样条函数的分割控制节点；$\boldsymbol{A}=\dfrac{1}{6}\begin{bmatrix}-1&3&-3&1\\3&-6&3&0\\-3&0&3&0\\1&4&1&0\end{bmatrix}$是系数矩阵；$\boldsymbol{Q}_{\alpha\beta}$是拟合函数的系数；$i$、$j$ 是目标节点(u,v)在双三次 B 样条函数控制网格的节点；$t_u=u-i$ 和 $t_v=v-j$ 是目标节点(u,v)在双三次 B 样条函数控制网格内的局部参数坐标。

耦合数据传递的最终目的是将源学科的耦合数据传递到目标学科模型。然而，目标学科模型和源学科模型可能分布在不同计算机上，因此，耦合数据需要在网络内存储和传递，通常是通过保存所有节点上的耦合数据实现的。在参数空间插值方法中不需要这样，这里耦合数据已经拟合成了双三次 B 样条函数，通过

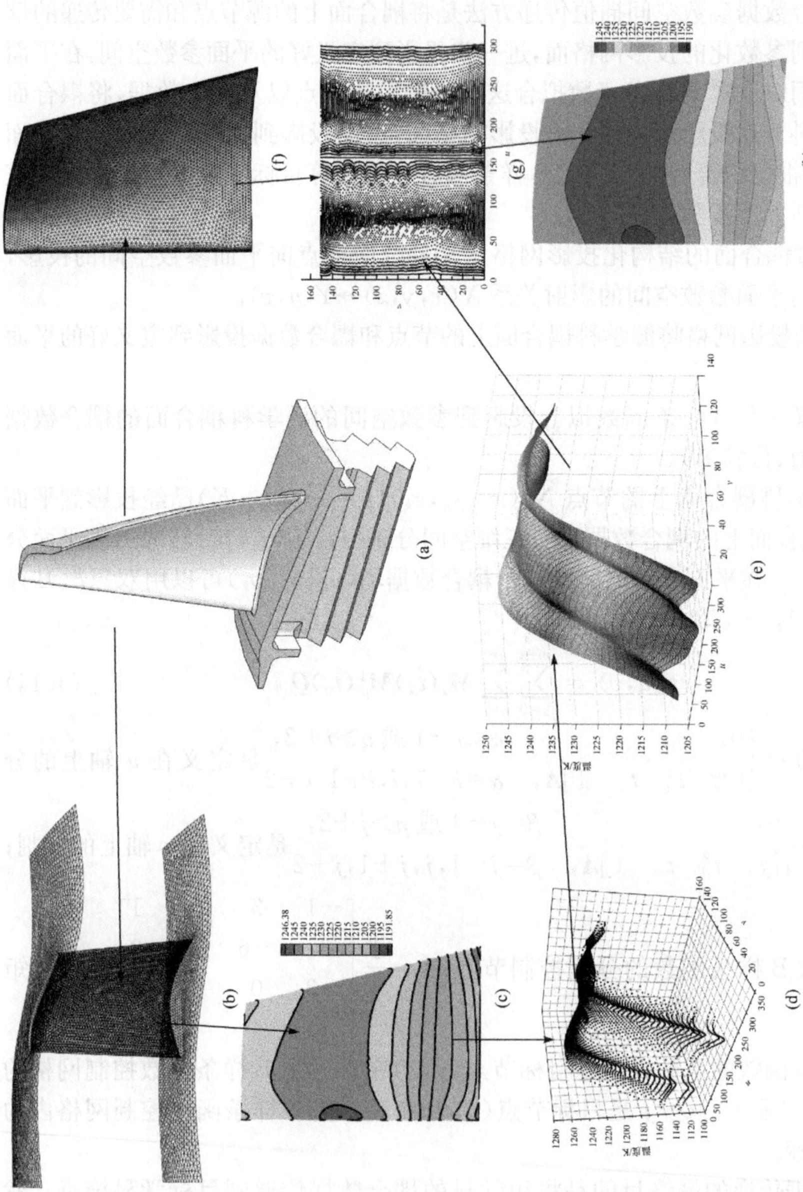

图 4.7　参数空间载荷传递方法步骤[1]

(a) 涡轮叶片几何模型；(b) CFD 模型；(c) CFD 温度（单位：K）；(d) 在参数空间的温度分布；(e) 温度分布的拟合结果；(f) CSM 模型；(g) 在参数空间的 CSM 节点；(h) CSM 模型温度传递结果（单位：K）

存储和传递双三次 B 样条函数的参数就可以实现耦合数据的传递。

(4) 将目标学科耦合面节点投影到参数空间。

(5) 在平面参数空间内,用拟合好的双三次 B 样条函数计算各个目标节点的耦合数据,实现耦合数据的插值。

4.3 算例分析

对某叶片进行流热固耦合多学科设计优化,需要进行流固耦合分析,将温度从流场分析的结果传递到结构模型作为载荷。叶片表面的流场网格模型和结构网格模型分别如图 4.8 和图 4.9 所示。结构化投影网格如图 4.10 所示。用 4.1 节的

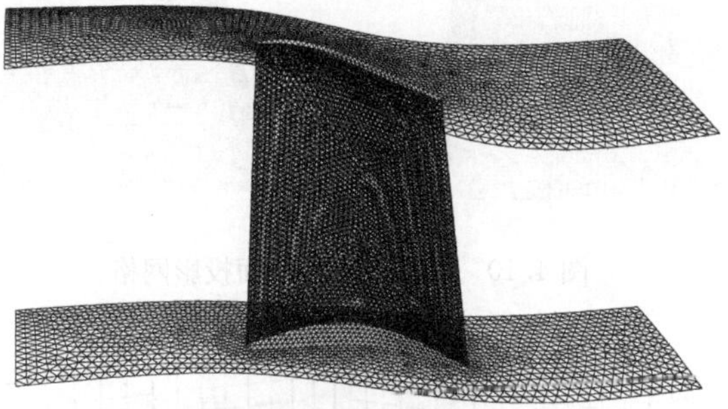

图 4.8　涡轮叶片表面的流场网格模型

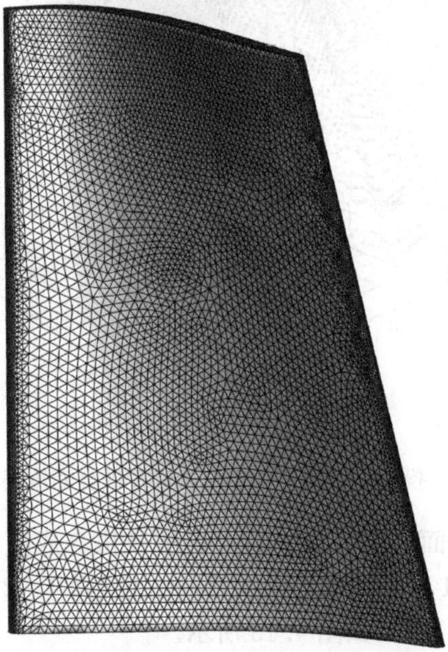

图 4.9　涡轮叶片表面的结构网格模型

方法将叶片表面的流场网格模型的耦合面节点和节点的温度映射到投影网格再投影到平面参数空间，结果如图 4.11 所示。

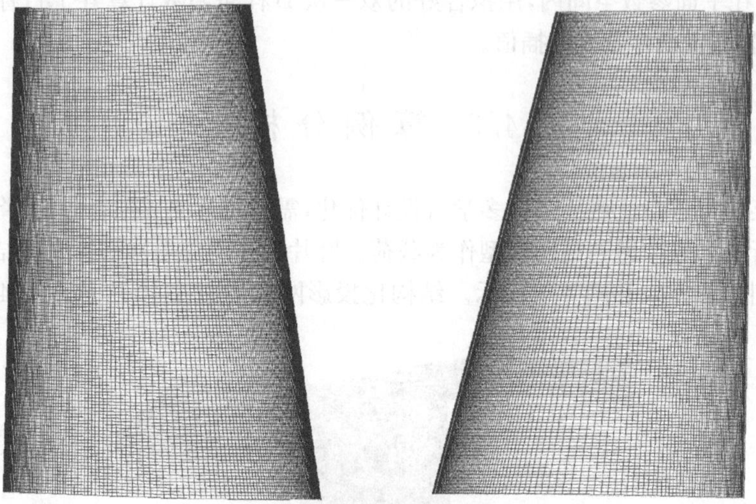

图 4.10 涡轮叶片耦合面投影网格

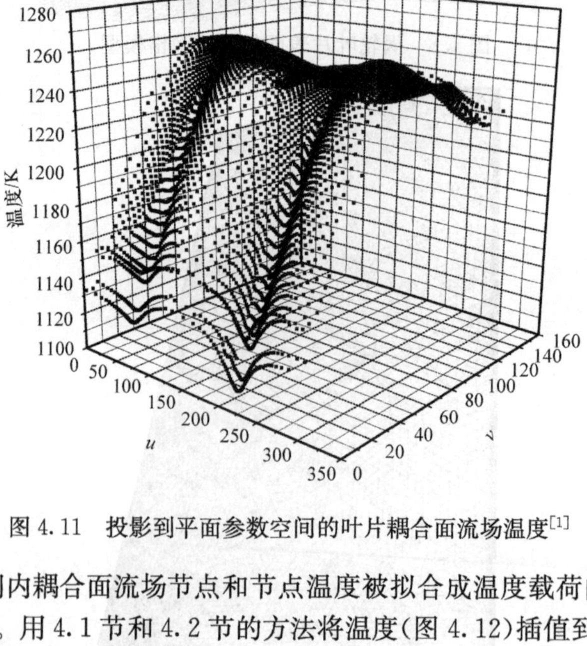

图 4.11 投影到平面参数空间的叶片耦合面流场温度[1]

在参数空间内耦合面流场节点和节点温度被拟合成温度载荷曲面，拟合结果如图 4.12 所示。用 4.1 节和 4.2 节的方法将温度(图 4.12)插值到平面参数空间耦合面的结构模型节点，结果如图 4.13 所示。

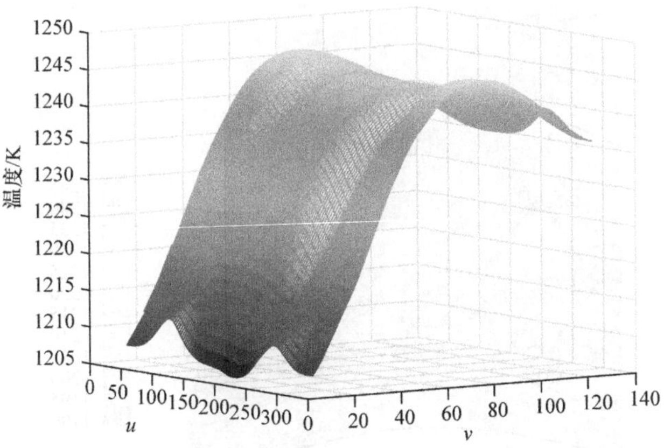

图 4.12　投影到平面参数空间的叶片耦合面流场温度的拟合结果

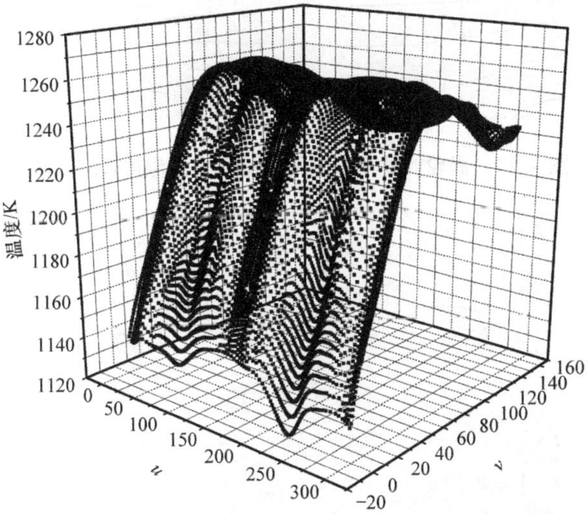

图 4.13　投影到平面参数空间的叶片耦合面结构温度[1]

将图 4.13 给出的平面参数空间结构节点温度对应到三维叶片模型的节点作为载荷值。图 4.14～图 4.17 分别比较了三维叶片耦合面的流场模型和结构模型的温度，从图中可以看出，流场模型和结构模型的温度分布是相同的。逐个位置进行比较，发现流场模型和结构模型的温度分布基本一致，这说明插值方法的精度较好。

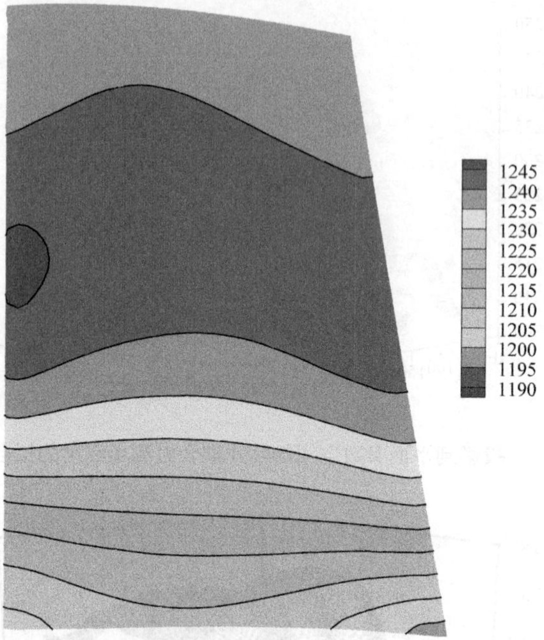

图 4.14　涡轮叶片耦合面的流场压力面温度(单位:K)

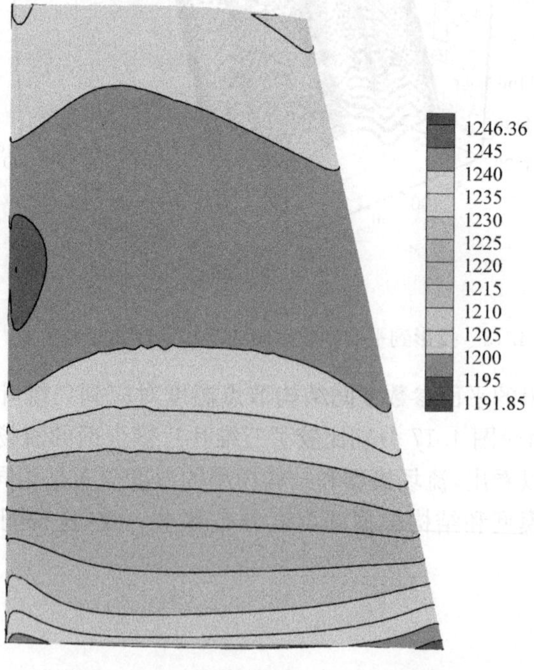

图 4.15　涡轮叶片耦合面的结构压力面温度插值结果(单位:K)

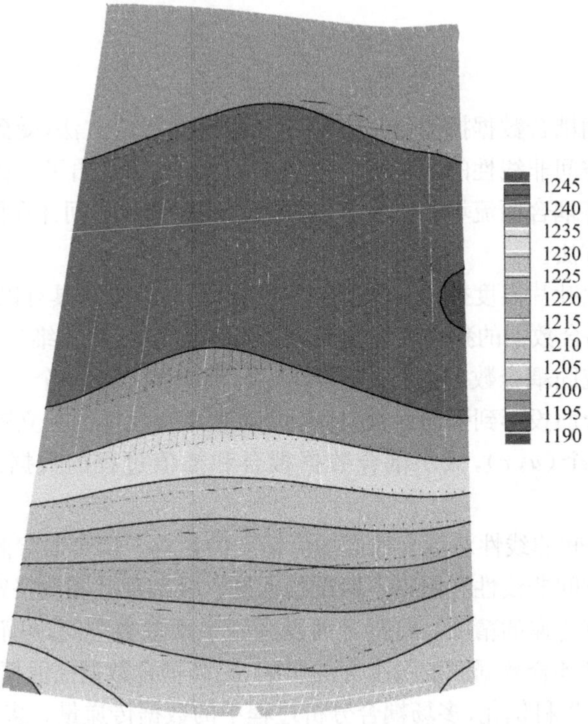

图 4.16　涡轮叶片耦合面的流场吸力面温度(单位:K)

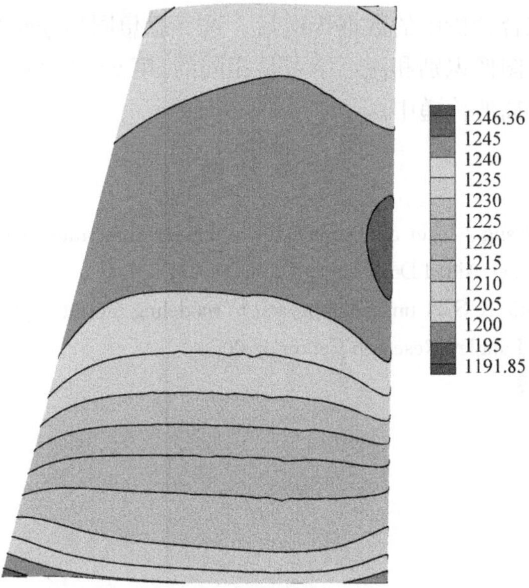

图 4.17　涡轮叶片耦合面的结构吸力面温度插值结果(单位:K)

4.4 小　　结

现有的流固耦合数据插值传递方法是三维空间插值方法，受到耦合面各学科网格不匹配和空间非线性的影响比较严重。为此，本章给出了一种借助耦合面结构化投影网格将耦合面流场和结构节点投影到平面参数空间并在该平面参数空间内进行插值的方法。

通过对涡轮叶片温度插值传递的实例分析可知，该方法具有以下优势。

(1) 减少耦合数据的独立变量数目。流固耦合数据是三维空间的，如果直接在三维空间对流固耦合数据进行拟合和插值，那么将产生一个三元函数 $g(x,y,z)$。通过将耦合面投影到平面参数空间，可以使耦合数据的独立变量维数由三个 (x,y,z) 变成两个 (u,v)，减小耦合数据拟合和插值过程的数据需求，提高插值精度。

(2) 减少空间非线性对耦合数据插值精度的影响。耦合面弯曲将导致耦合数据插值过程中空间非线性和网格不匹配的问题。几何形状和网格密度都会严重影响耦合数据插值传递的精度。将耦合面投影到平面参数空间，可消除空间非线性和网格不匹配对耦合数据插值精度等的影响，提高耦合数据插值精度。

(3) 压缩多学科优化、多场耦合分析过程中的数据传递量。多学科优化、多场耦合分析已成为工程应用的热点，分布式并行计算正在逐渐成为多学科优化、多场耦合分析的常用手段。耦合面向平面参数空间投影再进行数据压缩的技术可以减少多学科和多场耦合分析中的数据传递量。这一思想同当今研究热点即高维数据处理、非线性降维、图像识别和流形学习是相同的，第 6～8 章将逐渐把非线性降维思想引入耦合数据插值传递中。

参 考 文 献

[1] Li L Z, Lu Z Z, Wang J C, et al. Turbine blade temperature transfer using the load surface method[J]. Computer Aided Design, 2007, 39(6): 494-505.

[2] Samareh J A, Bhatia K G. A unified approach to modeling multidisciplinary interactions[R]. Hampton: NASA Langley Research Center, 2000.

第 5 章　基于局部坐标投影的耦合面参数空间插值法

无论耦合面是一般曲面还是有间隙的高度非线性曲面，耦合面降维投影插值法都有很好的精度。然而，如何将任意空间流固耦合面投影到平面参数空间？第 4 章通过耦合面的投影网格实现了耦合面向平面参数空间的投影，但也发现通过定义投影网格建立耦合面向平面空间的映射关系的步骤非常烦琐。如果耦合面的几何形状比较复杂，则需要定义很多个投影网格的映射关系，过程非常复杂且费时。因此，建立有效的耦合面向平面空间的投影方法是耦合面降维投影参数空间插值法的关键问题。

定义空间耦合面向平面参数空间投影最直接的方法是根据耦合面的曲面参数方程进行坐标变换，用曲面的参数坐标获得耦合曲面的投影坐标。这个投影关系是一一对应双向映射的。然而，在大多数流固耦合数据传递问题中耦合面形状比较复杂，且通常只有耦合面的节点信息，没有耦合面的几何信息，也不知道耦合面的参数方程。因此，直接用耦合面的参数坐标进行耦合面降维投影并不方便。另外，在耦合数据插值传递过程中，并不需要从平面参数空间还原耦合面的三维坐标，也不需要耦合曲面的几何方程，而只需要耦合曲面的平面投影。本章通过建立耦合曲面的局部坐标，定义空间耦合曲面向平面参数空间投影的映射关系，以此将耦合面节点和耦合数据投影到该平面参数空间，在该平面参数空间上进行耦合数据的插值传递。

5.1　基于局部坐标的空间耦合面平面投影方法

基于耦合面降维投影的参数空间插值方法需要建立三维空间点 $\vec{X}(x,y,z)$ 向参数空间点 $\vec{Y}(u,v)$ 的映射关系 $\vec{X}(x,y,z)\rightarrow\vec{Y}(u,v)$，在插值时流场和结构的耦合面网格节点都要降维投影到平面参数空间，而基于耦合面降维投影的参数空间插值方法对投影方法的要求并不严格，只要所有学科都遵循同一个降维投影方法即可。因此，这里直接为耦合面定义一个局部投影坐标系，并用耦合面在该局部坐标系下的局部坐标作为耦合面的投影坐标[1,2]，如图 5.1 所示。

从直角坐标来看，在图 5.1 中耦合面的结构节点和流场节点位置不重合，结构节点不在流场网格上，流场节点也不在结构网格上，耦合面网格存在间隙和重叠，即存在网格不匹配的问题。然而，流场节点和结构节点在同一个耦合面上，如果从耦合面的柱面角度坐标 θ 来看，则不存在网格不匹配的问题，只存在流场节点和结构节点不重合的问题。如果采用耦合面的局部柱面角度坐标 θ 对耦合面的数据进行降维投影和插值，则插值过程不存在网格不匹配对插值精度等的影响，也不存在耦合面和耦合数据空间非线性对插值精度的影响。对于三维空间任意耦合曲面，一般也具有向两个方向延伸曲面的特点，因此可以找到两个方向的局部坐标定义耦合面的投影用于耦合数据的插值传递。

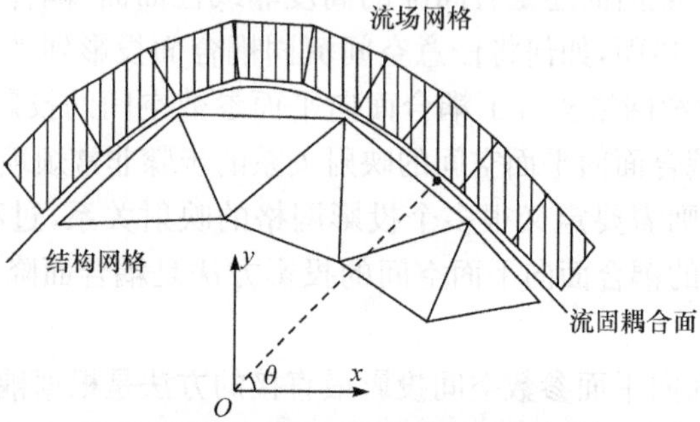

图 5.1　耦合面局部坐标系[2]

考虑到载荷传递问题中耦合曲面形状的复杂性，对一个实际问题通常需要先将耦合界面进行剖分，分成若干个相对简单的几何曲面，然后为每一个简单几何曲面定义局部坐标系和投影，最后分别对每一个几何曲面进行插值。针对剖分后的简单几何曲面形状，如柱状曲面、球面、平坦曲面等，可以分别定义不同的局部坐标系并选择其局部坐标系的一部分作为参数坐标，实现三维耦合面到平面参数空间的投影，最后在平面参数空间内插值传递载荷数据。

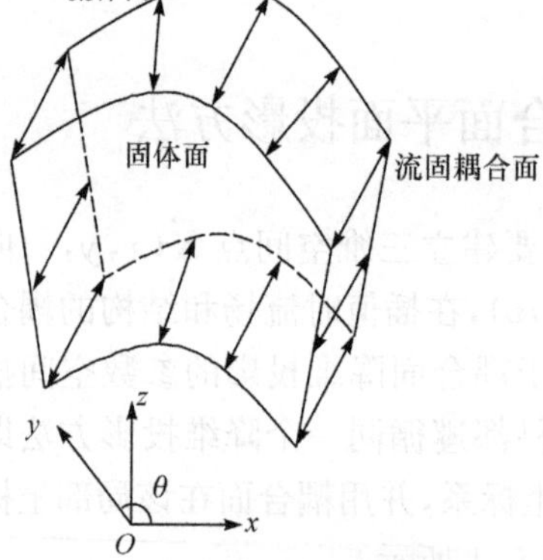

图 5.2　单向弯曲耦合面和局部柱面坐标系

针对剖分得到的简单几何曲面形状的不同，定义的局部坐标系以及向平面参数空间投影的方法也不同。这里给出三种常见几何面的局部坐标系以及向平面参数空间投影的方法。

1. 柱状曲面的平面参数空间投影

柱状曲面或单向弯曲曲面可以定义局部柱面坐标系，如图 5.2 所示。用局部柱面坐标系中的角度坐标 θ 和高度 z 作为参数坐标值定义耦合面向平面参数空间的投影关系如下：

$$\begin{cases} u=\theta, & -\pi\leqslant\theta<\pi \\ v=z, & 0<z\leqslant L \end{cases} \tag{5.1}$$

式中，z 为曲面的直角坐标的高度；θ 为柱面坐标的角度；u、v 分别为曲面投影到平面参数空间的坐标值；L 为曲面的最大长度。

2. 两个方向弯曲的曲面的平面参数空间投影

对于球面或者两个方向弯曲的曲面，可以定义局部球面坐标系，如图 5.3 所示。用局部球面坐标系中的角度坐标 θ 和 ϕ 作为参数坐标值定义耦合面向平面参数空间的投影关系如下：

$$\begin{cases} u=\theta, & -\pi\leqslant\theta<\pi \\ v=\phi, & 0\leqslant\phi\leqslant\dfrac{\pi}{2} \end{cases} \tag{5.2}$$

式中，θ、ϕ 为曲面的球面坐标；u、v 为曲面投影到平面参数空间的坐标值。

3. 平坦曲面的平面参数空间投影

对于较平坦的柱面和平面，可以定义平行于耦合面的直角坐标系，如图 5.4 所示。

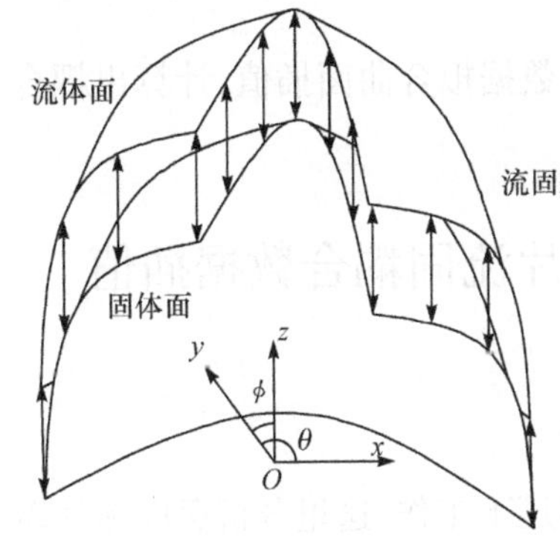

图 5.3　双向弯曲耦合面和局部球面坐标系[2]

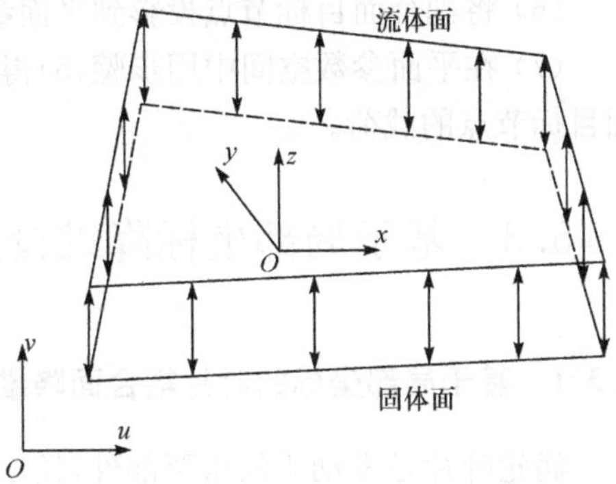

图 5.4　平坦的耦合面和局部直角坐标系

用平行于耦合面的直角坐标系的两个坐标作为参数坐标定义耦合面向平面参数空间的投影关系如下：

$$\begin{cases} u=x, & 0\leqslant x\leqslant L_1 \\ v=y, & 0\leqslant y\leqslant L_2 \end{cases} \tag{5.3}$$

或

$$\begin{cases} u=\theta, & -\pi\leqslant\theta<\pi \\ v=y, & 0\leqslant y\leqslant L_2 \end{cases} \tag{5.4}$$

式中，u、v 是耦合面的参数坐标；θ 是柱面坐标系的角度坐标；L_1 和 L_2 是曲面平直段的长度；x、y 是耦合面的直角坐标。

5.2　基于局部坐标投影的耦合数据平面参数空间插值

耦合面降维投影插值法是将耦合面的源节点和耦合数据(温度和气动压力等)

投影到定义好的平面参数空间中,并在该平面参数空间中进行不同学科之间的耦合数据插值和传递。采用基于局部坐标的耦合面向平面参数空间的投影过程,本节将介绍耦合数据平面参数空间插值的方法,具体步骤如下[1,2]。

(1) 将复杂的耦合面拆分成若干个简单曲面。

(2) 为每个简单曲面定义局部坐标系。

(3) 选择局部坐标系中的一部分坐标作为参数坐标,建立三维空间面上点 $\vec{X}(x,y,z)$ 向平面参数空间点 $\vec{Y}(u,v)$ 的映射关系 $\vec{X}(x,y,z)\rightarrow\vec{Y}(u,v)$。

(4) 根据定义好的映射关系 $\vec{X}(x,y,z)\rightarrow\vec{Y}(u,v)$,将耦合面源节点 $\vec{N}_k(x_k,y_k,z_k)(k=1,2,\cdots,K)$ 和耦合数据投影到平面参数空间,耦合面数据分布从三维空间的 (x_k,y_k,z_k,T_k) 转变为二维空间的 (u_k,v_k,T_k)。

(5) 用双三次 B 样条函数曲面拟合载荷分布 (u_k,v_k,T_k) 得到耦合数据拟合曲面。

(6) 将耦合面目标节点投影到平面参数空间。

(7) 在平面参数空间中用步骤(5)得到的耦合数据拟合曲面插值,计算出耦合面目标节点的载荷。

5.3 基于局部坐标降维投影的叶片流固耦合数据插值

5.3.1 基于局部坐标的叶片耦合面降维投影方法

涡轮叶片是发动机的重要部件,长期在高温高压下工作,这里分析温度和气动压力对涡轮叶片性能的影响,需要将流场获得的叶片表面压力和温度作为载荷传递的结构模型,在结构模型中计算叶片的温度应力、气动压力产生的应力和气动压力载荷下的材料疲劳。叶片表面的压力和温度载荷向叶片结构计算模型的传递,可以采用上述基于局部坐标投影的流固耦合数据插值方法。

涡轮叶片的形状如图 5.5 所示。涡轮叶片主要的流固耦合面是叶身部分的表面,从图 5.5 可以看出,叶片耦合面的拓扑结构为柱状曲面,可以采用局部柱面坐标系定义耦合面向平面参数空间的投影。

发动机叶片的基准坐标系的原点为 O,叶片展向指向 z 轴,叶片弦向指向 x 轴,叶片横向指向 y 轴,如图 5.6 所示。平行于 x-y 坐标平面作叶片的任意截面 M,截面 M 与叶片耦合面的交线为截面的叶型。截面 M 与 z 轴交于原点 O'。

在截面 M 内,作连接 O' 点与叶片前缘弧圆心 A 的射线 $O'A$,直线 $O'A$ 与叶片型线交于点 C 和点 D,作连接 O' 点与叶片后缘弧圆心 B 的射线 $O'B$,直线 $O'B$ 与叶片型线交于点 E 和点 P。点 C、点 D、点 E 和点 P 将叶片耦合面划分为 4 段:L_2、L_1、L_3 和 L_4,如图 5.7 所示。连接 L_1 上点 K 与点 O',在 M 平面内直线 KO' 与

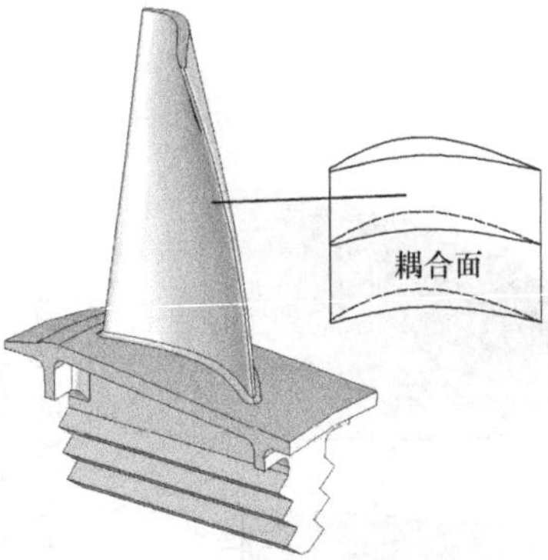

图 5.5 涡轮叶片耦合面

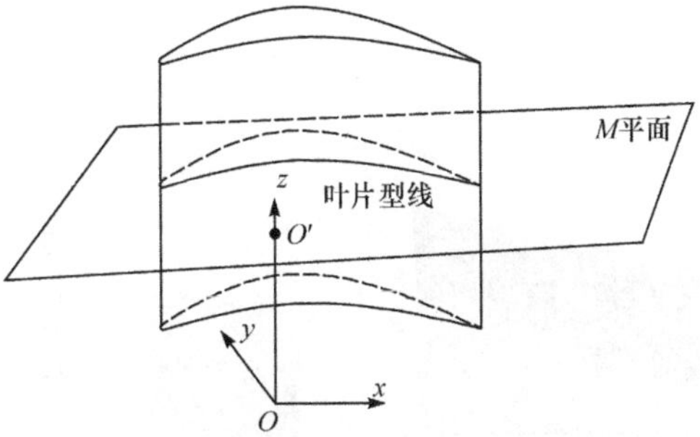

图 5.6 涡轮叶片耦合面的任意截面[2]

坐标轴 x 的夹角为 θ_1；连接线 L_2 上的点 G 与点 A，在 M 平面内直线 GA 与坐标轴 x 的夹角为 θ_2；连接线 L_3 上的点 Q 与点 O'，在 M 平面内直线 QO' 与坐标轴 x 的夹角为 θ_3；连接线 L_4 上的点 H 与点 B，在 M 平面内直线 HB 与坐标轴 x 的夹角为 θ_4。

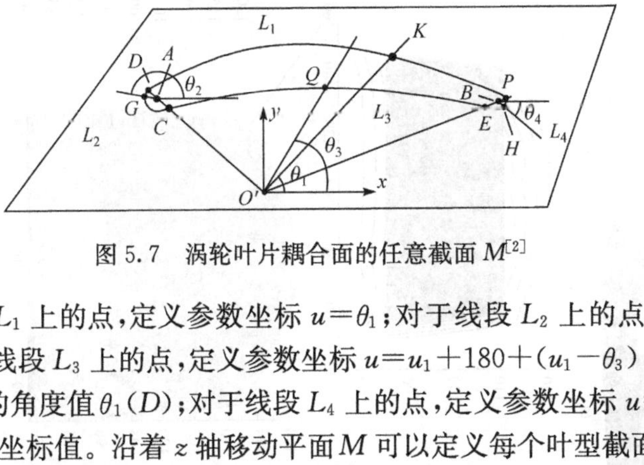

图 5.7 涡轮叶片耦合面的任意截面 M[2]

对于线段 L_1 上的点，定义参数坐标 $u=\theta_1$；对于线段 L_2 上的点，定义参数坐标 $u=\theta_2$；对于线段 L_3 上的点，定义参数坐标 $u=u_1+180+(u_1-\theta_3)$，其中 u_1 是线段 L_1 上点 D 的角度值 $\theta_1(D)$；对于线段 L_4 上的点，定义参数坐标 $u=\theta_4$。令 v 等于平面 M 的 z 坐标值。沿着 z 轴移动平面 M 可以定义每个叶型截面上的投影 u。这样，涡轮叶片耦合面的坐标转化为平面参数空间的坐标 (u,v)，叶片流固耦合面上任意一点可以投影到平面参数空间。

5.3.2 基于局部坐标降维投影的叶片流固耦合数据插值方法

基于局部坐标降维投影的叶片流固耦合数据插值方法（图 5.8）的步骤如下。

(1) 定义涡轮叶片耦合面的局部坐标系。

(2) 建立耦合面三维空间点 $\vec{X}(x,y,z)$ 向平面参数空间点 $\vec{Y}(u,v)$ 的映射关系 $\vec{X}(x,y,z)\rightarrow\vec{Y}(u,v)$。

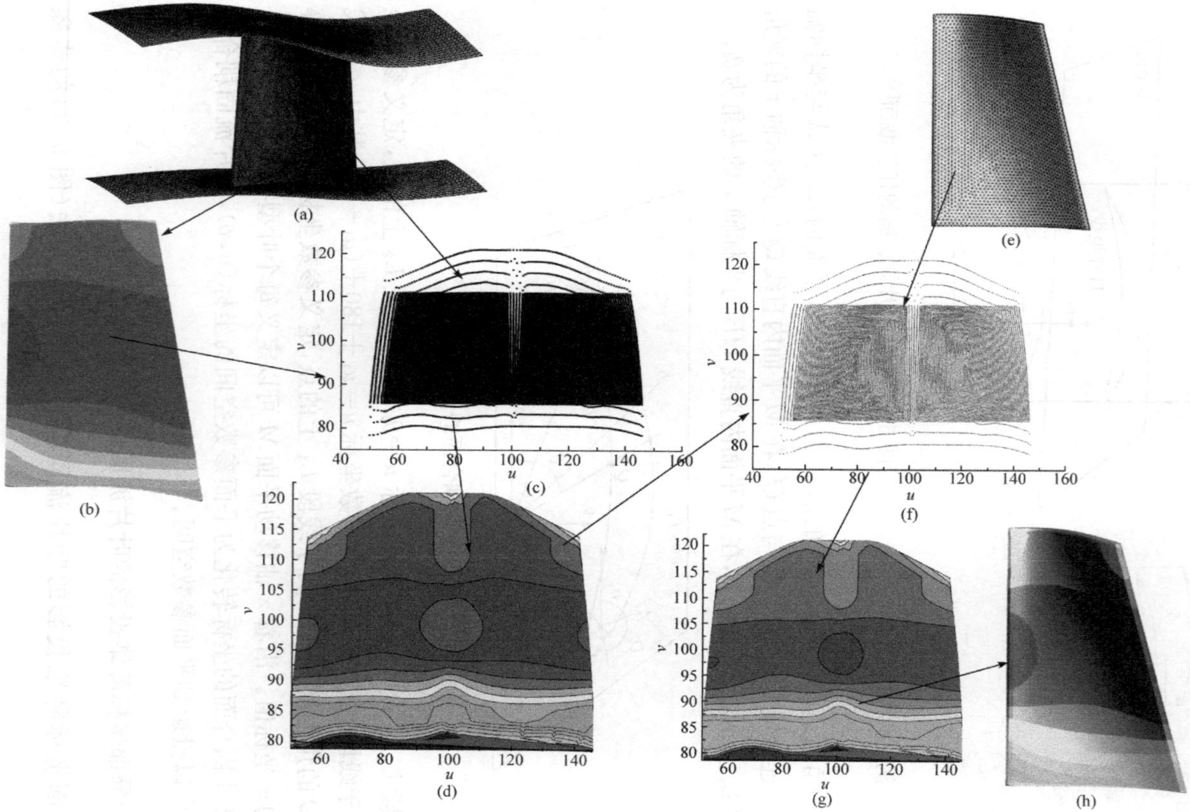

图 5.8　基于局部坐标降维投影的叶片流固耦合数据插值方法[1,2]

(a) CFD 模型；(b) CFD 温度；(c) 在平面参数空间的节点分布；(d) 在平面参数空间的温度分布；(e) CSM 模型；(f) 在平面参数空间的 CSM 节点；(g) 在平面参数空间的温度插值结果；(h) CSM 模型的温度传递结果

(3) 将源学科耦合面上的节点和载荷投影到平面参数空间。

(4) 将目标学科耦合面节点投影到平面参数空间。

(5) 在投影的平面参数空间内,用线性插值法将源学科的载荷插值到目标学科界面耦合节点。

5.3.3　涡轮叶片耦合数据插值的算例

本节以一个涡轮叶片的温度插值实例来验证基于局部坐标降维投影的叶片流固耦合数据插值方法。涡轮叶片的气动网格模型如图 5.9 所示。计算得到的涡轮叶片表面温度如图 5.10 所示。该温度要插值到叶片的结构网格模型(图 5.11)作为载荷。

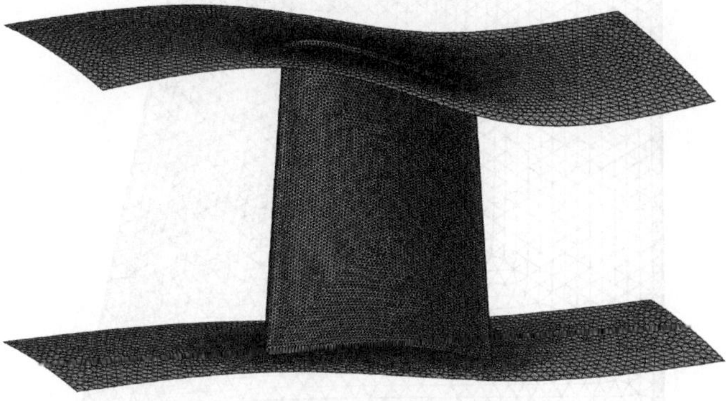

图 5.9　涡轮叶片的气动网格模型

图 5.10　涡轮叶片表面温度(单位:K)

用基于局部坐标降维投影的叶片流固耦合数据插值方法对涡轮叶片的温度进行投影和插值。流场网格节点投影到平面参数空间的结果如图 5.12 所示。投影到平面参数空间的涡轮叶片耦合面流场网格节点温度如图 5.13 所示。

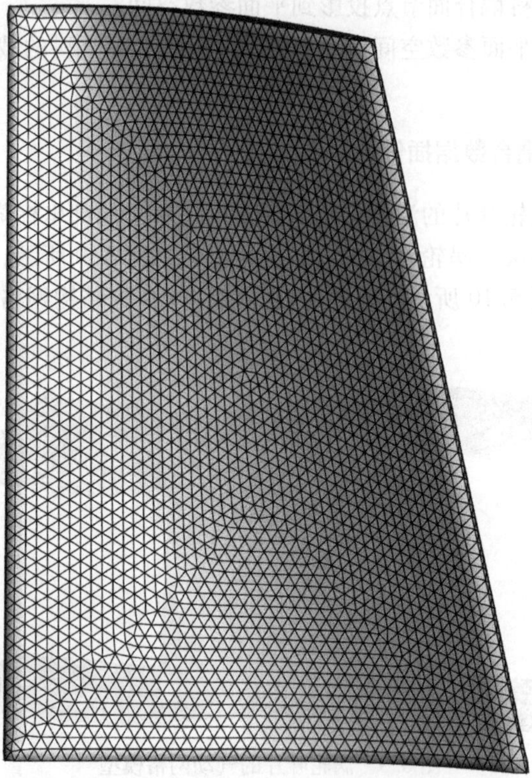

图 5.11　叶片的结构网格模型

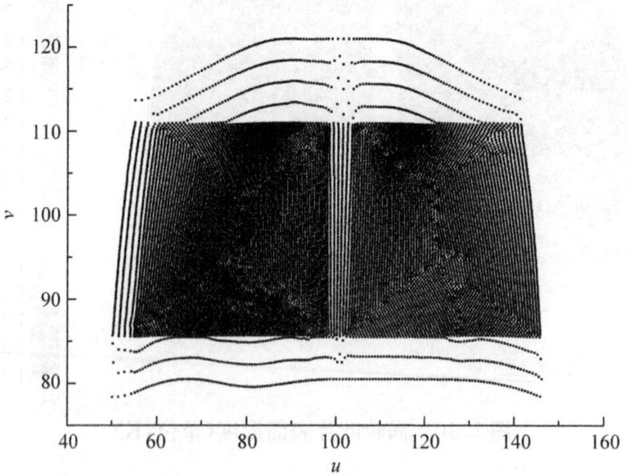

图 5.12　投影到平面参数空间的流场网格节点

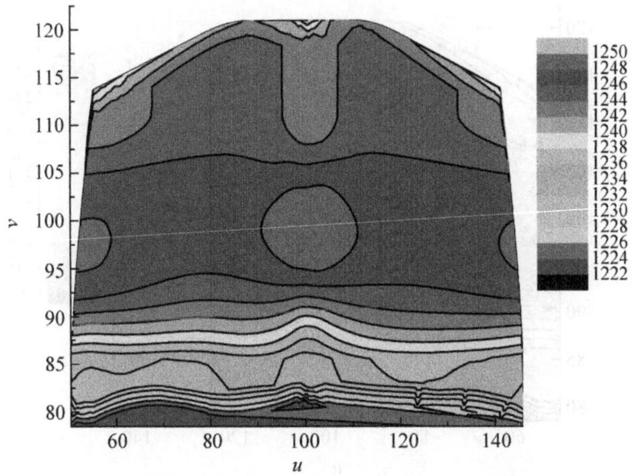

图 5.13　投影到平面参数空间的流场网格节点温度(单位:K)

将图 5.11 所示的耦合面结构节点投影到平面参数空间,结果如图 5.14 所示。在平面参数空间上进行温度插值,得到耦合面上结构节点的温度,结果如图 5.15 所示。

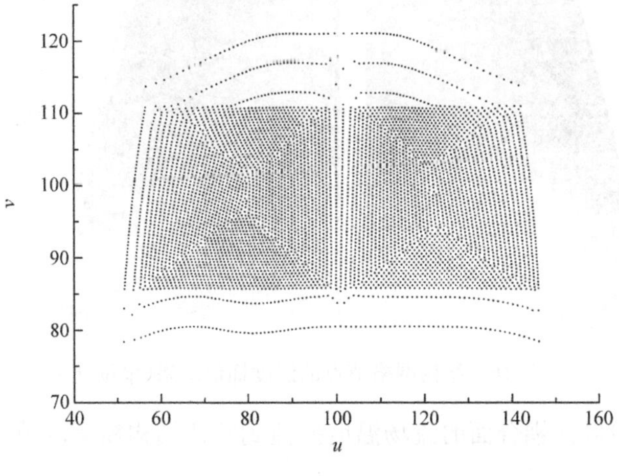

图 5.14　投影到平面参数空间的结构网格节点

最后得到三维涡轮叶片结构模型的耦合面温度,如图 5.16 所示。比较图 5.10 和图 5.16 可以发现两者一致,说明插值精度很高。

5.3.4　误差分析

为了对插值精度进行定量分析,本节通过以下方法计算叶片耦合数据插值的绝对误差和相对误差。

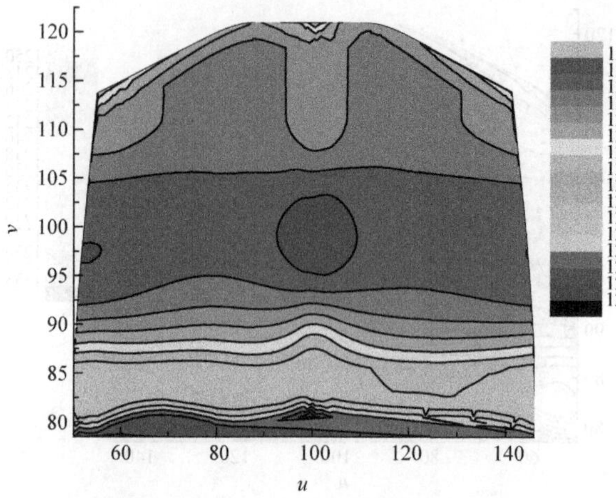

图 5.15 投影到平面参数空间的结构网格节点温度(单位:K)[2]

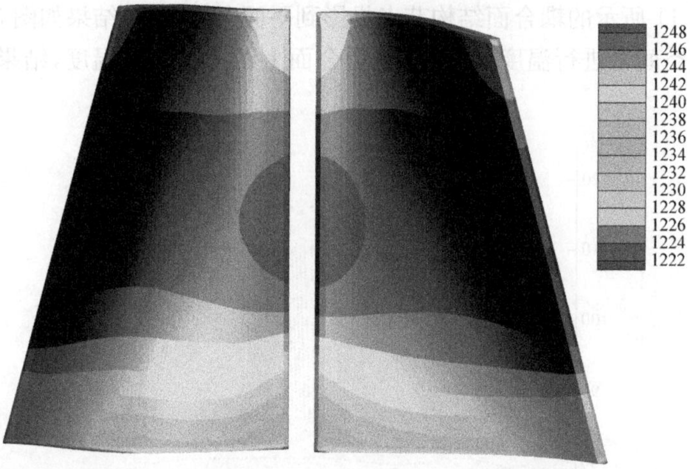

图 5.16 结构网格节点的温度插值结果(单位:K)

(1) 将涡轮叶片耦合面的流场温度插值到叶片结构模型的节点上,得到结构温度载荷。

(2) 用同样的插值方法,把涡轮叶片耦合面的结构温度插值传递到流场网格模型的各个节点,得到流场温度插值结果。

(3) 比较流场温度插值结果和流场数值计算得到的结果,两者之差就是插值误差。流场温度插值结果是通过两次插值得到的,因此误差累积了两次,单次插值的误差应当减半。

图 5.17 和图 5.18 分别给出了在平面参数空间内温度插值的绝对误差和相对误差。从图中可以看出,温度插值的绝对误差小于 2.8K,温度插值的相对误差小

于 0.23%,结果是非常精确的。

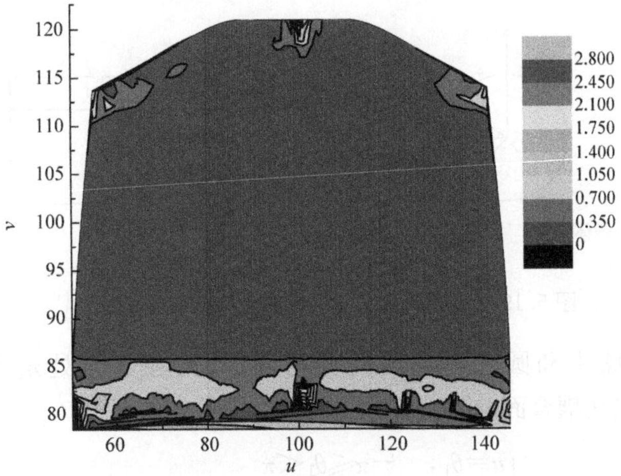

图 5.17　温度插值的绝对误差(单位:K)[2]

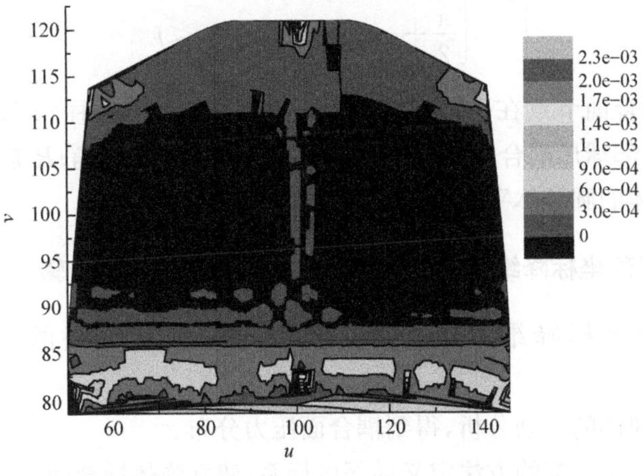

图 5.18　温度插值的相对误差(单位:K)[2]

5.4　基于局部坐标降维投影的弹体参数空间插值方法

5.4.1　基于局部坐标的弹体耦合面降维投影方法

本节分析柱状弹飞行过程中在气动压力作用下的结构响应,需要将气动载荷插值到弹体表面作为载荷,采用基于局部坐标降维投影的参数空间插值方法进行载荷传递。柱状的弹体由圆柱和球形圆头两部分组成,弹体耦合面向平面参数空间投影的方法如图 5.19 所示。

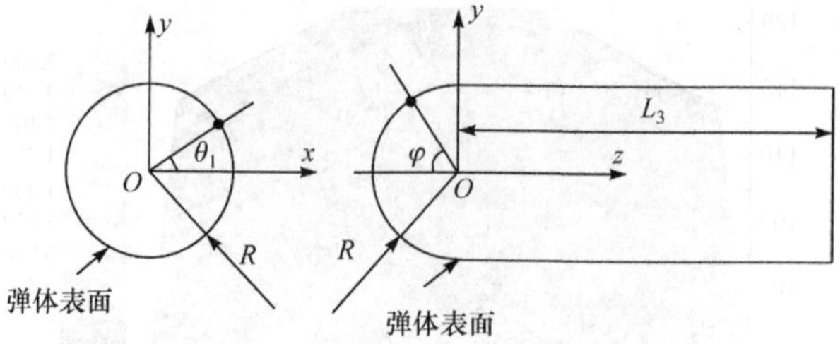

图 5.19　弹体耦合面向平面参数空间投影的方法[1]

将弹体从球头和圆柱体连接处分为两部分，在连接处定义局部坐标系(图 5.19)，并定义耦合面向平面参数空间的投影关系如下[1]：

$$\begin{cases} u=\theta_1, & -\pi\leqslant\theta_1<\pi \\ v=\begin{cases}\varphi\left(0\leqslant\varphi\leqslant\dfrac{\pi}{2}\right), & z\leqslant 0 \\ \dfrac{\pi}{2}+z, & 0<z\leqslant L_3\end{cases} \end{cases} \tag{5.5}$$

式中，u、v 是耦合面节点在平面参数空间的坐标；θ_1 是弹体柱状耦合面上点的极角；φ 是弹体头部球形耦合面弧线段上点与坐标轴线 z 的夹角；R 是弹体头部球形半径；L_3 是弹体的圆柱体平直段的长度。

5.4.2　基于局部坐标降维投影的弹体参数空间插值方法的步骤

基于局部坐标降维投影的弹体参数空间插值方法的具体步骤如下(图 5.20)[1]。

(1) 进行弹体的气动分析，得到耦合面压力分布。

(2) 按照 5.4.1 节的方法定义局部坐标系，建立弹体耦合面三维空间点 $\vec{X}(x,y,z)$向平面参数空间点 $\vec{Y}(u,v)$的映射关系 $\vec{X}(x,y,z)\rightarrow\vec{Y}(u,v)$。按照映射关系将弹体耦合面源节点 $N_k(x_k,y_k,z_k)(k=1,2,\cdots,K)$投影到平面参数空间，耦合面源节点载荷分布从三维空间的(x_k,y_k,z_k,T_k)转变为平面参数空间的(u_k,v_k,T_k)。

(3) 用双三次 B 样条曲面拟合投影到平面参数空间的源节点的载荷(u_k,v_k,T_k)，得到源节点载荷的拟合曲面。

(4) 按照步骤(2)的映射关系将弹体耦合面目标节点投影到平面参数空间。

(5) 用源节点载荷的拟合曲面插值计算目标节点的载荷。

(6) 将插值计算得到的目标节点的载荷加载到三维空间曲面上。

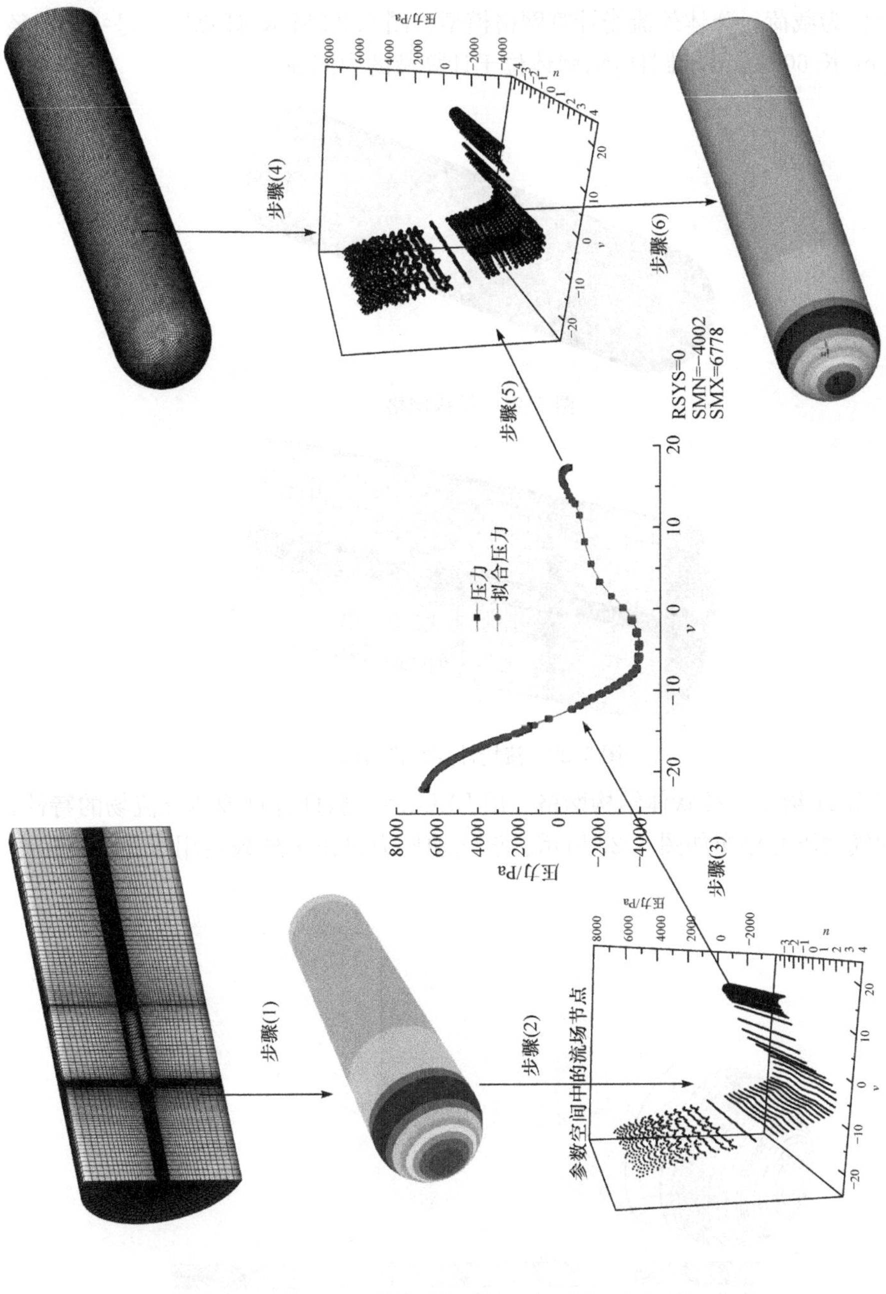

图 5.20　基于局部坐标降维投影的弹体参数空间插值方法

5.4.3 基于局部坐标投影的弹体压力参数空间插值

某弹体的结构网格如图 5.21 所示，需要将流场计算得到的气动压力插值到结构表面作为载荷。弹体外流场计算网格模型如图 5.22 所示，计算区域是一个直径 3000mm、长 6000mm 的圆柱体，弹体位于计算域的中间前端。

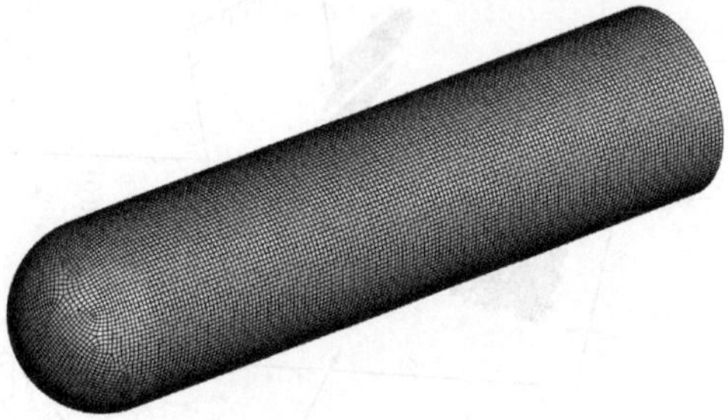

图 5.21　结构网格

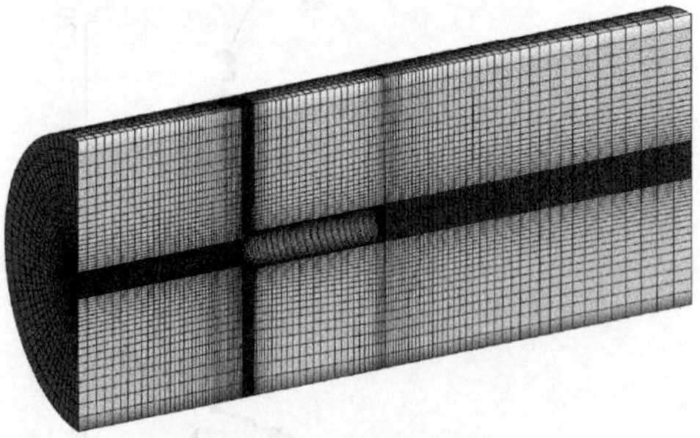

图 5.22　流场计算网格模型

图 5.21 给出了柱状体结构网格。用 FLUENT 软件计算弹体外流场的特性，得到的气动压力分布如图 5.23 所示。该气动压力将作为外载荷用于弹体结构振

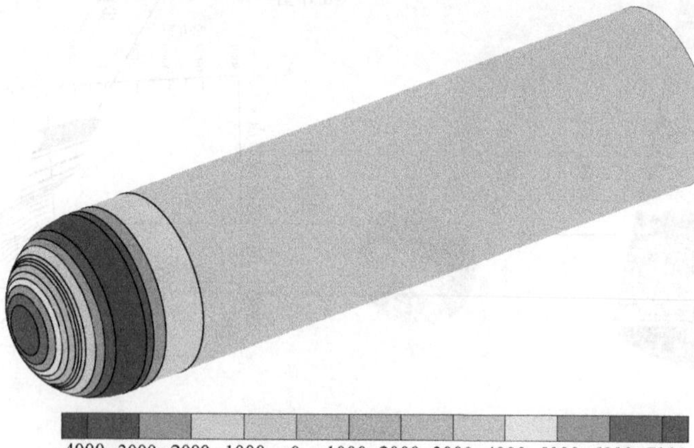

图 5.23　流场计算得到的气动压力分布(单位:Pa)

动计算。将该气动压力投影到平面参数空间中,得到在平面参数空间中的气动压力分布,如图 5.24 所示。

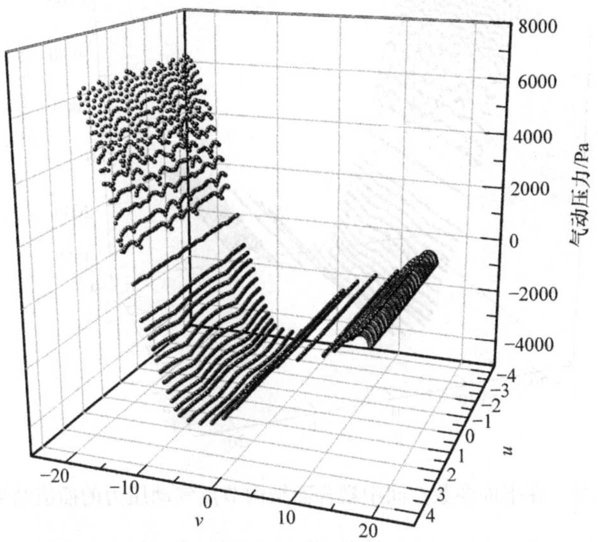

图 5.24　在平面参数空间中耦合面流场节点的气动压力分布(单位:Pa)[1]

图 5.25 给出了在平面参数空间内耦合面流场节点气动压力的拟合结果,将图 5.25 所示的平面参数空间载荷分布插值到弹体耦合面结构模型的各个节点。图 5.26 给出了在平面参数空间中耦合面结构节点的气动压力插值结果。

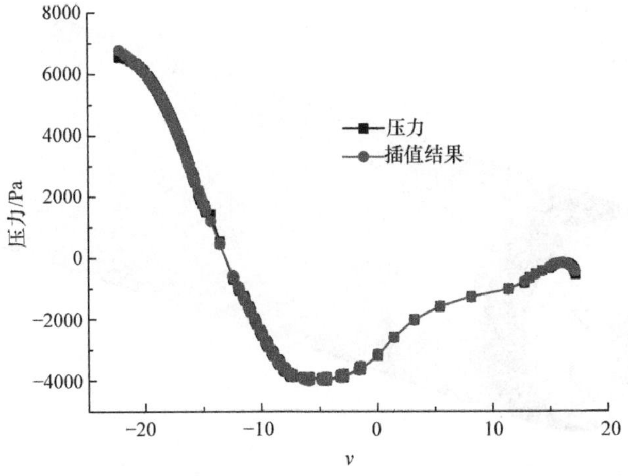

图 5.25　在平面参数空间内耦合面流场节点气动压力的拟合结果

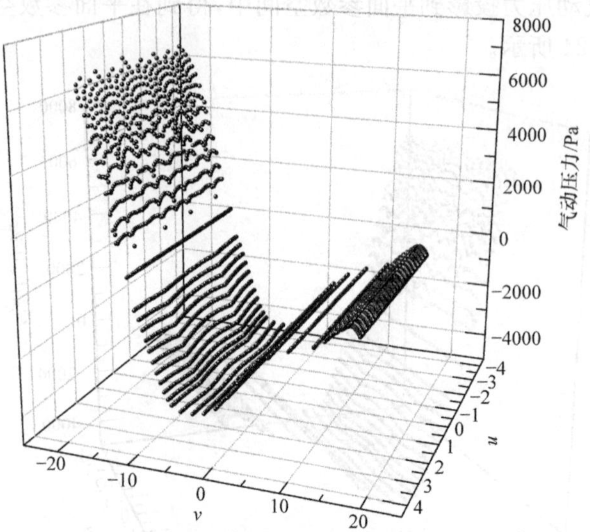

图 5.26　在平面参数空间中耦合面结构节点气动压力的插值结果[1]

图 5.27 给出了在三维空间中结构模型表面的气动压力分布。比较流场模型得到的气动压力(图 5.23)和弹体结构模型表面的气动压力(图 5.27),可以看到两者是一致的,说明插值结果非常精确。

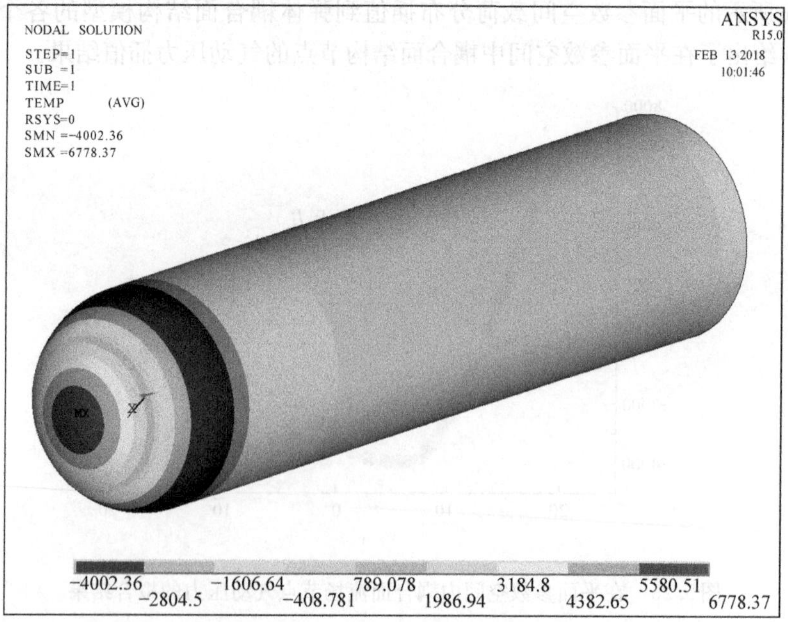

图 5.27　弹体结构模型表面的气动压力分布(单位:Pa)

5.5 小　结

本章主要介绍一种基于局部坐标投影的耦合面参数空间插值方法，通过耦合面的局部坐标实现三维空间流固耦合面向平面参数空间的快速投影，在此基础上建立了基于局部坐标降维投影的流固耦合数据参数空间插值方法。涡轮叶片和柱状弹体耦合数据插值传递的算例表明：

(1) 基于局部坐标的参数空间载荷传递方法具有很好的插值精度。

(2) 这种基于局部坐标的快速投影方法结构简单，计算量小，投影计算速度快。

(3) 这种插值方法适用于特定种类问题的快速插值。

参考文献

[1] 李立州，张珺，李磊，等. 基于局部坐标的载荷传递[J]. 机械强度，2011，33(3)：423-427.

[2] Liu Z H，Li L Z，Liu Z P. Data transfer of non-matching meshes in a common dimensionality reduction space for turbine blade[J]. International Journal of Vibration-Engineering，2014，16(7)：3399-3408.

第6章 基于等距映射的耦合面非线性降维插值方法

非线性降维理论解释了空间耦合面的数据插值传递精度变差的机理,即流固耦合面是非线性空间,用线性插值法进行耦合面的数据传递,插值精度会变差。第2章通过一个有间断面的耦合数据插值(有障碍插值)的实例分析了空间非线性对插值精度的影响,发现非线性降维理论和方法用于解释耦合面曲率对插值精度的影响是合理且可行的。为了减少空间非线性和网格不匹配对耦合数据插值传递精度的影响,本书建立了三维空间耦合曲面向平面空间降维投影的耦合数据插值传递方法。该方法首先定义空间耦合面到平面参数空间的投影,然后在平面参数空间中进行插值。前面几章分别通过使用额外的投影网格和局部坐标实现了耦合面向平面参数空间的投影并建立插值方法,结果证明对流固耦合插值精度的提升有很好的效果。但是从前面的叙述也可以看出,使用投影网格和局部坐标建立耦合面向平面参数空间的投影过程技术复杂,需要很大程度的人工干预,甚至需要提前知道耦合面的几何形状并将复杂的耦合面分割成若干个几何特征相对简单的小面。当耦合面的几何形状复杂或者事先不知道耦合面几何形状时这两种方法的使用难度很大,为此需要研究新的高效且人工干预少的方法,实现三维空间耦合面向平面参数空间的投影。

非线性降维理论和方法提供了耦合面本征维的寻找方法,即降维投影的依据是流形上点与点之间的测地距离,而测地距离的计算方法与几何面的具体形状无关,这样无论耦合面是简单的单调曲面还是复杂的空间组合面,测地距离和降维投影的计算方法都相同。本书将非线性降维和流行学习方法中寻找高维数据本征维的方法用于流固耦合面数据降维投影过程。本章讨论基于等距映射(ISOMAP)非线性降维理论的耦合面降维投影方法,并在此基础上建立耦合数据参数空间插值方法。

6.1 非线性降维理论

降维是指采用某种映射方法将原高维空间中的数据点映射到低维空间中。由于高维数据空间情况复杂,存在数据的空间非线性,传统线性降阶方法无法找到合适的降维投影结果。非线性降维和流形学习是近年发展起来的用于挖掘高维数据的重要方法,在图形图像处理、人脸识别、数据分析、复杂系统的可靠性分析等方面展现了巨大的潜力。由于在低维空间中数据点的拓扑关系更加清楚，数据空间的结构更加直观，更方便进行数据处理和挖掘。

非线性降维的基本思想就像是根据地球上两个不同位置之间的测地距离绘制一幅全球地图，根据高维流形（多维几何面）上点和点之间的测地距离将高维流形展开（图6.1）。非线性降维在 t 维空间 Y 中找到一组点 $\vec{y}_1,\vec{y}_2,\cdots,\vec{y}_n,i,j=1,2,\cdots,n$，使得该组点中任意两点之间的距离 $d_{ij}^{(Y)}=\|\vec{y}_i-\vec{y}_j\|$ 等于在原来的 D 维空间 X 中两个点之间的测地距离，那么点 $\vec{y}_1,\vec{y}_2,\cdots,\vec{y}_n$ 就是点 $\vec{x}_1,\vec{x}_2,\cdots,\vec{x}_n$ 在 t 维空间的投影，通常 D 大于 t。这里所讲的测地距离是在流形上任意点与点之间的最短路径。

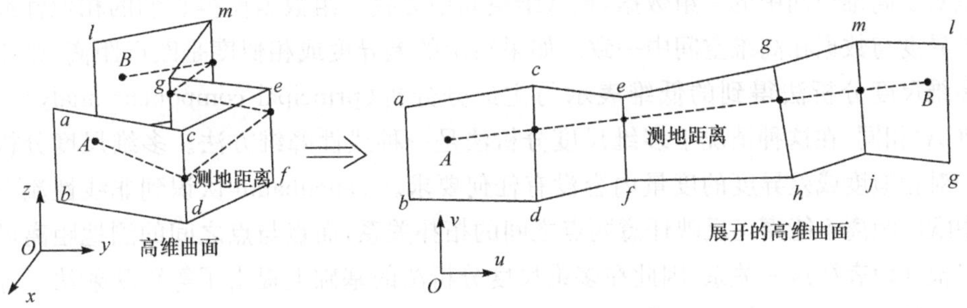

图6.1 根据测地距离展开高维流形[1]

本书所讨论的三维空间耦合曲面数据的平面参数空间插值传递方法就是一种降维问题，需要将三维空间的耦合面降阶为二维平面，并在二维平面空间中进行数据插值。对应到流形学习和非线性降维的语言，流固耦合面是三维空间的流形，耦合面上的点 $\vec{x}_i=(x_i,y_i,z_i)$ 位于三维流形上，高维空间是欧氏空间，低维空间是耦合面的投影平面空间，低维数 t 是2，高维数 D 是3，将三维空间点 $\vec{x}_i=(x_i,y_i,z_i)$ 投影到平面参数空间是采用流形学习的方法将高维空间的数据点降维。通过以上对比可以发现，非线性降维理论和方法完全适用于本书中流固耦合面向低维平面投影的过程，这也是本书书名的来源。

非线性降维理论与几何形状无关，降维过程不需要人为干预，可以自动计算点与点之间在高维空间的测地距离，因此可以解决非线性空间耦合面向二维平面空间的自动化投影问题。本章主要讨论非线性投影方法用于流固耦合数据插值传递的基本方法。近年来，非线性降维理论成为研究热点，大量的新方法被提出，如Sammon映射（sammon mapping）、自组织特征映射（self-organizing feature mapping，SOFM）、核主成分分析（kernel principal component analysis，KPCA）、核独立成分分析（kernel independent component analysis，KICA）、等距映射（ISOMAP）、局部线性嵌入（locally linear embedding，LLE）和局部切空间排列（local tangent space alignment, LTSA)等。作为耦合面非线性降维投影插值方法的介绍，本章介绍最早提出的也是概念最为直观的等距映射法，并在此基础上讨论耦合面非线性降维投影插值方法。后续的章节将讨论其他非线性降维和流形学习方法。

6.2 等距映射法的基本原理

等距映射(ISOMAP)法是 Tenenbaum 等提出的一种基于多维尺度(multidimensional scalar, MDS)分析的非线性降维算法[2]。多维尺度分析法的基本思想是对于高维空间中的一组数据，在低维空间中寻找一组数据使得它们的相似性或差异度与数据在高维空间中一致。如果给定的差异度或相似度是欧氏距离，则用多维尺度分析法得到的低维表示与主成分分析(principal component analysis, PCA)相同，在这种情况下多维尺度分析法是一种线性降维方法。多维尺度分析法对相似度或差异度的度量内容没有任何要求。Tenenbaum 认识到非线性流形中欧氏距离不能真正反映任意两点之间的拓扑关系，而点与点之间的测地距离可以很好地表征这一关系，因此在多维尺度分析法的基础上提出了等距映射法。等距映射法的基本思想是用邻域欧氏最短距离估计点与点之间的测地距离，基于点与点之间的测地距离用多维尺度分析法计算高维数据的低维嵌入。

假设有 D 维数据 $\boldsymbol{X}^D=\{\vec{x}_1,\vec{x}_2,\cdots,\vec{x}_n\}$，求其在 $t(t<D)$ 维空间的低维表示 $\boldsymbol{Y}^t=\{\vec{y}_1,\vec{y}_2,\cdots,\vec{y}_n\}$，则等距映射法的具体步骤如下。

(1) 构造数据空间点与点之间的邻域图。计算样本中任意两点 $\vec{x}_i$ 与 $\vec{x}_j$ 之间的欧氏距离 $d_{ij}=|\vec{x}_i-\vec{x}_j|, i,j=1,2,\cdots,n$，用 ε-邻域(或 K-邻域)判断点 $\vec{x}_i$ 与 $\vec{x}_j$ 是否相邻，若相邻则将两点连接起来且记连接边的长度为 d_{ij}，所有的相邻点之间连线构成的图为数据点邻域图，用矩阵 $\boldsymbol{G}$ 表示。

(2) 计算数据空间所有点之间的最短测地距离。在邻域关系 $\boldsymbol{G}$ 中，若点 $\vec{x}_i$ 与 $\vec{x}_j$ 之间存在连线，则初始化 $d_G(i,j)=d_{ij}$，否则令 $d_G(i,j)=\infty$。

根据式(6.1)估计数据空间任意两点 $\vec{x}_i$ 与 $\vec{x}_j$ 的测地距离，并得到流形上点与点之间的测地距离估计矩阵 $\boldsymbol{D}_G=\{d_G(i,j)\}$：

$$d_G(i,j)=\min\{d_G(i,j), d_G(i,k)+d_G(k,j)\} \tag{6.1}$$

(3) 构造 D 维数据的 t 维嵌入。按照测地距离估计矩阵 $\boldsymbol{D}_G=\{d_G(i,j)\}$，应用经典多维尺度分析法在 t 维空间内寻找一组低维嵌入的数据点，使得式(6.2)的 $\boldsymbol{E}$ 最小：

$$\boldsymbol{E}=\|\boldsymbol{\tau}(\boldsymbol{D}_G)-\boldsymbol{\tau}(\boldsymbol{D}_Y)\|^2 \tag{6.2}$$

式中，$\boldsymbol{D}_Y=\{d_Y(i,j)=\|\vec{y}_i-\vec{y}_j\|\}$是低维测地距离；$\boldsymbol{\tau}(\boldsymbol{D}_G)=-\dfrac{\boldsymbol{H}\boldsymbol{D}^2\boldsymbol{H}}{2}$，$\boldsymbol{H}$ 为中心化矩阵。

(4) 最小化目标函数 $\boldsymbol{E}$，得到 $\boldsymbol{\tau}(\boldsymbol{D}_G)$ 的特征值和特征向量的解。将 $\boldsymbol{\tau}(\boldsymbol{D}_G)$ 的特征值以降序排列，取出前 t 个最大特征值 $\lambda_1,\lambda_2,\cdots,\lambda_t$ 和对应的特征向量 $\vec{V}_1,\vec{V}_2,\cdots,\vec{V}_t$。

(5) 得到 D 维数据 $\boldsymbol{X}$ 在 t 维空间的投影 $\boldsymbol{Y}$：

$$\boldsymbol{Y}=\{\vec{y}_1,\vec{y}_2,\cdots,\vec{y}_n\}=\{\sqrt{\lambda_i}\vec{V}_i^{\mathrm{T}}\} \tag{6.3}$$

式中，$\vec{V}_i$ 是第 i 个特征向量；λ_i 为第 i 个特征值。

通过以上方法可以获得高维空间点的低维映射，具体求解方法可以参看多维数据分析中关于多维尺度分析法的相关理论和方法。

6.3　基于等距映射的耦合面非线性降维插值

6.3.1　基于等距映射的耦合面非线性降维插值方法的步骤

像其他耦合面降维投影插值方法一样，基于 ISOMAP 的耦合面非线性降维插值方法也包括两个主要步骤[1]：用 ISOMAP 法将三维耦合界面投影到二维的平面参数空间；在平面参数空间内进行耦合数据的插值传递。这两个主要步骤又可细分为如下步骤(图 6.2)。

(1) 从 CFD 模型和 CSM 模型中提取流固耦合界面的流体节点、流体压力和结构节点。

(2) 将流体节点和结构节点整合在一起，构成耦合面全部节点的坐标数据 (x,y,z)。

(3) 用 ISOMAP 法将耦合面的所有节点 (x,y,z) 投影到平面参数空间，获得所有节点在平面参数空间的投影坐标 (u,v)。

(4) 将所有投影到平面参数空间的节点分成流体投影节点和结构投影节点。

(5) 将流体投影节点与对应的流体节点的压力关联，得到在平面参数空间中的耦合面流体压力的分布。

(6) 在平面参数空间内将流体投影节点的压力插值到结构投影节点上，并获得在平面参数空间中结构投影节点的压力分布。

(7) 将结构投影节点的压力赋给三维空间结构耦合面模型节点，得到结构压力载荷。

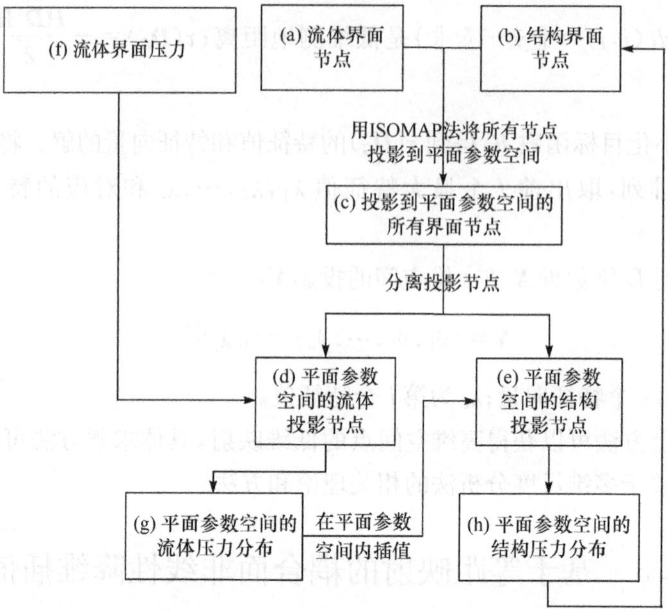

图 6.2 基于 ISOMAP 的耦合面非线性降维插值方法[1]

6.3.2 基于等距映射的耦合面非线性降维插值方法的算例

图 6.3 给出了某涡轮叶片的流体网格模型。图 6.4 给出了某涡轮叶片的结构网格模型。图 6.5 显示了涡轮叶片耦合面的流体压力。

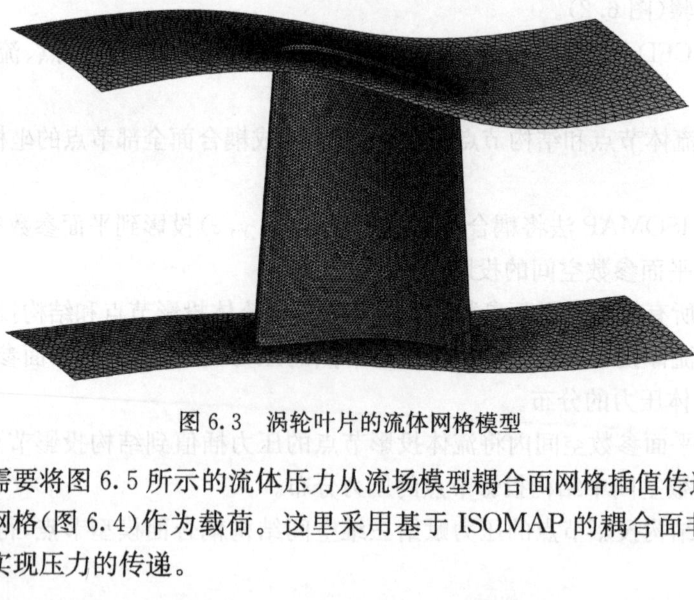

图 6.3 涡轮叶片的流体网格模型

现在需要将图 6.5 所示的流体压力从流场模型耦合面网格插值传递到结构模型耦合面网格(图 6.4)作为载荷。这里采用基于 ISOMAP 的耦合面非线性降维插值方法实现压力的传递。

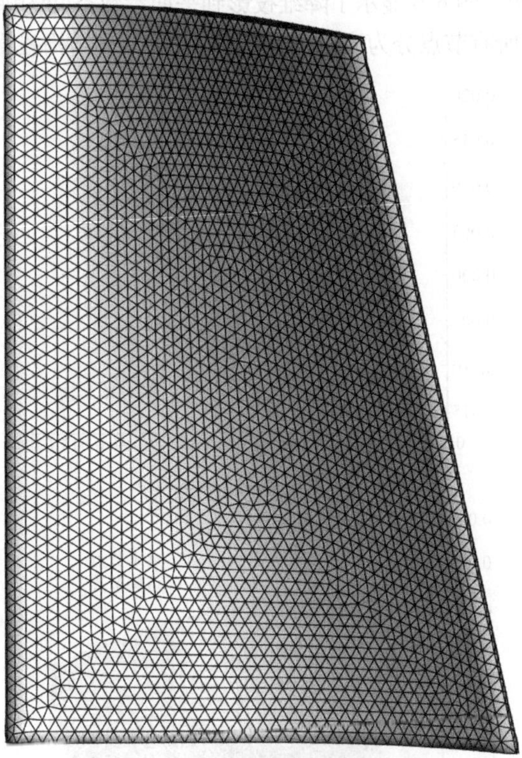

图 6.4　涡轮叶片的结构网格模型

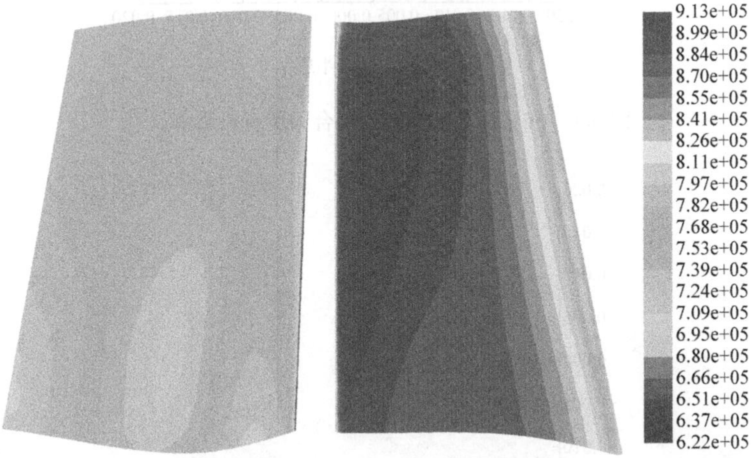

图 6.5　涡轮叶片耦合面的流体压力(单位:Pa)

在压力传递过程中,首先用 ISOMAP 法将耦合界面的结构节点和流体节点降维投影到平面参数空间。图 6.6 显示了降维投影到平面参数空间的耦合面所有结构节点和流体节点,投影的所有节点分为流体投影节点(图 6.7)和结构投影节点(图 6.8)。

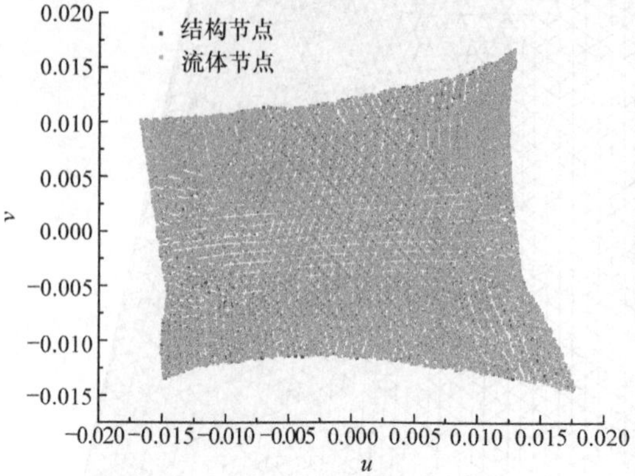

(a) 左半边

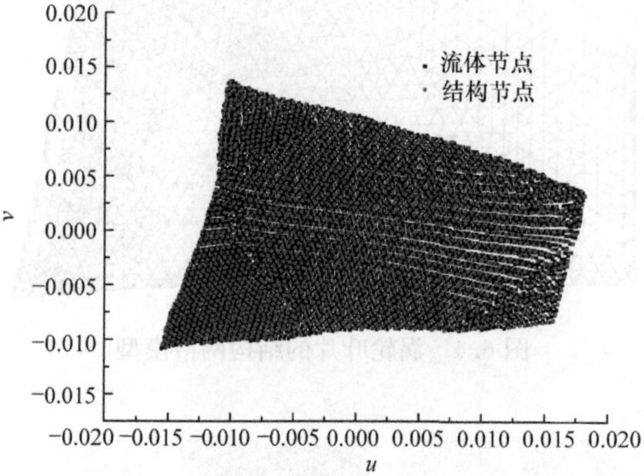

(b) 右半边

图 6.6　在平面参数空间的耦合面所有投影节点[1]

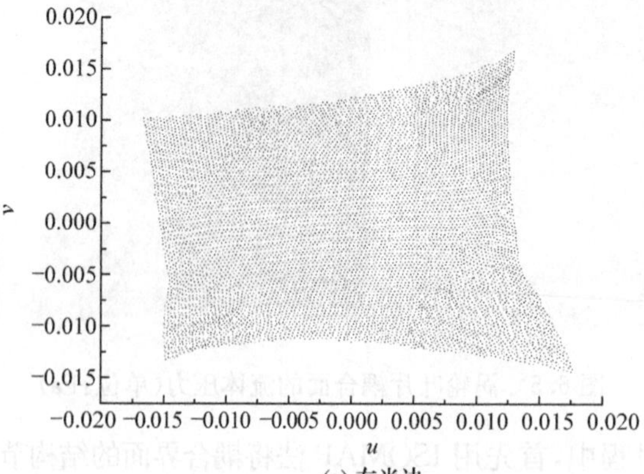

(a) 左半边

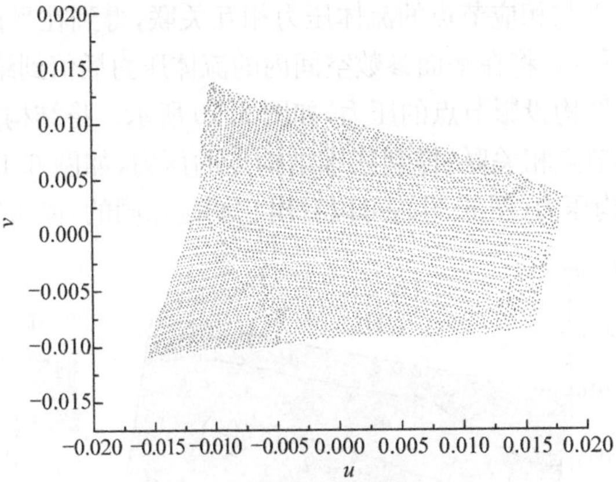

(b) 右半边

图 6.7　在平面参数空间的流体投影节点[1]

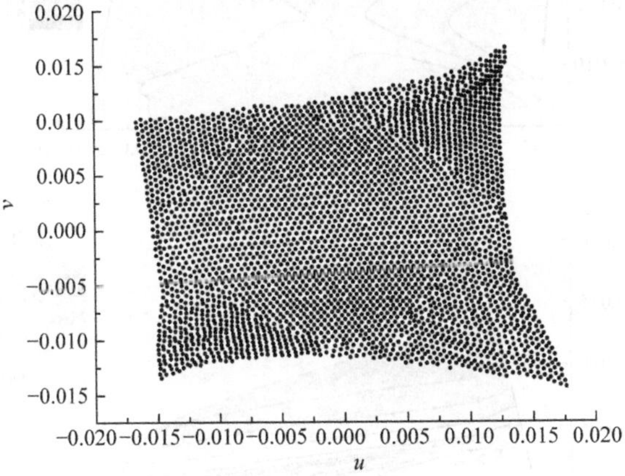

(a) 左半边

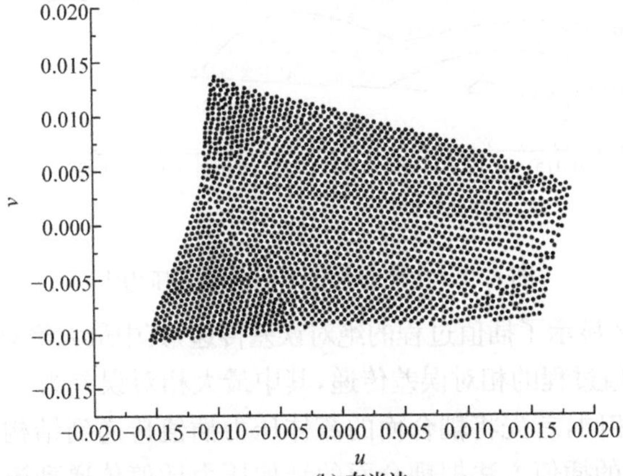

(b) 右半边

图 6.8　在平面参数空间的结构投影节点[1]

将流体投影节点与相应节点的流体压力相互关联，得到在平面参数空间内的流体压力，如图 6.9 所示。将在平面参数空间内的流体压力插值到结构投影节点，得到在平面参数空间内结构投影节点的压力，如图 6.10 所示。将结构投影节点的压力与三维耦合面的结构节点相关联，得到三维结构点的压力，如图 6.11 所示。比较流体压力(图 6.5)和结构压力(图 6.11)，可以看出它们是相同的，说明插值结果很精确。

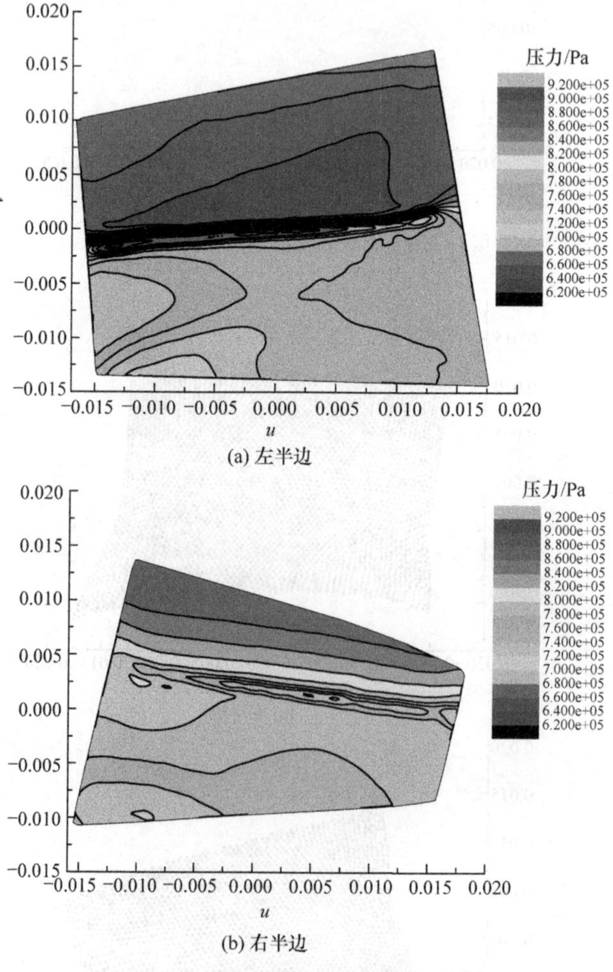

(a) 左半边

(b) 右半边

图 6.9　在平面参数空间的流体压力[1]

另外，图 6.12 显示了插值过程的绝对误差传递，其中最大绝对误差为 22400Pa；图 6.13 显示了插值过程的相对误差传递，其中最大相对误差为 0.03。误差的计算方法与前面几章相同，首先将耦合面的流体压力插值传递到结构模型上得到结构压力，然后用同样的插值方法把耦合面的结构压力插值传递到流场网格模型的各个节点，比较流体压力插值结果和流体数值模拟结果，两者的差就是插值误差。

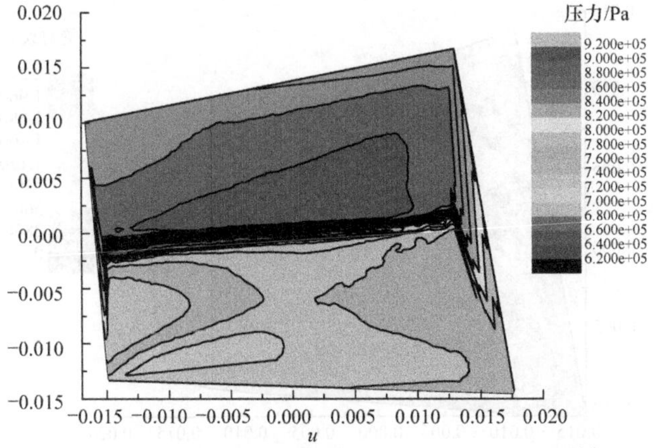

(a) 左半边

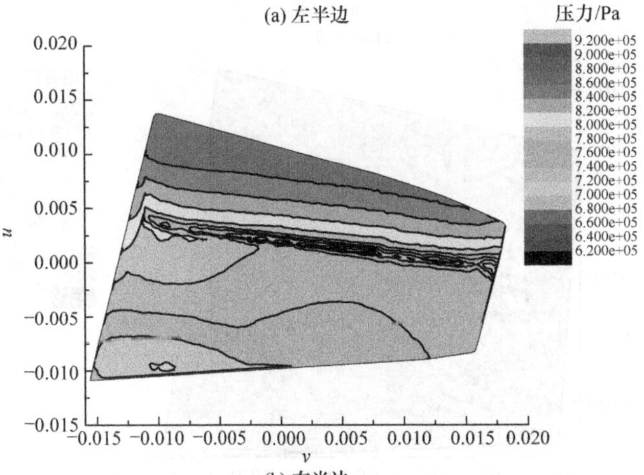

(b) 右半边

图 6.10　在平面参数空间的结构压力[1]

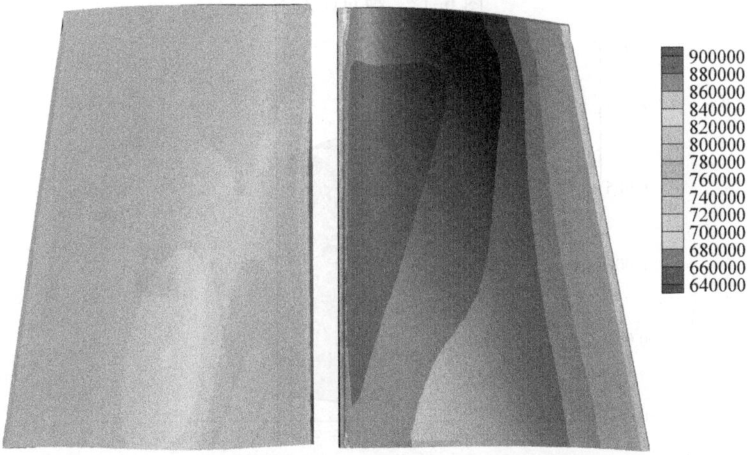

图 6.11　最终的结构模型压力插值结果(单位:Pa)

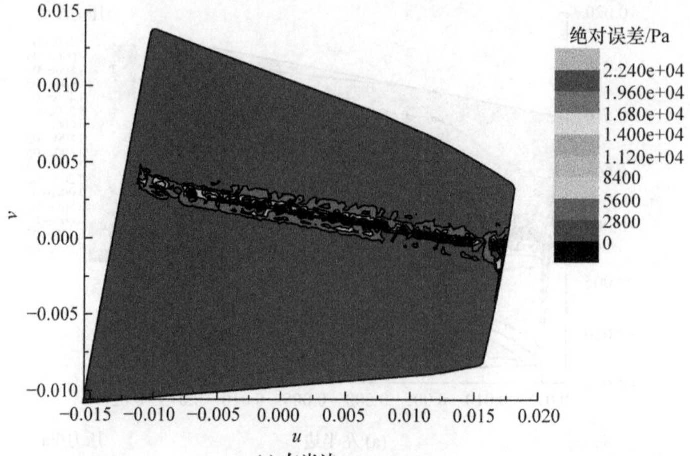

(a) 左半边

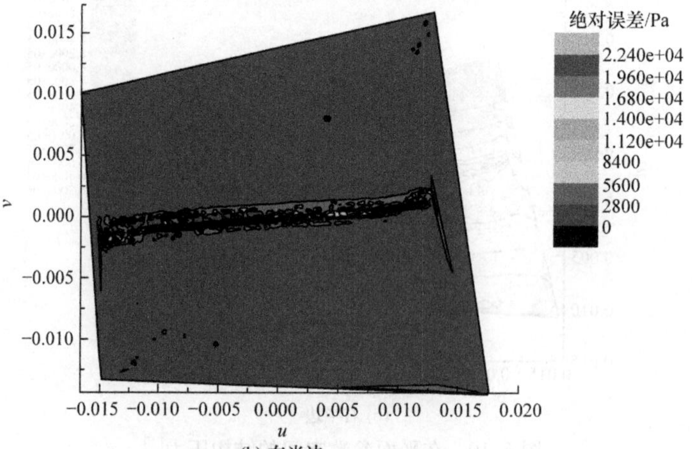

(b) 右半边

图 6.12　绝对误差[1]

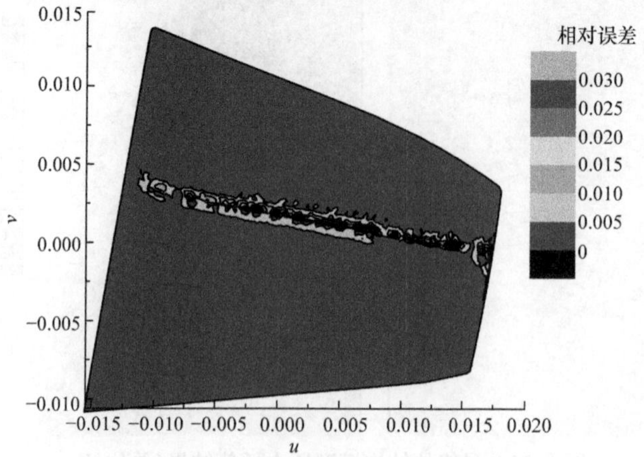

(a) 左半边

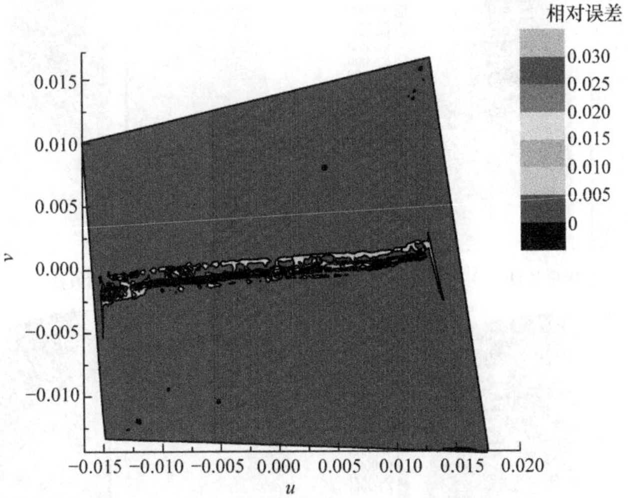

(b) 右半边

图 6.13 相对误差[1]

在图 6.6～图 6.10 中，ISOMAP 法无法很好地将叶片这样的环形耦合面展开，因此叶片的耦合面被平行于坐标平面 yOz 的平面分为左右两个部分。相应地，叶片耦合面节点分为左和右两组，分别对这两组节点进行 ISOMAP 降维投影和耦合数据插值。此外，发现 ISOMAP 法的计算效率不高，用了近 8 个小时才展开涡轮叶片的耦合面，因此需要有更好的方法实现耦合面的降维投影。

6.3.3 与现有插值方法的比较

为了比较基于 ISOMAP 的耦合面非线性降维插值方法（在图表中简称为 ISOMAP 降维插值法）与其他方法的优劣，本节采用最邻近插值法、局部多项式最小二乘插值法、投影插值法、径向基插值法和线性插值法对涡轮叶片的压力进行插值，结果如图 6.14 所示。表 6.1 给出了各种插值方法的压力传递误差。

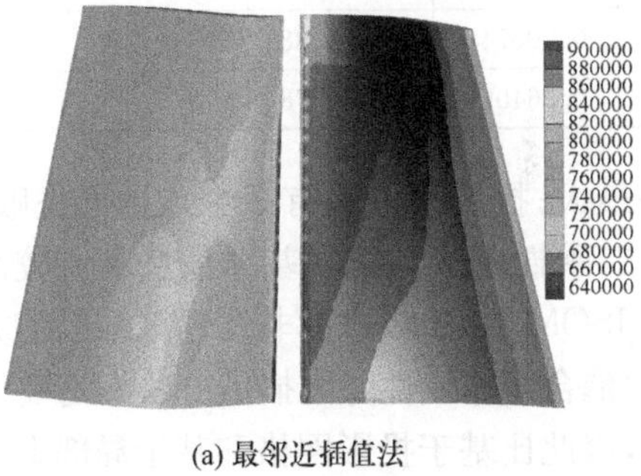

(a) 最邻近插值法

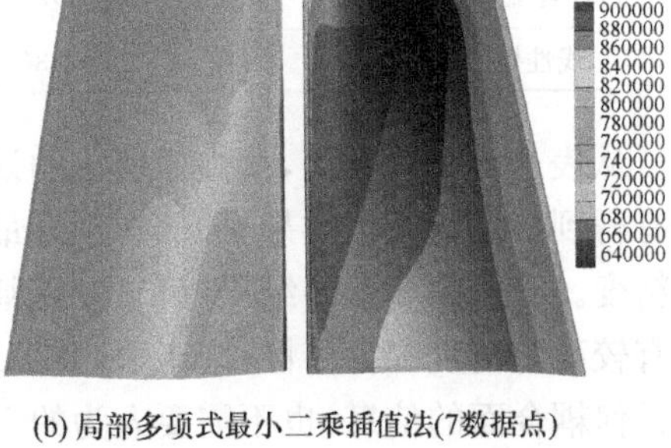

(b) 局部多项式最小二乘插值法(7数据点)

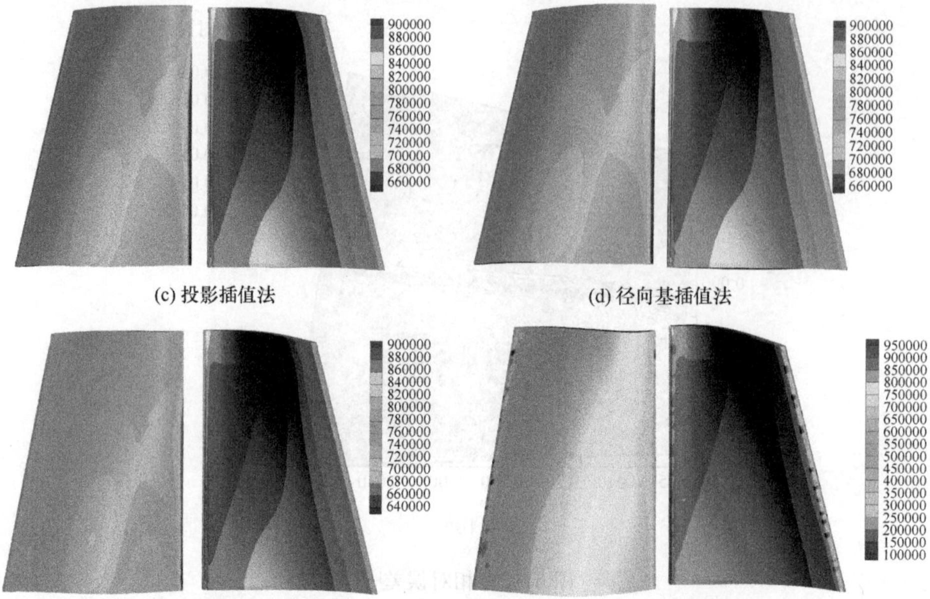

(c) 投影插值法　　(d) 径向基插值法

(e) ISOMAP降维插值法　　(f) 线性插值法

图 6.14　各种插值方法的压力传递结果比较(单位:Pa)

表 6.1　各种插值方法的压力传递误差

插值方法	绝对误差/Pa		相对误差		备注
	平均值	最大值	平均值	最大值	
最邻近插值法	1692.03	104257.9	0.002214	0.14977	—
局部多项式最小二乘插值法	575022.9	725000000	0.778255	938.0298	4 数据点
局部多项式最小二乘插值法	47263.17	73382949	0.063804	98.02755	5 数据点
局部多项式最小二乘插值法	696.2099	64095.4	0.000924	0.082926	6 数据点
局部多项式最小二乘插值法	610.4124	33991.08	0.000809	0.047743	7 数据点
投影插值法	853.6428	35256.08	0.001152	0.050136	有 3 个点插值失败
径向基插值法	572.7207	28011.19	0.000771	0.039737	—
ISOMAP 降维插值法	562.2366	22423.02	0.000748	0.029988	—
线性插值法	47489.08	73369645	0.064097	98.00978	—

从表 6.1 可以看出,线性插值法的误差最大;投影插值法有 3 个点插值失败,没有得到最终的插值结果;局部多项式最小二乘插值法和径向基插值法具有较高的精度。结合第 2 章的结果,可以发现基于 ISOMAP 的耦合面非线性降维插值方法有较高的精度和鲁棒性,基于 ISOMAP 的耦合面非线性降维插值方法不需要知道任何耦合面的信息,也不需要人为的干预,因此比基于投影网格和基于局部坐标的耦合面降维插值方法在投影上有更高的效率。如果能进一步解决 ISOMAP 法

无法展开环形耦合面和计算效率低的问题，该方法将更加实用。

图 6.15 和图 6.16 分别给出了各种插值法绝对误差和相对误差沿叶片弦向和展向的分布。从图中可以看出，各种插值法在前缘和后缘处误差都较大。因为在这些位置网格的非匹配程度、压力梯度、空间非线性都很大，所以插值误差较大。

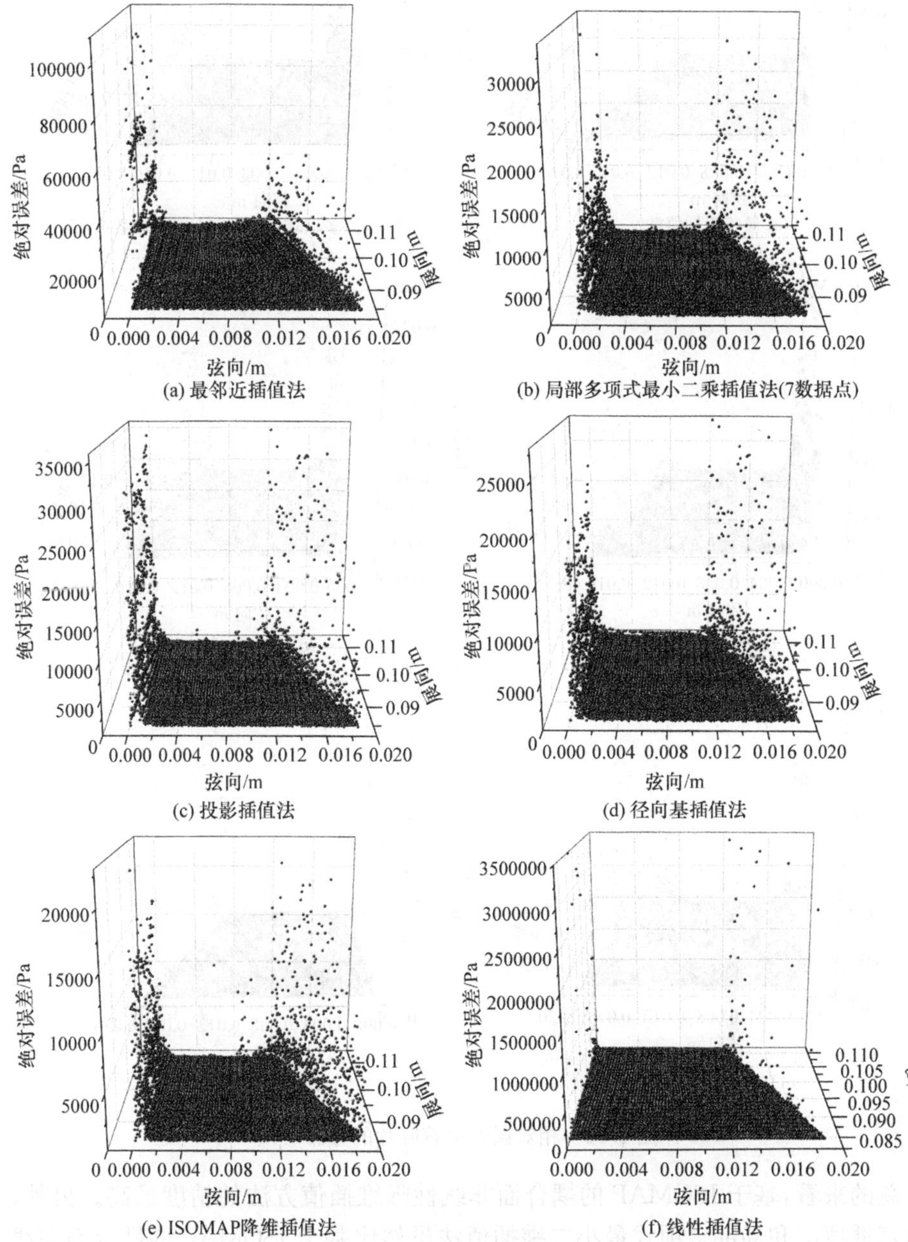

图 6.15　绝对误差沿着叶片的分布

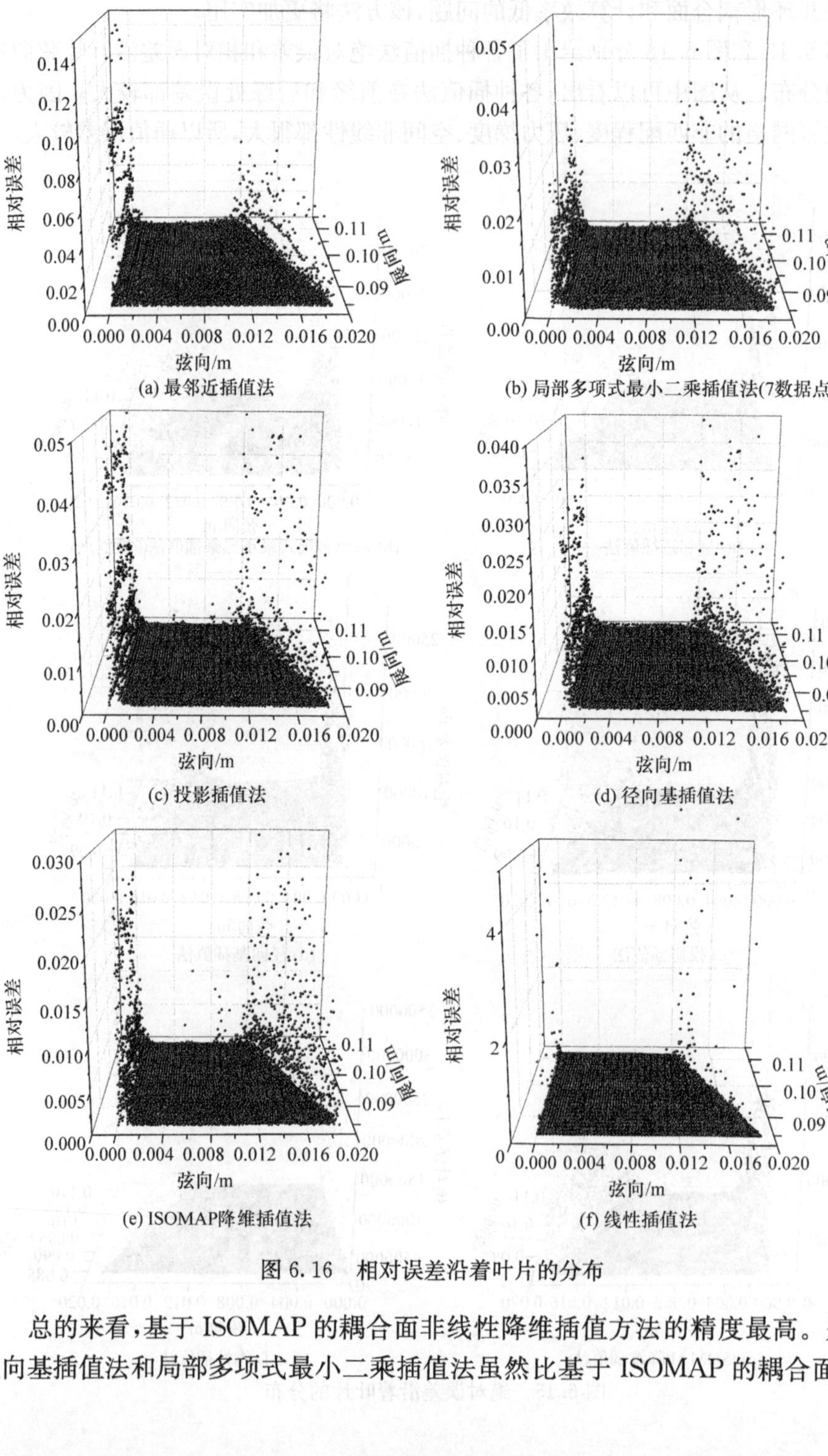

图 6.16　相对误差沿着叶片的分布

总的来看，基于 ISOMAP 的耦合面非线性降维插值方法的精度最高。另外，径向基插值法和局部多项式最小二乘插值法虽然比基于 ISOMAP 的耦合面非线性降维插值方法的误差大，但是结果也在可接受范围之内。

6.4 小　结

非线性降维（流形学习）的基本思想是根据高维流形（高维几何）上点与点之间的测地距离将高维流形展开。本书所讨论的三维空间耦合曲面降维投影的平面参数空间插值传递方法正好是一种降维问题，需要将三维空间的耦合面降维为二维平面。非线性降维理论与几何形状无关，降维过程不需要人为干预，可以自动计算点与点之间在高维空间的测地距离，因此可以实现三维空间非线性耦合面向二维平面的自动化投影。

本章基于 ISOMAP 建立了空间耦合面的降维投影插值方法，以解决耦合面和耦合数据的空间非线性与网格不匹配对流固耦合数据插值精度的影响。通过涡轮叶片压力传递的实例，将基于 ISOMAP 的耦合面非线性降维插值方法与最邻近插值法、局部多项式最小二乘插值法、投影插值法、径向基插值法和线性插值法进行了比较，可知基于 ISOMAP 的耦合面非线性降维插值方法有较高的精度和鲁棒性，且该方法比基于投影网格和基于局部坐标的耦合面降维插值方法更为简单、有效。

参考文献

[1] Li L Z，Zhan J，Zhao J L，et al. An enhanced 3D data transfer method for fluid-structure interface by ISOMAP nonlinear space dimension reduction[J]. Advances in Engineering Software，2015，83(C)：19-30.

[2] Tenenbaum J B，de Silva V，Langford J C. A global geometric framework for nonlinear dimensionality reduction[J]. Science，2000，290(5500)：2319-2323.

第7章 耦合面非线性降维方法比较

基于耦合面非线性降维投影的平面参数空间插值法是利用高维数据非线性降维(流形学习)的理论和方法展开空间流固耦合面,可消除耦合面空间非线性和网格不匹配对流固耦合数据插值传递精度的影响,提高流固耦合数据传递的精度和鲁棒性。

为了保证流固耦合数据在平面参数空间中插值传递的正确性,耦合面上任意两节点在降维投影到二维平面空间后它们之间的拓扑关系应当与在三维空间上一致。本章主要比较各种数据降维方法展开空间耦合面的能力、存在的缺陷和计算效率,为流固耦合面的降维投影选择最佳方案。

7.1 高维数据降维理论

自然界的数据和信息是无限的,在人类发展早期由于能力和知识的限制,人类自然进化出了过滤的技能,只对关乎生存的重要信息进行采集和使用,并对这些信息做出反应。在现代信息社会,人们对自然世界的观察越来越细致,被观测的数据也越来越庞大,任意一个学科领域的信息都以高维向量的形式存储在计算机中,如文本数据、图像数据、全球气象数据、人类基因图谱和人脸数据等,直接处理这些数据量众多的高维观测数据将产生“维数灾难”问题。然而,大部分高维观测数据都含有许多冗余的信息或者本次使用不到的信息。在剔除冗余或者不使用的信息后,数据的本征信息通常是低维的,因此,数据降维成为处理“维数灾难”问题的有效方法之一,其本质就是从研究对象的所有数据中选择需要的信息[1-21]。

数据降维的基本原理是把数据样本从高维数据空间通过线性或非线性降维方法投影到低维嵌入空间,从而找出隐藏在高维观测数据中有意义的低维结构。传统的数据降维方法是线性的,如主成分分析(PCA)法[7]、多维尺度分析法[15]、局部保持映射(locality preserving projections,LPP)法等,这些方法假设数据样本具有全局线性结构,即构成数据样本的各变量之间独立、无关,可以用欧氏空间作为数据样本存储的几何空间,并使用欧氏距离作为样本相似性和相关性的度量标准。线性数据降维方法计算简单,易于理解,延展性能好,已经在实际中得到了广泛应用。然而,现实中很多数据的内在关系都是非线性的,各变量之间具有强相关性,不能满足全局线性或近似线性的假设,因此这些数据已经超出了线性降维方法的能力范围。

为了有效地处理高度相关的非线性数据，人们展开了对于非线性降维方法的研究。最初的非线性降维方法有 Sammon 映射[20]、自组织特征映射(SOFM)[16]等。后来出现一类基于核函数的非线性降维方法，如核主成分分析(KPCA)[7]、核独立成分分析(KICA)[7]等，这类核函数的非线性降维方法的关键是如何选择合适的核函数。随着神经生理学的发展，研究者提出了基于流形学习(manifold learning)的非线性降维方法，如等距映射(ISOMAP)[1]、局部线性嵌入(LLE)[2]、局部切空间排列(LTSA)[12]等，认为高维数据中存在低维的线性或非线性流形且有意义的数据信息就存储在该流形上。由于流形学习更能体现事物的本质，近年来被广泛地研究并用于人脸识别、图像检索等领域。

总的来说，无论高维数据降维方法是线性的还是非线性的，其本质都是从高维空间的数据中挖掘低维结构特征。耦合面是存在于三维空间中的一个面，但其本质是一个二维空间中的流形，三维空间耦合面向二维平面投影的过程也是一种降维过程。当耦合面是空间曲面时，这种降维过程也是非线性的。由此可知，高维数据非线性降维理论和方法非常适合三维空间耦合面向二维平面的投影过程，高维数据的非线性降维有着完整的理论体系且其方法正在不断发展，另外高维数据非线性降维理论能够解释耦合数据空间非线性对插值精度的影响，因此研究非线性降维在流固耦合数据插值中的应用有着重要的意义。

7.2　线性降维方法

7.2.1　主成分分析法

主成分分析法是最早提出且最为经典的一种线性降维方法，广泛应用于图像处理、数据压缩和模式识别等领域[7]。主成分分析法认为方差越大的数据提供的特征信息越多，它将高维数据样本投影到方差最大的方向上，尽可能地保留最为有用和最为完整的特征信息(图 7.1)。

主成分分析法通过计算高维(D 维)数据样本的总体协方差矩阵，将该矩阵特征分解后取 t 个(t 为低维嵌入空间的维数)最大特征值对应的特征向量作为低维嵌入空间的一组标准正交投影矢量，用这组投影矢量对高维数据样本进行重构得到高维数据的低维表示。假设有 n 个 D 维数据 $\boldsymbol{X}^D=\{\vec{x}_1,\vec{x}_2,\cdots,\vec{x}_n\}$，求其在 $t(t<D)$ 维空间的低维表示 $\boldsymbol{Y}^t=\{\vec{y}_1,\vec{y}_2,\cdots,\vec{y}_i,\cdots,\vec{y}_n\}$，$\vec{y}_i$ 是低维坐标，则主成分分析法的具体步骤如下。

(1) 计算高维数据样本的均值：

$$\bar{\vec{x}}=\frac{1}{n}\sum_{i=1}^{n}\vec{x}_i \tag{7.1}$$

式中，$\bar{\vec{x}}$ 是样本点 $\vec{x}_i$ 的样本的均值；$\vec{x}_i$ 是高维坐标。

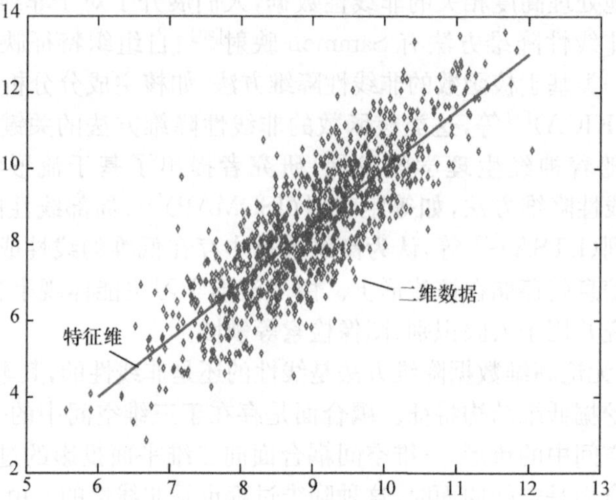

图 7.1　主成分分析法

(2) 计算高维数据样本的总体协方差矩阵：

$$\boldsymbol{C}=\frac{1}{n}\sum_{i=1}^{n}(\vec{x}_i-\vec{\bar{x}})(\vec{x}_i-\vec{\bar{x}})^{\mathrm{T}} \tag{7.2}$$

式中，$\boldsymbol{C}$ 是协方差矩阵。

(3) 对总体协方差矩阵进行特征分解，对其特征值按降序排序，取前 t 个最大特征值对应的特征向量为 $\boldsymbol{W}=[\vec{w}_1,\vec{w}_2,\cdots,\vec{w}_d]$。其中，$\boldsymbol{W}$ 为重构矩阵且满足 $\boldsymbol{WW}^{\mathrm{T}}=\boldsymbol{I}$，为正交矩阵。

(4) 通过重构矩阵对高维数据样本进行重构：

$$\vec{y}_i=\boldsymbol{W}^{\mathrm{T}}(\vec{x}_i-\vec{\bar{x}}) \tag{7.3}$$

主成分分析法是在全局线性的假设下处理数据，它可以很好地找出具有线性结构的高维数据样本的低维表示(图 7.1)。但是对于非线性结构的高维数据样本，主成分分析法无法揭示其低维的内在几何结构。

7.2.2　线性局部切空间排列法

线性局部切空间排列(linear local tangent space alignment，LLTSA)法先通过获得高维数据样本中每个数据点的邻域切空间作为流形的局部几何特征，然后通过线性映射得到它们在低维空间的投影，最后构建排列矩阵将求解总体低维嵌入坐标的问题转化为求解矩阵的特征值和特征向量的问题[12]。

假设有 n 个 D 维数据 $\boldsymbol{X}^D=\{\vec{x}_1,\vec{x}_2,\cdots,\vec{x}_n\}$，求其在 $t(t<D)$ 维空间的低维表示 $\boldsymbol{Y}^t=\{\vec{y}_1,\vec{y}_2,\cdots,\vec{y}_n\}$，则线性局部切空间排列法的具体步骤如下。

(1) 主成分分析法投影。将高维数据样本投影到主成分分析法的子空间以克服矩阵的奇异性，设高维数据样本向低维转化的主成分分析法的转换矩阵为 $\boldsymbol{A}_{\mathrm{PCA}}$。

（2）确定每个样本数据的邻域。利用 K-邻域法选取距离样本数据最近的 k 个邻域点，假设任意一个样本数据 $\vec{x}_i$ 的邻域为 $\boldsymbol{X}_i=\{\vec{x}_{ij},j=1,2,\cdots,k\}$，$\vec{x}_{ij}$ 为 $\vec{x}_i$ 的第 j 个邻域节点。

（3）提取局部信息。用样本数据点 $\vec{x}_i$ 的切空间计算其局部线性近似，可得

$$\min_{x,\boldsymbol{\Theta},Q}\sum_{j=1}^{k}\|\vec{x}_{ij}-(\vec{\bar{x}}_i+\boldsymbol{Q}_i\vec{\theta}_j)\|_2^2=\min_{\boldsymbol{\Theta},Q}\|\boldsymbol{X}_i\boldsymbol{H}_k-\boldsymbol{Q}_i\boldsymbol{\Theta}_i\|_2^2 \tag{7.4}$$

式中，$\vec{\bar{x}}_i$ 是 $\vec{x}_i$ 邻域节点均向量；$\boldsymbol{H}_k=\boldsymbol{I}-\boldsymbol{e}\boldsymbol{e}^{\mathrm{T}}/k$ 为 k 维中心化矩阵；$\boldsymbol{Q}_i$ 是切空间中的一组正交基；$\boldsymbol{\Theta}_i=[\vec{\theta}_1,\vec{\theta}_2,\cdots,\vec{\theta}_k]$是 i 节点对应于正交基 $\boldsymbol{Q}_i$ 的局部坐标向量矩阵。

计算矩阵 $\boldsymbol{X}_i\boldsymbol{H}_k$ 的 t 个最大右奇异值对应的右奇异向量，由这些右奇异向量构建的矩阵为 $\boldsymbol{V}_i$，并设 $\boldsymbol{W}_i=\boldsymbol{H}_k(\boldsymbol{I}-\boldsymbol{V}_i\boldsymbol{V}_i^{\mathrm{T}})$。

（4）求解低维嵌入坐标。设任意一个低维嵌入坐标点 $\vec{y}_i$ 的邻域为 $\boldsymbol{Y}_i=\{\vec{y}_{ij},j=1,2,\cdots,k\}$，则可以构建低维空间的总体嵌入坐标 $\boldsymbol{Y}_i\boldsymbol{H}_k=\boldsymbol{L}_i\boldsymbol{\Theta}_i+\boldsymbol{E}_i$。通过最小化重构误差(式(7.5))可以求得总体低维嵌入坐标：

$$\min_{\boldsymbol{Y}_i,\boldsymbol{L}_i}\sum_i\|\boldsymbol{E}_i\|_2^2=\min_{\boldsymbol{Y}_i,\boldsymbol{L}_i}\sum_i\|\boldsymbol{Y}_i\boldsymbol{H}_k-\boldsymbol{L}_i\boldsymbol{\Theta}_i\|_2^2 \tag{7.5}$$

式中，$\boldsymbol{E}_i$ 是重构误差；$\boldsymbol{L}_i$ 是需要求解的局部仿射变换矩阵。

通过数学变换可以将式(7.5)转化为式(7.6)，将求最小化重构误差问题变成求解矩阵特征值和特征向量的问题：

$$\boldsymbol{X}\boldsymbol{H}_n\boldsymbol{B}\boldsymbol{H}_n\boldsymbol{X}^{\mathrm{T}}\boldsymbol{\alpha}=\boldsymbol{\lambda}\boldsymbol{X}\boldsymbol{H}_n\boldsymbol{X}^{\mathrm{T}}\boldsymbol{\alpha} \tag{7.6}$$

式中，$\boldsymbol{B}=\boldsymbol{S}\boldsymbol{W}\boldsymbol{W}^{\mathrm{T}}\boldsymbol{S}^{\mathrm{T}}$，$\boldsymbol{S}=[\boldsymbol{S}_1,\boldsymbol{S}_2,\cdots,\boldsymbol{S}_n]$，$\boldsymbol{S}_i$ 为 0～1 的选择矩阵，$\boldsymbol{W}=\mathrm{diag}(\boldsymbol{W}_1,\boldsymbol{W}_2,\cdots,\boldsymbol{W}_n)$为权矩阵；$\boldsymbol{\lambda}=\mathrm{diag}(\lambda_1,\lambda_2,\cdots,\lambda_n)$为特征值。

令 $\boldsymbol{Y}_i=\boldsymbol{Y}\boldsymbol{S}_i$，用式(7.6)求得前 t 个特征值($\lambda_1<\lambda_2<\cdots<\lambda_t$)对应的特征向量为 $\boldsymbol{\alpha}=[\vec{\alpha}_1,\vec{\alpha}_2,\cdots,\vec{\alpha}_t]$，这组特征向量是线性局部切空间排列法的转换矩阵 $\boldsymbol{A}_{\mathrm{LLTSA}}=\boldsymbol{\alpha}=[\vec{\alpha}_1,\vec{\alpha}_2,\cdots,\vec{\alpha}_t]$，则最终的转换矩阵 $\boldsymbol{A}=\boldsymbol{A}_{\mathrm{PCA}}\boldsymbol{A}_{\mathrm{LLTSA}}$。

（5）求得高维数据样本的低维嵌入坐标为

$$\boldsymbol{Y}=\boldsymbol{A}^{\mathrm{T}}\boldsymbol{X}\boldsymbol{H}_n \tag{7.7}$$

7.2.3　局部保留投影法

局部保留投影法是拉普拉斯特征映射(Laplacian eigenmaps，LE)法线性近似的一种数据降维方法，它和线性局部切空间排列法一样可以通过求解转换矩阵来实现高维数据样本到低维嵌入空间的投影。局部保留投影法的计算过程与拉普拉斯特征映射法一样：首先构建邻域图，然后选择权值，利用拉普拉斯矩阵求解转换矩阵，最后通过转换矩阵求得高维数据样本的低维表示。

假设有 n 个 D 维数据 $\boldsymbol{X}^D=\{\vec{x}_1,\vec{x}_2,\cdots,\vec{x}_n\}$，求其在 $t(t<D)$维空间的低维表

示 $\boldsymbol{Y}^t=\{\vec{y}_1,\vec{y}_2,\cdots,\vec{y}_n\}$，则局部保留投影法的具体步骤如下。

(1) 构建邻域图。用 ε-邻域法或 K-邻域法选取每个样本数据的邻域点，并用一条边将它们连接。

(2) 选择权值。权值的选择有以下两种方法。

① 若点 i 和点 j 相邻，则 $W_{ij}=1$，否则 $W_{ij}=0$；

② 若点 i 和点 j 相邻，则 $W_{ij}=\exp\left(-\frac{\|\vec{x}_i-\vec{x}_j\|^2}{\sigma}\right)$，否则 $W_{ij}=0$。

其中，W_{ij} 是 $\vec{x}_i$ 与周围节点 $\vec{x}_j$ 相邻关系的权函数；exp(·)是 e 的指数；σ 为核带宽。

(3) 计算特征映射。计算下面的特征值和特征向量问题：

$$\boldsymbol{XLX}^{\mathrm{T}}\boldsymbol{\alpha}=\boldsymbol{\lambda XDX}^{\mathrm{T}}\boldsymbol{\alpha} \tag{7.8}$$

式中，$\boldsymbol{D}=\mathrm{diag}(D_{11},D_{22},\cdots,D_{m})$ 为对角矩阵；$D_{ii}=\sum_j W_{ij}$；$\boldsymbol{L}=\boldsymbol{D}-\boldsymbol{W}$ 是拉普拉斯矩阵；$\boldsymbol{\lambda}=\mathrm{diag}(\lambda_1,\lambda_2,\cdots,\lambda_n)$ 为特征值；$\boldsymbol{\alpha}=[\vec{\alpha}_1,\vec{\alpha}_2,\cdots,\vec{\alpha}_n]$ 为特征向量。

用式(7.8)求得 $\boldsymbol{\lambda}$ 的前 t 个特征值($\lambda_1<\lambda_2<\cdots<\lambda_t$)和对应的特征向量 $\boldsymbol{\alpha}=[\vec{\alpha}_1,\vec{\alpha}_2,\cdots,\vec{\alpha}_t]$，这组特征向量是局部保留投影法所求的转换矩阵 $\boldsymbol{A}=\boldsymbol{\alpha}$。

(4) 求得高维数据样本的低维嵌入坐标为

$$\boldsymbol{Y}=\boldsymbol{A}^{\mathrm{T}}\boldsymbol{X} \tag{7.9}$$

7.2.4 邻域保持嵌入法

邻域保持嵌入(neighborhood preserving embedding，NPE)法可以看作局部线性嵌入的线性近似数据降维方法，同样是通过求解转换矩阵来实现高维数据样本到低维嵌入空间的投影。

假设有 n 个 D 维数据 $\boldsymbol{X}^D=\{\vec{x}_1,\vec{x}_2,\cdots,\vec{x}_n\}$，求其在 $t(t<D)$ 维空间的低维表示 $\boldsymbol{Y}^t=\{\vec{y}_1,\vec{y}_2,\cdots,\vec{y}_n\}$，则邻域保持嵌入法的具体步骤如下。

(1) 建立邻域图。用 ε-邻域法或 K-邻域法选取每个样本数据的邻域点，并用一条边将它们连接。

(2) 计算权值。通过邻域对每个数据样本进行重构，$\vec{x}_i=\sum_j w_{ij}\vec{x}_j$。通过最小化误差函数 $\varepsilon=\sum_j\left|x_i-\sum_j w_{ij}x_j\right|^2$ 求得所有的相邻关系权值 w_{ij} 和权值矩阵 $\boldsymbol{W}=\{w_{ij}\},i,j=1,2,\cdots,k$。

(3) 计算特征映射。用式(7.10)计算特征值和特征向量：

$$\boldsymbol{XMX}^{\mathrm{T}}\boldsymbol{\alpha}=\boldsymbol{\lambda XX}^{\mathrm{T}}\boldsymbol{\alpha} \tag{7.10}$$

式中，$\boldsymbol{M}=(\boldsymbol{I}-\boldsymbol{W})^{\mathrm{T}}(\boldsymbol{I}-\boldsymbol{W})$是一个对称矩阵，$\boldsymbol{I}$ 是单位向量；$\boldsymbol{\lambda}=\mathrm{diag}(\lambda_1,\lambda_2,\cdots,\lambda_n)$是特征值；$\boldsymbol{\alpha}=[\vec{\alpha}_1,\vec{\alpha}_2,\cdots,\vec{\alpha}_n]$是特征向量。

该过程与局部保留投影法相似，利用式(7.10)求得 $\boldsymbol{\lambda}$ 的前 t 个特征值($\lambda_1<$

$\lambda_2 < \cdots < \lambda_t$)对应的特征向量 $\boldsymbol{\alpha}=[\vec{\alpha}_1,\vec{\alpha}_2,\cdots,\vec{\alpha}_t]$,组成转换矩阵 $\boldsymbol{A}=\boldsymbol{\alpha}$。

(4) 求高维数据样本的低维嵌入坐标为

$$\boldsymbol{Y}=\boldsymbol{A}^{\mathrm{T}}\boldsymbol{X} \tag{7.11}$$

7.2.5 多维尺度分析法

多维尺度分析法的基本思想是通过保留高维数据的相似性或差异性来获得高维数据的低维表示,即寻找一组低维数据使得它们的相似性或差异性与高维数据一致[15]。如果给定的差异度量是欧氏距离,则多维尺度分析得到的低维表示与主成分分析法相同。

假设有 n 个 D 维数据 $\boldsymbol{X}^D=\{\vec{x}_1,\vec{x}_2,\cdots,\vec{x}_n\}$,求其在 $t(t<D)$ 维空间的低维表示 $\boldsymbol{Y}^t=\{\vec{y}_1,\vec{y}_2,\cdots,\vec{y}_n\}$。$x_i$ 与 x_j 之间的欧氏距离为 $d_{ij}=|\vec{x}_i-\vec{x}_j|,i,j=1,2,\cdots,n$。为了使高维数据样本的低维表示与坐标轴对齐并使低维表示的中心与原点重合,这里假设原始数据已经被中心化,即 $\sum_{i=1}^{N}\vec{x}_i=0$,则 x_i 与 x_j 之间的欧氏距离的平方矩阵 $\boldsymbol{D}$ 可表示为

$$\boldsymbol{D}=\{d_{ij}^2,i,j=1,2,\cdots,n\}=\boldsymbol{B}\boldsymbol{e}^{\mathrm{T}}-2\boldsymbol{X}^{\mathrm{T}}\boldsymbol{X}+\boldsymbol{e}\boldsymbol{B}^{\mathrm{T}} \tag{7.12}$$

式中,$d_{ij}=|\vec{x}_i-\vec{x}_j|$ 为 x_i 与 x_j 之间的欧氏距离;$\boldsymbol{B}=[|\vec{x}_1|^2,|\vec{x}_2|^2,\cdots,|\vec{x}_N|^2]^{\mathrm{T}}$;$\boldsymbol{e}$ 为元素全为 1 的 N 维矩阵。

令 $\boldsymbol{H}=\boldsymbol{I}-\boldsymbol{e}\boldsymbol{e}^{\mathrm{T}}/\boldsymbol{N}$ 为中心化矩阵,则有

$$\boldsymbol{C}=-\frac{\boldsymbol{HDH}}{2}=\boldsymbol{X}^{\mathrm{T}}\boldsymbol{X} \tag{7.13}$$

对 $\boldsymbol{C}$ 进行特征分解:

$$\boldsymbol{C}=\boldsymbol{U}\mathrm{diag}(\lambda_1,\lambda_2,\cdots,\lambda_N)\boldsymbol{U}^{\mathrm{T}} \tag{7.14}$$

取前 t 个特征值和对应的特征向量,得到 $\boldsymbol{X}$ 的低维表示 $\boldsymbol{Y}$ 为

$$\boldsymbol{Y}=\mathrm{diag}(\sqrt{\lambda_1},\sqrt{\lambda_2},\cdots,\sqrt{\lambda_N})[\vec{U}_1,\vec{U}_2,\cdots,\vec{U}_t]^{\mathrm{T}} \tag{7.15}$$

式中,$\boldsymbol{\lambda}=\mathrm{diag}(\lambda_1,\lambda_2,\cdots,\lambda_N)$ 为 $\boldsymbol{C}$ 的特征值,$\lambda_1\geqslant\lambda_2\geqslant\cdots\geqslant\lambda_N\geqslant 0$;$\boldsymbol{U}=[\vec{U}_1,\vec{U}_2,\cdots,\vec{U}_N]$ 为 $\lambda_1,\lambda_2,\cdots,\lambda_N$ 对应的特征向量。

7.3 非线性降维方法

7.3.1 随机距离嵌入法

随机距离嵌入(stochastic proximity embedding,SPE)法是一种自组织算法[13]。随机距离嵌入法通过初始化高维数据样本的低维嵌入坐标,计算任意两个数据点之间在低维空间的欧氏距离,不断修正两个数据点在低维空间的坐标使该

欧氏距离逼近这两个点在高维数据的距离。

假设有 n 个 D 维数据 $\boldsymbol{X}^D=\{\vec{x}_1,\vec{x}_2,\cdots,\vec{x}_n\}$，求其在 $t(t<D)$ 维空间的低维表示 $\boldsymbol{Y}^t=\{\vec{y}_1,\vec{y}_2,\cdots,\vec{y}_n\}$，$\vec{x}_i$ 与 $\vec{x}_j$ 之间的距离为 $r_{ij}=|\vec{x}_i-\vec{x}_j|$，$\vec{y}_i$ 与 $\vec{y}_j$ 之间的欧氏距离为 $d_{ij}=|\vec{y}_i-\vec{y}_j|$。随机距离嵌入法的具体步骤如下。

(1) 初始化高维数据样本的低维嵌入 $\boldsymbol{Y}$，选择一个门限距离 r_c 和学习率 $\lambda>0$。

(2) 随机选择两个点，假设其位置为 i 和 j，检索(或估计)出它们在高维空间的欧氏距离 r_{ij} 以及对应低维嵌入的欧氏距离 d_{ij}。

(3) 更新低维坐标。

① 如果 $r_{ij}\leqslant r_c$ 或者 $r_{ij}\geqslant r_c$ 且 $d_{ij}\leqslant r_{ij}$，则更新低维坐标：

$$\begin{cases}\vec{y}_i'=\vec{y}_i+\dfrac{\lambda}{2}\dfrac{r_{ij}-d_{ij}}{d_{ij}+\varepsilon}(\vec{y}_i-\vec{y}_j)\\[2ex] \vec{y}_j'=\vec{y}_j+\dfrac{\lambda}{2}\dfrac{r_{ij}-d_{ij}}{d_{ij}+\varepsilon}(\vec{y}_j-\vec{y}_i)\end{cases} \tag{7.16}$$

式中，$\vec{y}_i'$和 $\vec{y}_j'$为点 i 和点 j 在低维空间的新坐标；ε 是一个很小的正数，用来避免分母为零的情况。

② 如果 $r_{ij}>r_c$ 且 $d_{ij}\geqslant r_{ij}$，则该低维嵌入坐标不更新。

(4) 不断重复步骤(3)，直到迭代次数等于预定值 S。

(5) 不断重复步骤(3)和步骤(4)，直到迭代次数达到或者超过预定值 S。

7.3.2 核主成分分析法

核主成分分析法是在主成分分析的基础上引入核函数的一种非线性数据降维方法，它把高维数据样本非线性映射到一个特征空间，在该特征空间进行主成分分析[7]。核主成分分析通过引入核函数把映射的内积运算转换为核函数的求解，而不需要求出非线性映射的显式表达。

假设有 n 个 D 维数据 $\boldsymbol{X}^D=\{\vec{x}_1,\vec{x}_2,\cdots,\vec{x}_n\}$，求其在 $t(t<D)$ 维空间的低维表示 $\boldsymbol{Y}^t=\{\vec{y}_1,\vec{y}_2,\cdots,\vec{y}_n\}$，则核主成分分析法的具体步骤如下。

(1) 定义核函数。计算核矩阵 $K_{ij}=\boldsymbol{K}(\vec{x}_i,\vec{x}_j)$，$i,j=1,2,\cdots,n$。该核矩阵 $\boldsymbol{K}$ 可以采用不同形式表示数据点之间的相似关系，例如，采用点 i 与点 j 之间的距离核 $K_{ij}=|\vec{x}_i-\vec{x}_j|$或高斯核函数 $\boldsymbol{K}(\vec{x}_i,\vec{x}_j)=\exp\left(-\dfrac{\|\vec{x}_i-\vec{x}_j\|^2}{\sigma}\right)$，其中 $\exp(\cdot)$表示 e 的指数。

(2) 核矩阵中心化。令 $\boldsymbol{H}=\boldsymbol{I}-\boldsymbol{e}\boldsymbol{e}^{\mathrm{T}}/n$ 为中心化矩阵，则有

$$\boldsymbol{B}=-\frac{1}{2}\boldsymbol{HKH} \tag{7.17}$$

式中，$\boldsymbol{B}$ 是中心化的核矩阵。

(3) 求特征向量。求核函矩阵 $\boldsymbol{B}$ 的 t 个最大特征值($\lambda_1<\lambda_2<\cdots<\lambda_t$)及对应的特征向量 $\vec{u}_1,\vec{u}_2,\cdots,\vec{u}_t$。

(4) 求解如下线性系数：

$$\vec{\alpha}_m=\frac{1}{\sqrt{\lambda_m}}\vec{u}_m \tag{7.18}$$

式中，$m=1,2,\cdots,t$；$\vec{\alpha}_m$ 是归一化的特征向量。

(5) 求低维坐标。高维数据样本 X 的低维嵌入坐标为

$$\boldsymbol{Y}=\left[\sum_{i=1}^{n}\alpha_{1i}\boldsymbol{K}(\vec{x}_i,\vec{x}),\sum_{i=1}^{n}\alpha_{2i}\boldsymbol{K}(\vec{x}_i,\vec{x}),\cdots,\sum_{i=1}^{n}\alpha_{ti}\boldsymbol{K}(\vec{x}_i,\vec{x})\right] \tag{7.19}$$

式中，α_{1i}表示$\vec{\alpha}_1$ 的第 i 个分量。

7.3.3 扩散映射法

扩散映射(diffusion maps，DM)法是用样本数据构建图上的扩散过程，通过核矩阵的特征分解得到样本的低维表示[6]。

假设有 n 个 D 维数据 $\boldsymbol{X}^D=\{\vec{x}_1,\vec{x}_2,\cdots,\vec{x}_n\}$，求其在 $t(t<D)$维空间的低维表示 $\boldsymbol{Y}^t=\{\vec{y}_1,\vec{y}_2,\cdots,\vec{y}_n\}$，则扩散映射法的具体步骤如下。

(1) 构建邻近图。若 $\vec{x}_i$ 与 $\vec{x}_j$ 是近邻点，则将 $\vec{x}_i$ 与 $\vec{x}_j$ 之间赋一条边。边反映点与点之间的局部关系，一般用 $\vec{x}_i$ 与 $\vec{x}_j$ 之间的欧氏距离 $d_{ij}=|\vec{x}_i-\vec{x}_j|$来度量。

(2) 构建权矩阵 $\boldsymbol{K}$。权矩阵 $\boldsymbol{K}$ 的元素 $K_{i,j}$ 或 $\boldsymbol{K}(\vec{x}_i-\vec{x}_j)$反映样本点 $\vec{x}_i$ 与 $\vec{x}_j$ 之间的相似程度。一般采用高斯核函数定义为

$$K_{ij}(\vec{x}_i,\vec{x}_j)=\exp\left(-\frac{\|\vec{x}_i-\vec{x}_j\|^2}{\sigma}\right) \tag{7.20}$$

式中，σ 为高斯核的方差；$\exp(\cdot)$表示 e 的指数；K_{ij} 为核函数的权值，权值越大，数据点之间的相似程度越高。

(3) 构建归一化核矩阵：

$$K_{ij}^{(a)}(\vec{x}_i,\vec{x}_j)=\frac{K_{ij}}{(K_iK_j)^{1/2}} \tag{7.21}$$

式中，$K_i=\sum_{j}^{n}K_{ij}$ 表示$\vec{x}_i$ 与其他各点的权值之和；$K_j=\sum_{i}^{n}K_{ij}$ 表示$\vec{x}_j$ 与其他各点的权值之和。

(4) 对矩阵 $\boldsymbol{K}^{(a)}$进行特征分解，可得

$$\boldsymbol{K}^{(a)}=\boldsymbol{U}\mathrm{diag}(\lambda_1,\lambda_2,\cdots,\lambda_n)\boldsymbol{U}^{\mathrm{T}} \tag{7.22}$$

若矩阵 $\boldsymbol{K}^{(a)}$ 的特征值 $\lambda_1\geqslant\lambda_2\geqslant\cdots\geqslant\lambda_n\geqslant0$，则对应的特征向量为 $\boldsymbol{U}=[\vec{U}_1,\vec{U}_2,\cdots,\vec{U}_n]$，取前 t 个特征值和对应的特征向量。

(5) 求低维坐标。$\boldsymbol{X}$ 的低维表示 $\boldsymbol{Y}$ 为

$$\boldsymbol{Y}=\mathrm{diag}(\sqrt{\lambda_1},\sqrt{\lambda_2},\cdots,\sqrt{\lambda_2})[\vec{U}_1,\vec{U}_2,\cdots,\vec{U}_t]^{\mathrm{T}} \tag{7.23}$$

7.3.4 拉普拉斯特征映射法

拉普拉斯特征映射（LE）法的基本思想是在高维空间中离得很近的点映射到低维空间后也应该很近[8]。拉普拉斯特征映射法的核心是少量局部计算和一个稀疏特征值问题，计算很简单。

假设有 n 个 D 维数据 $\boldsymbol{X}^D=\{\vec{x}_1,\vec{x}_2,\cdots,\vec{x}_n\}$，求其在 $t(t<D)$ 维空间的低维表示为 $\boldsymbol{Y}^t=\{\vec{y}_1,\vec{y}_2,\cdots,\vec{y}_n\}$，则拉普拉斯特征映射法的具体步骤如下。

(1) 构造邻域图。利用 ε-邻域或 K-邻域选择每个样本点 $\vec{x}_i$ 的邻域点并将两个相邻点连接。

(2) 选择权值。权值的选择有以下两种方法。

① 相邻点 i 和点 j 相邻，则 $W_{ij}=1$，否则 $W_{ij}=0$；

② 相邻点 i 和点 j 相邻，则 $W_{ij}=\mathrm{e}^{-\frac{\|\vec{x}_i-\vec{x}_j\|^2}{\sigma}}$，否则 $W_{ij}=0$。其中，σ 为核带宽。

(3) 特征映射。计算特征值和特征向量：

$$\boldsymbol{L}\vec{y}=\boldsymbol{\lambda}\boldsymbol{D}\vec{y} \tag{7.24}$$

式中，$\boldsymbol{D}$ 为对角矩阵；$\boldsymbol{D}_{ii}=\sum_i W_{ij}$，$W_{ij}$ 为权函数矩阵 $\boldsymbol{W}$ 的第 (i,j) 个元素，是样本点 $\vec{x}_i$ 与 $\vec{x}_j$ 关系的权值；$\boldsymbol{L}=\boldsymbol{D}-\boldsymbol{W}$ 为拉普拉斯矩阵；$\boldsymbol{\lambda}=\mathrm{diag}(\lambda_1,\lambda_2,\cdots,\lambda_n)$ 为特征值。

取出 $t+1$ 个最小的特征值 λ_i，去掉近似为 0 的一个特征值，剩下 t 个特征值所对应的特征向量即样本的低维坐标。

(4) 求低维坐标。$\boldsymbol{X}$ 的低维表示 $\boldsymbol{Y}$ 为

$$\boldsymbol{Y}=\mathrm{diag}(\sqrt{\lambda_1},\sqrt{\lambda_2},\cdots,\sqrt{\lambda_t})[\vec{U}_1,\vec{U}_2,\cdots,\vec{U}_t]^{\mathrm{T}} \tag{7.25}$$

7.3.5 等距映射法

等距映射法是 Tenenbaum 等提出的一种基于多维尺度分析的非线性降维算法[1]。Tenenbaum 认为空间非线性流形中欧氏距离不能真正反映任意两点之间的拓扑关系，而测地距离可以很好地解决该问题。因此，等距映射法的基本思想是首先用邻域欧氏最短距离估计点与点之间的测地距离，然后对该测地距离应用经典多维尺度分析算法计算数据的低维嵌入表示。

假设有 D 维数据 $\boldsymbol{X}^D=\{\vec{x}_1,\vec{x}_2,\cdots,\vec{x}_n\}$，其在 $t(t<D)$ 维空间的低维表示 $\boldsymbol{Y}^t=\{\vec{y}_1,\vec{y}_2,\cdots,\vec{y}_n\}$，等距映射法的具体步骤如下。

(1) 构造邻域图。首先计算样本中任意两点 $\vec{x}_i$ 与 $\vec{x}_j$ 之间的欧氏距离为 $d_{ij}=|\vec{x}_i-\vec{x}_j|$，$i,j=1,2,\cdots,n$，然后用 ε-邻域（或 K-邻域）判断点 $\vec{x}_i$ 与点 $\vec{x}_j$ 是否相邻，若相邻则将两点连接起来且连接边的长度为 d_{ij}，所有的相邻点之间连线构成的图为数据点邻域图，用矩阵 $\boldsymbol{G}$ 表示。

(2) 计算最短测地距离。在邻域图 G 中，若点 $\vec{x}_i$ 与点 $\vec{x}_j$ 之间存在连线，则初始化 $d_G(i,j)=d_{ij}$，否则令 $d_G(i,j)=\infty$。

利用 Floyd 算法或者 Dijkstra 算法，依次令 $k=1,2,\cdots,n$，通过式(7.26)估计点 $\vec{x}_i$ 与点 $\vec{x}_j$ 的测地距离，并得到流形上点与点之间的测地距离估计矩阵 $\boldsymbol{D}_G=\{d_G(i,j)\}$：

$$d_G(i,j)=\min\{d_G(i,j),d_G(i,k)+d_G(k,j)\} \tag{7.26}$$

(3) 构造 t 维嵌入。令 $\boldsymbol{\tau}(\boldsymbol{D})=-\frac{\boldsymbol{HD}^2\boldsymbol{H}}{2}$，对测地距离估计矩阵 $\boldsymbol{D}_G=\{d_G(i,j)\}$，应用经典多维尺度分析法构建位于 t 维空间 $\boldsymbol{Y}$ 的低维嵌入，即最小化目标函数为

$$\boldsymbol{E}=\|\boldsymbol{\tau}(\boldsymbol{D}_G)-\boldsymbol{\tau}(\boldsymbol{D}_Y)\|^2 \tag{7.27}$$

式中，$\boldsymbol{D}_Y=\{d_Y(i,j)=\|\vec{y}_i-\vec{y}_j\|\}$为 Y 空间中点的距离矩阵；$\boldsymbol{H}$ 为中心化矩阵。

(4) 通过计算 $\boldsymbol{\tau}(\boldsymbol{D}_G)$ 的特征值和特征向量得到最小化目标函数的解。将 $\boldsymbol{\tau}(\boldsymbol{D}_G)$ 的特征值按降序排列，取出前 t 个最大特征值 $\lambda_1,\lambda_2,\cdots,\lambda_t$ 和对应的特征向量 $\vec{V}_1,\vec{V}_2,\cdots,\vec{V}_t$。

(5) 得到 D 维数据 $\boldsymbol{X}$ 在 t 维空间的投影 $\boldsymbol{Y}$：

$$\boldsymbol{Y}=\{\vec{y}_1,\vec{y}_2,\cdots,\vec{y}_n\}=\{\sqrt{\lambda_i}\vec{V}_i^{\mathrm{T}}\} \tag{7.28}$$

式中，$\vec{V}_i$ 为第 i 个特征向量；λ_i 为第 i 个特征值。

7.3.6 基于界标点的等距映射法

等距映射法有如下两个计算瓶颈。

(1) 采用 Floyd 算法计算 n 个点之间的最短距离矩阵 $\boldsymbol{D}_G$，计算时间的复杂度为 $O(n^3)$，而采用 Dijkstra 算法计算 n 个点之间的最短距离矩阵 $\boldsymbol{D}_G$，可以降低时间的复杂度至 $O(n^2\lg n)$，但这两种方法的计算量都很大。

(2) 对 $n\times n$ 的非稀疏矩阵 $\boldsymbol{D}_G$ 应用经典多维尺度分析算法计算特征值和特征向量的时间复杂度是 $O(N^3)$，计算量也非常大。

为解决以上瓶颈，Tenenbaum 等又提出了基于界标点的等距映射(landmark isometric map，LISOMAP)法[20]。取样本中的 $m(m\ll n)$个数据点作为界标点，选取界标点 λn 个，其中 $\lambda=1\%$。计算最短距离时只计算样本中每个数据点到界标点之间的距离，得到 $m\times n$ 的距离矩阵 $\boldsymbol{D}_{G,mn}$，利用 Dijkstra 算法计算界标点的测地距离。根据界标点的测地距离，用基于界标点的多维尺度分析(landmark MDS，LMDS)法构建低维嵌入。基于界标点的多维尺度分析算法的时间复杂度是 $O(m^2n)$，可见等距映射法的计算时间大大减少。

7.3.7 局部线性嵌入法

局部线性嵌入法是用邻域对高维非线性数据进行局部线性重构，再通过同样

的线性重构邻域实现高维数据到低维嵌入空间的投影[2]。局部线性嵌入法对非线性流形进行局部线性重构时服从一个重要的对称法则:对于所有数据点,它们和它们邻域点之间的关系经过旋转、缩放和平移后其对称性保持不变。正是这种对称性,使得重构系数保留了邻域点原有的几何特性。局部线性重构后的非线性流形由局部线性嵌入构建的线性映射(包括平移、旋转和缩放)到低维空间。该线性映射的计算可以转化为稀疏矩阵的特征值和特征向量的求解。

假设有 n 个 D 维数据 $\boldsymbol{X}^D=\{\vec{x}_1,\vec{x}_2,\cdots,\vec{x}_n\}$,求其在 $t(t<D)$ 维空间的低维表示 $\boldsymbol{Y}^t=\{\vec{y}_1,\vec{y}_2,\cdots,\vec{y}_n\}$,则局部线性嵌入法的具体步骤如下。

(1) 确定降维后的维数 t 和邻域点个数 k。

(2) 计算任意两个数据点 $\vec{x}_i$ 与 $\vec{x}_j$ 之间的欧氏距离 $d_{ij}=|\vec{x}_i-\vec{x}_j|$,用 K-邻域法取出前 k 个与 x_i 距离最小的邻域点 $\vec{x}_j$。

(3) 求加权矩阵 $\boldsymbol{W}$。

对 $\vec{x}_i$ 进行重构:

$$\vec{x}_i=\sum_j w_{ij}\vec{x}_j$$

可得

$$\sum_i \vec{x}_i=\sum_i\left(\sum_j w_{ij}\vec{x}_j\right) \tag{7.29}$$

用最小二乘法最小化误差 ε 目标函数:

$$\varepsilon=\sum_i\left|x_i-\sum_j w_{ij}x_j\right|^2 \tag{7.30}$$

式中,$\boldsymbol{W}=\{w_{ij}\}$,$w_{ij}$ 为相邻关系权值;$i,j=1,2,\cdots,k$。

求出所有的相邻关系权值 w_{ij},建立加权矩阵 $\boldsymbol{W}=\{w_{ij}\}$。

(4) 将 $\boldsymbol{W}=\{w_{ij}\}$ 代入低维空间的误差和函数 Φ,通过最小化误差和函数 Φ 求高维数据 $\boldsymbol{X}$ 的低维嵌入 $\boldsymbol{Y}$:

$$\begin{cases}\Phi=\sum_i\left|\vec{y}_i-\sum_j w_{ij}\vec{y}_j\right|^2=\mathrm{tr}(\boldsymbol{YMY}^{\mathrm{T}})\\ \sum_{i=1}^{N}\vec{y}_i=0\\ \dfrac{1}{n}\sum_{i=1}^{n}\vec{y}_i\vec{y}_i^{\mathrm{T}}=\boldsymbol{I}\end{cases} \tag{7.31}$$

式中,Φ 是误差和函数;$\boldsymbol{M}=(\boldsymbol{I}-\boldsymbol{W})(\boldsymbol{I}-\boldsymbol{W})^{\mathrm{T}}$;$\mathrm{tr}(\cdot)$是矩阵的迹;$\boldsymbol{I}$ 是对角线为 1 的矩阵。

(5) 最小化误差和函数 Φ 的求解。最小化误差和函数 Φ 的问题可以转化为矩阵 $\boldsymbol{M}$ 特征值和特征向量的求解问题,将求得矩阵 $\boldsymbol{M}$ 的特征值以升序排列,取出前 $t+1$ 个非零特征值,因为通常最小的特征值几乎为零,所以把最小的特征值去掉,取剩下的 t 个特征值所对应的特征向量作为低维嵌入表示 $\boldsymbol{Y}$。

7.3.8 Hessian局部线性嵌入法

Hessian局部线性嵌入(Hessian locally linear embedding,HLLE)法的目的是寻找样本局部等距于低维欧氏空间中开连通子集的流形[11]。Hessian局部线性嵌入法的理论框架只要求子集是开连通的而不一定是凸的,这项要求使其研究范围比等距映射法更广。Hessian局部线性嵌入法的理论框架可以看成改进的拉普拉斯特征映射理论框架,其用Hessian矩阵的二次形式代替了拉普拉斯算子。

假设有n个D维数据$\boldsymbol{X}^D=\{\vec{x}_1,\vec{x}_2,\cdots,\vec{x}_n\}$,求其在$t(t<D)$维空间的低维表示$\boldsymbol{Y}^t=\{\vec{y}_1,\vec{y}_2,\cdots,\vec{y}_n\}$,则Hessian局部线性嵌入法的具体步骤如下。

(1) 选取邻域点。用K-邻域法为每个样本点$\vec{x}_i(i=1,2,\cdots,n)$选取$K$个邻域点$\vec{x}_k$,构建一个$k\times n$的相邻关系矩阵$\boldsymbol{M}^i$,其第$k$行元素为$\vec{x}_k-\bar{\vec{x}}_i$,$k=1,2,\cdots,K$,$\vec{x}_k$是$\vec{x}_i$的邻域点,$\bar{\vec{x}}_i$是$\vec{x}_i$所有邻域点的平均值。

(2) 获取切空间坐标。通过矩阵$\boldsymbol{M}^i$的奇异值分解获得矩阵$\boldsymbol{U}^i$、$\boldsymbol{D}^i$和$\boldsymbol{V}^i$。$\boldsymbol{U}^i$和$\boldsymbol{V}^i$分别是$\boldsymbol{M}^i$的奇异向量,$\boldsymbol{D}^i$是$\boldsymbol{M}^i$的奇异值,则$\boldsymbol{U}^i$的前t列为切空间坐标。

(3) 估计Hessian矩阵。构建$K\times\left(1+t+\dfrac{t(t+1)}{2}\right)$的矩阵$\boldsymbol{G}^i$。矩阵$\boldsymbol{G}^i$第一列是全为1的列向量,中间$t$列为$\boldsymbol{U}^i$,最后$\dfrac{t(t+1)}{2}$列为$\boldsymbol{U}^i$任意两列的点积。对$\boldsymbol{G}^i$进行正交化后得到列正交矩阵$\widetilde{\boldsymbol{G}}^i$,则Hessian矩阵$\boldsymbol{H}^i$为$\widetilde{\boldsymbol{G}}^i$最后$\dfrac{t(t+1)}{2}$列的转置。

(4) 构造二次项。构建一个对称矩阵:

$$\boldsymbol{H}_{ij}=\sum_{l}^{\frac{t(t+1)}{2}}\sum_{r}^{n}((\boldsymbol{H}^l)_{ri}(\boldsymbol{H}^l)_{rj}) \tag{7.32}$$

式中,$i,j=1,2,\cdots,n$。

(5) 计算零空间。取$\boldsymbol{H}$的t个最小非零的特征值对应的特征向量构成零空间。零空间的一组正交基向量$[\vec{w}^1,\vec{w}^2,\cdots,\vec{w}^t]$即$D$维数据$\boldsymbol{X}$的$t$维空间坐标$\boldsymbol{Y}$。

7.3.9 局部切空间排列法

局部切空间排列法用样本点邻域的低维切空间坐标提取样本的局部几何特征,再对这些局部切空间进行排列整合得到整体的低维坐标[12]。局部切空间排列法如图7.2所示。与Hessian局部线性嵌入法相比,局部切空间排列法不用估计Hessian矩阵和构造二次项,计算步骤更为简单,计算所需时间更少。

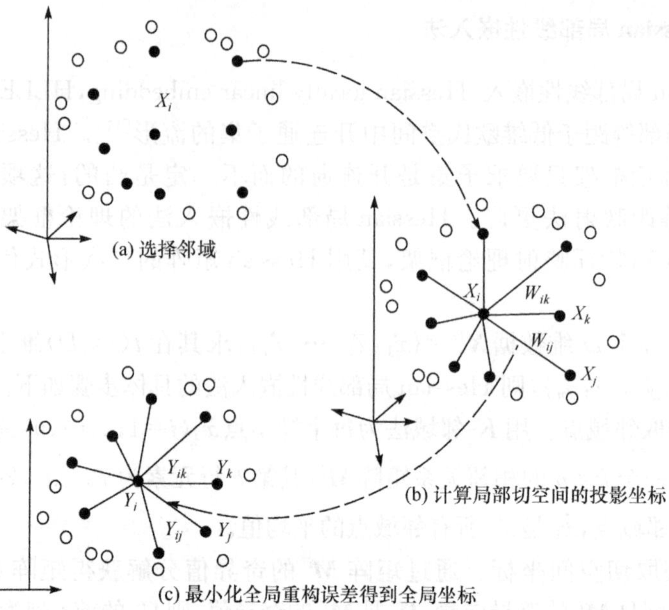

图 7.2 局部切空间排列法

7.4 降维方法用于耦合面的平面展开

本节测试 7.2 节、7.3 节介绍的 5 种线性降维方法和 9 种非线性降维方法展开空间非线性耦合面的能力,确定其是否满足非线性空间耦合面降维投影的要求[22]。

这里选取一个包含 1681 个网格节点的 3/4 圆柱面作为测试对象,圆柱面的节点分布均匀,其中高维空间的维数为 3,而投影的低维空间的维数为 2。3/4 圆柱面的各主坐标方向都不单调,是典型的空间非线性曲面,其欧氏距离不能正确反映耦合面上点与点之间的拓扑关系。图 7.3 给出了 3/4 圆柱面的网格节点并用不同深浅的颜色标记这些节点以方便观察降维投影后的结果。

从图 7.3 所示圆柱面的几何形状和节点分布可知,该 3/4 圆柱面直接按柱面坐标展开后应该是一个规则的矩形。因此,该 3/4 圆柱面在平面参数空间中理想的投影结果应该具有以下几点:①降维投影的结果是规则的矩形;②降维投影的节点分布均匀且在三维空间中相邻的点在平面参数空间中也相邻;③降维投影的图形没有扭曲且节点没有重叠,若降维投影结果中出现扭曲或节点重叠,则该降维投影结果中部分节点之间的拓扑关系是错的,说明该数据降维方法未能成功展开该 3/4 圆柱面。

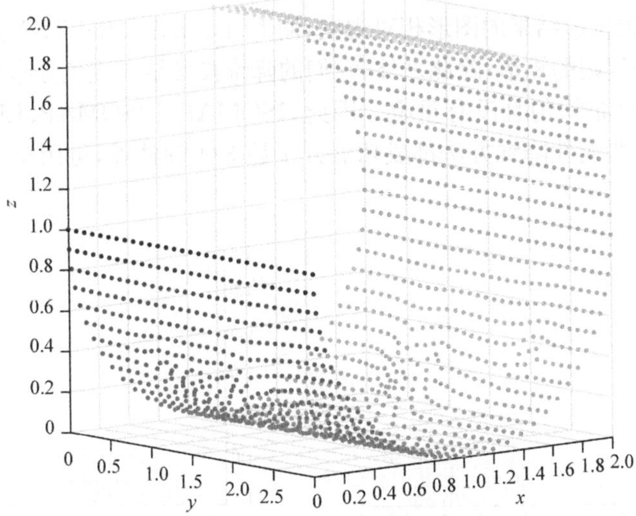

图 7.3　3/4 圆柱面的网格节点

下面用 7.2 节和 7.3 节的 14 种数据降维方法对该 3/4 圆柱面进行降维投影。图 7.4 给出了 14 种数据降维方法展开 3/4 圆柱面的结果。图 7.4(a)～图 7.4(e)分别是线性降维方法 PCA、LLTSA、LPP、NPE、MDS 展开该 3/4 圆柱面的结果。PCA 和 MDS 方法不用设置其他参数；LLTSA 和 NPE 方法有一个参数，最邻近点的个数为 k，这里设置 LLTSA 方法的参数 k 为 5，设置 NPE 方法的参数 k 为 5；LPP 方法有两个参数：最邻近点个数 k 和高斯核的带宽 σ，在该算例中设置 k 为 6，设置 σ 为 1。从图 7.4(a)～图 7.4(e)可以看出，这 5 个图中都有节点重叠在一起，说明用这 5 种线性降维方法得到的二维节点的拓扑关系与 3/4 圆柱面节点在三维空间中的关系不一致。因此，这 5 种线性降维方法没有展开该 3/4 圆柱面。

图 7.4(f)～图 7.4(i)分别是非线性降维方法 SPE、KPCA、DM 和 LE 展开3/4 圆柱面的结果。SPE 方法无须设置参数；KPCA 方法选用高斯核；DM 方法同样选用高斯核并设置核带宽 σ 为 1；LE 方法设置最邻近点个数 k 为 8。从图中可以看出，SPE 方法的降维投影结果的节点分布散乱有重叠；KPCA 和 DM 方法的降维投影结果出现部分节点重叠；LE 方法的降维投影结果在边界处出现节点重叠。由于重叠部分的节点之间的拓扑关系错误，这 4 种非线性降维方法也没有展开该 3/4 圆柱面。

图 7.4(j)～图 7.4(n)分别是非线性降维方法 ISOMAP、LISOMAP、LLE、HLLE、LTSA 展开 3/4 圆柱面的结果。ISOMAP 方法设置最邻近点个数 k 为 9；LISOMAP 方法设置最邻近点的个数 k 为 9，设置界标点占所有输入数据的比例 λ 为 1%；LLE 方法设置最邻近点个数 k 为 6；HLLE 方法设置最邻近点个数 k 为

12；LTSA 方法设置最邻近点个数 k 为 5。从图中可以看出，ISOMAP 和 LISOMAP 方法降维投影结果的图形相对规则，而 LLE、HLLE 和 LTSA 方法降维投影结果的图形是规则的矩形；除此之外，它们的降维投影结果颜色分布与 3/4 圆柱面相一致，节点分布均匀且没有重叠。因此，ISOMAP、LISOMAP、LLE、HLLE 和 LTSA 这 5 种非线性降维方法都成功展开了该 3/4 圆柱面，可用于流固耦合面的展开。

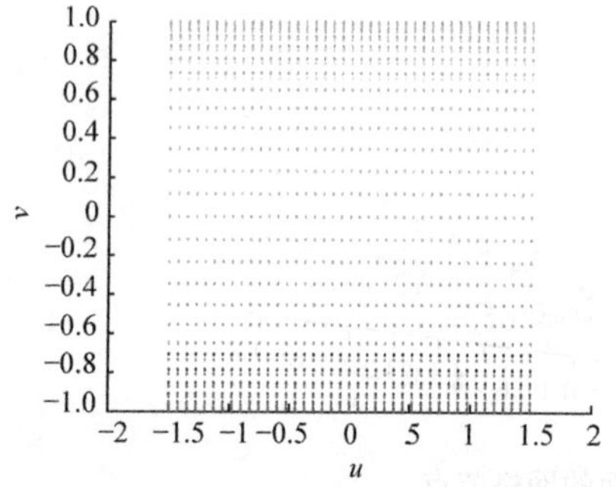

(a) PCA

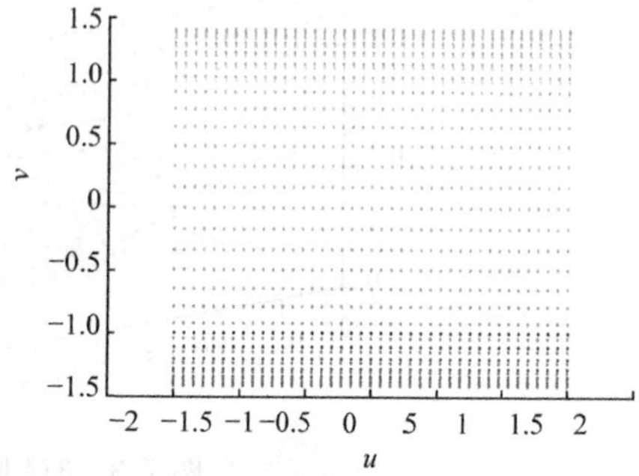

(b) LLTSA (k=5)

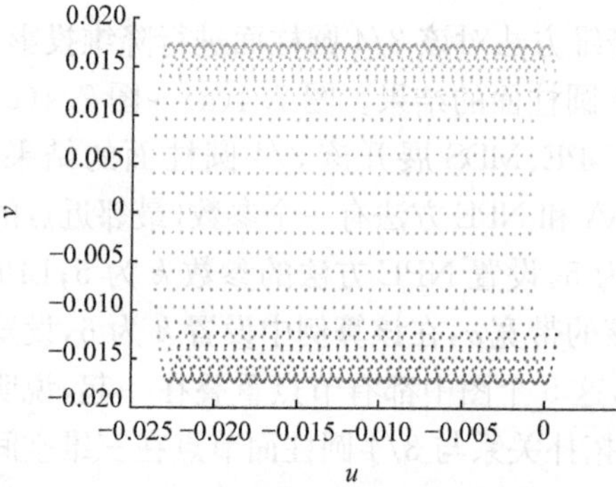

(c) LPP(k=6,σ=1)

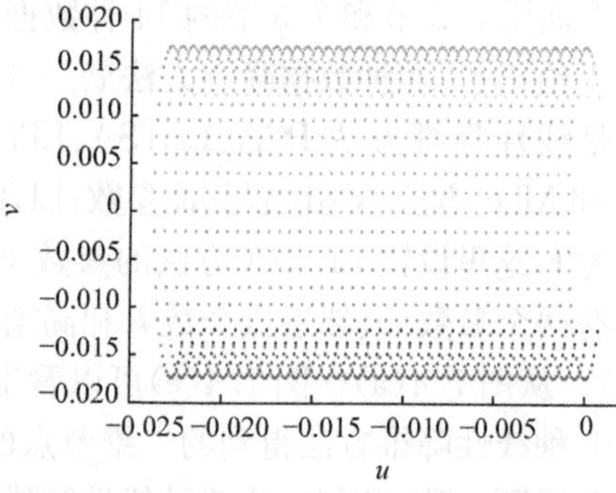

(d) NPE(k=5)

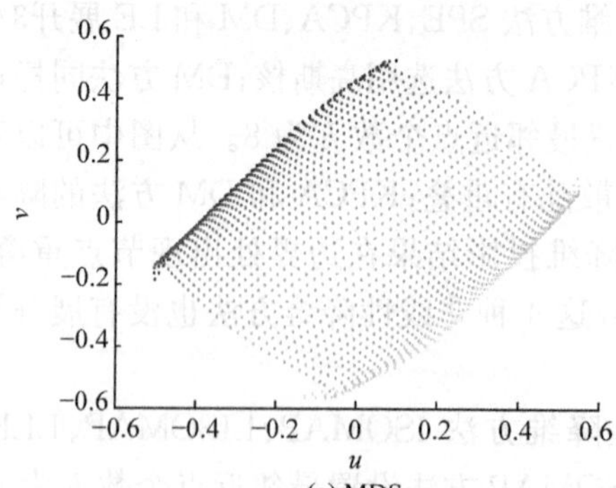

(e) MDS

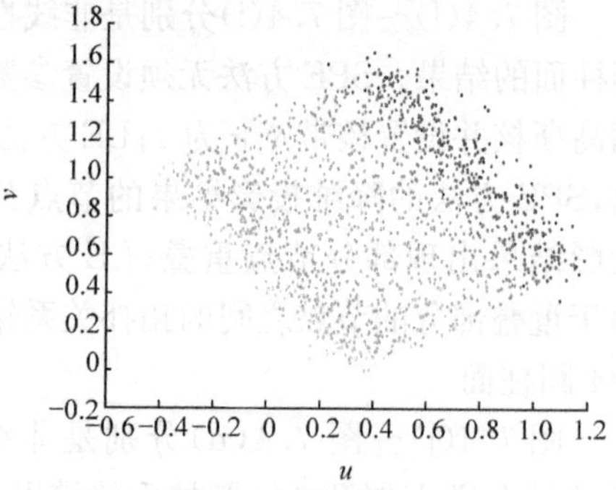

(f) SPE

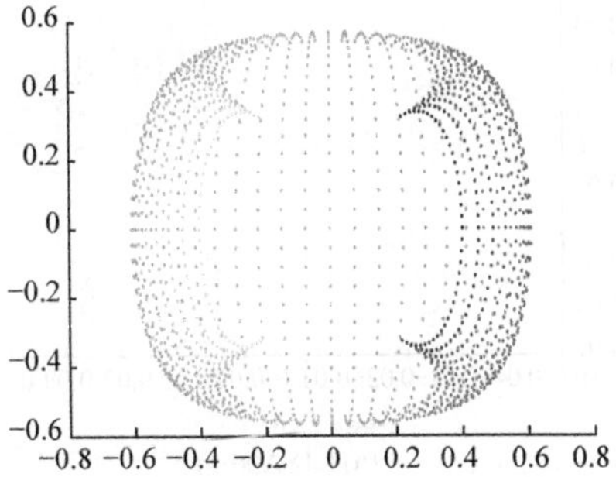

(g) KPCA(高斯核)

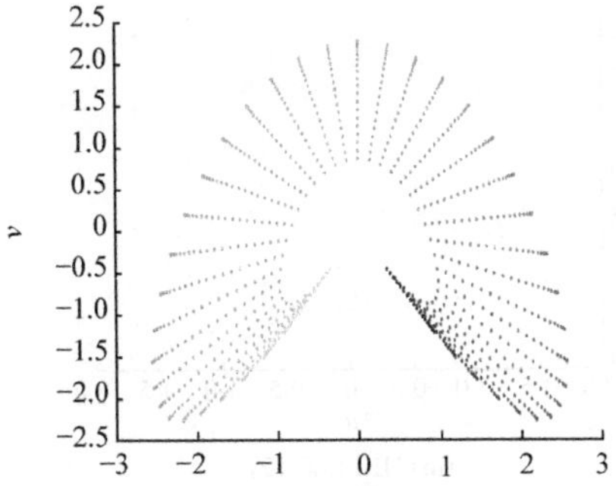

(h) DM(高斯核,σ=1)

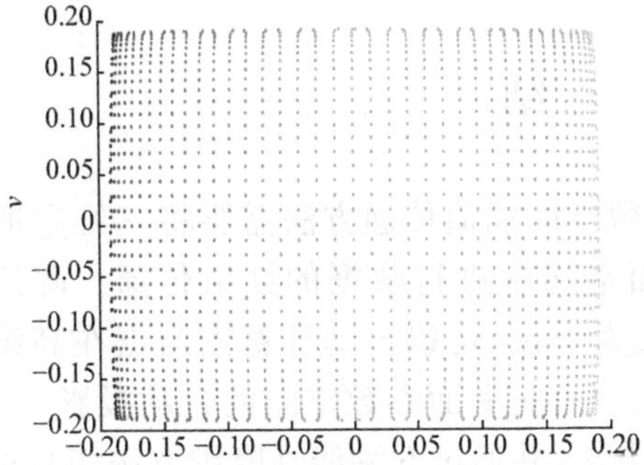

(i) LE(k=8)

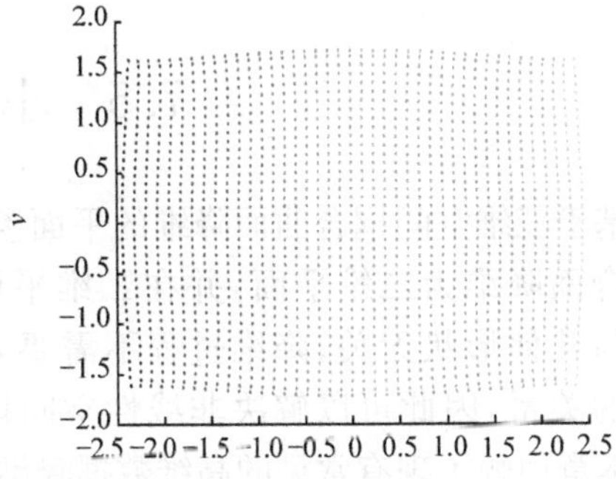

(j) ISOMAP(k=9)

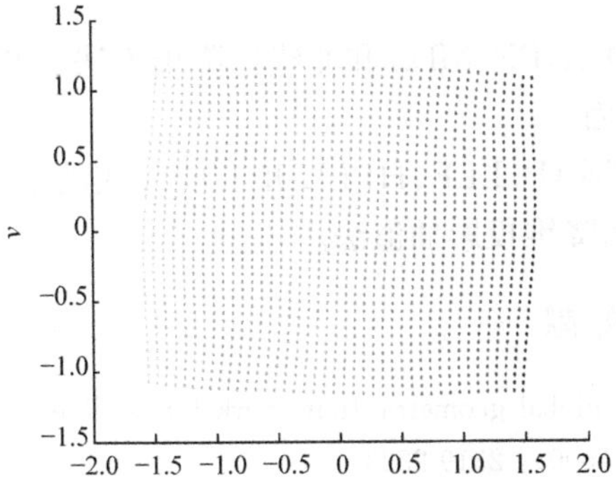

(k) LISOMAP(k=9, λ=1%)

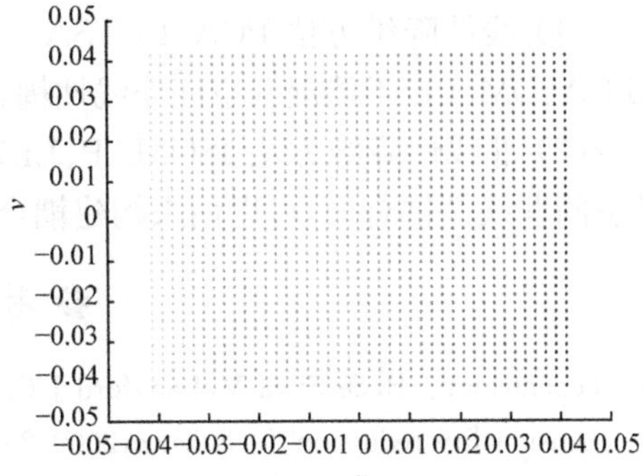

(l) LLE(k=6)

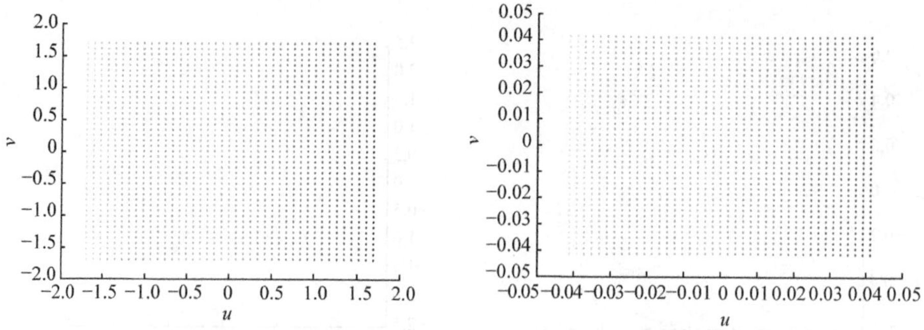

(m) HLLE(k=12)　　(n) LTSA(k=5)

图 7.4　数据降维方法展开 3/4 圆柱面的结果

7.5 小　结

基于三维空间耦合曲面降维的平面参数空间插值传递方法需要将三维空间的耦合面降维为二维平面，并在二维平面空间中进行数据的插值传递。降维理论与几何形状无关，降维过程不需要人为干预，可以自动计算点与点在高维空间的关系，因此可以解决非线性空间耦合面向平面参数空间的自动投影。

本章回顾了现有常见的高维数据降维方法，并通过 5 种线性降维方法和 9 种非线性降维方法展开 3/4 圆柱面的例子，比较了高维数据降维方法展开耦合面的能力，得到以下结论。

(1) 线性降维方法 PCA、LLTSA、LPP、NPE、MDS 和非线性降维方法 SPE、KPCA、DM、LE 不能展开空间非线性耦合面。

(2) 非线性降维方法 ISOMAP、LISOMAP、LLE、HLLE 和 LTSA 成功展开了空间非线性耦合面，可以用来构建耦合面降维投影插值法。

参 考 文 献

[1] Tenenbaum J B, de Silva V, Langford J C. A global geometric framework for nonlinear dimensionality reduction[J]. Science, 2000, 290(5500): 2319-2323.

[2] Roweis S T, Saul L K. Nonlinear dimensionality reduction by locally linear embedding[J]. Science, 2000, 290(5500): 2323-2326.

[3] Huo X, Smith A K. A Survey of Manifold-Based Learning Methods[M]. Singapore: World Scientific, 2007.

[4] Saul L K, Roweis S T. Think globally fit locally: Unsupervised learning of low dimensional manifolds[J]. Journal of Machine Learning Research, 2003, 4(2): 119-155.

[5] Mazzaferro V, Regalia E, Pulvirenti A, et al. Nonlinear dimensionality reduction[J]. Advances

in Neural Information Processing Systems, 1993, 5(5500): 1959-1966.

[6] Coifman R R, Lafon S. Diffusion maps[J]. Applied & Computational Harmonic Analysis, 2006, 21(1): 5-30.

[7] Shao R, Hu W, Wang Y, et al. The fault feature extraction and classification of gear using principal component analysis and kernel principal component analysis based on the wavelet packet transform[J]. Measurement, 2014, 54(6): 118-132.

[8] Belkin M, Niyogi P. Laplacian eigenmaps and spectral techniques for embedding and clustering[J]. Advances in Neural Information Processing Systems, 2001, 14(6): 585-591.

[9] Dybowski R, Collins T D, Hall W. Visualization of binary string convergence by Sammon mapping[C]. Proceedings of the 5th Annual Conference on Evo lutionary Programming (EP96), San Diego, 1996.

[10] Sun W W, Halevy A, Benedetto J J, et al. UL-Isomap based nonlinear dimensionality reduction for hyperspectral imagery classification[J]. ISPRS Journal of Photogrammetry and Remote Sensing, 2014, 89(2): 25-36.

[11] Donoho D L, Grimes C. Hessian eigenmaps: Locally linear embedding techniques for high-dimensional data[J]. Proceedings of the National Academy of Sciences of the United States of America, 2003, 100(10): 5591-5596.

[12] Wang J. Improve local tangent space alignment using various dimensional local coordinates[J]. Neurocomputing, 2008, 71(16): 3575-3581.

[13] Lee J A, Verleysen M. Nonlinear Dimensionality Reduction[M]. New York: Springer, 2007.

[14] Chen K K, Hung C, Soong B W, et al. Data classification with modified density weighted distance measure for diffusion maps[J]. Journal of Biosciences and Medicines, 2014, 2(4): 12-18.

[15] Vanrell M, Vitrià J, Roca X. A multidimensional scaling approach to explore the behavior of a texture perception algorithm[J]. Machine Vision & Applications, 1997, 9(5-6): 262-271.

[16] Horvath D, Ulicny J, Brutovsky B. Self-organised manifold learning and heuristic charting via adaptive metrics[J]. Connection Science, 2014, 28(1): 1-26.

[17] Wan X, Wang D, Tse P W, et al. A critical study of different dimensionality reduction methods for gear crack degradation assessment under different operating conditions[J]. Measurement, 2016, 78: 138-150.

[18] Chen C, Zhang L, Bu J, et al. Constrained Laplacian eigenmap for dimensionality reduction[J]. Neurocomputing, 2010, 73(4-6): 951-958.

[19] Li S, Wang Z, Li Y M. Using Laplacian eigenmap as heuristic information to solve nonlinear constraints defined on a graph and its application in distributed range-free localization of wireless sensor networks[J]. Neural Processing Letters, 2013, 37(3): 411-424.

[20] Sammon J W. A nonlinear mapping for data structure analysis[J]. IEEE Transactions on Computers, 1969, 18(5): 401-409.

[21] Hinton G E, Salakhutdinov R R. Reducing the dimensionality of data with neural networks[J]. Science, 2006, 313(5786): 504-507.

[22] Liu M M, Li L Z, Zhang J. Comparison of manifold learning algorithms used in FSI data interpolation of curved surfaces[J]. Multidiscipline Modeling in Materials and Structures, 2017, 13(2): 217-261.

第 8 章　基于耦合面非线性降维的数据插值方法

第 4～6 章通过耦合面投影网格法、局部坐标法和 ISOMAP 方法实现了三维空间耦合面到二维参数空间的投影，并建立了流固耦合面降维投影插值法，尤其是基于 ISOMAP 的流固耦合面降维投影插值法利用成熟的高维数据流形学习方法来实现耦合面的投影，它不需要提前知道耦合面的几何形状，也不需要对耦合面进行多次分割，相比于前两种方法更加简单、方便。

本章将进一步整理和讨论现有的降维理论与方法，用这些方法将三维空间耦合面投影到二维参数空间，比较发现只有非线性降维方法才能将非线性的三维空间耦合面投影到二维参数空间，且只有 ISOMAP、LISOMAP、LLE、HLLE 和 LTSA 等方法效果较好。本章接着第 7 章内容，继续介绍基于耦合面非线性降维投影的插值方法。

8.1　基于耦合面非线性降维的数据插值方法的步骤

基于耦合面非线性降维的数据插值方法，首先通过多维数据降维方法将三维空间耦合面投影展开到二维参数空间，然后在展开的二维参数空间上插值传递耦合数据[1,2]。该方法使用的多维数据降维方法需要能够成功展开三维空间的非线性耦合面，而在二维参数空间中的插值函数为任意，可以根据自己的需求选择合适的插值函数。

这里以涡轮叶片为例介绍基于耦合面非线性降维的数据插值方法，具体步骤如下。

(1) 从涡轮叶片 CFD 模型导出耦合面的流场网格节点坐标$(x,y,z)^{\mathrm{f}}$。

(2) 从涡轮叶片 CSM 模型导出耦合面的结构网格节点坐标$(x,y,z)^{\mathrm{s}}$。

(3) 将导出的流场网格节点$(x,y,z)^{\mathrm{f}}$ 和结构网格节点$(x,y,z)^{\mathrm{s}}$ 合并在一起构成涡轮叶片耦合面网格节点$(x,y,z)^{\mathrm{f+s}}$。只有合并后的节点一同展开到同一个二维参数空间，才能保留流场网格节点和结构网格节点之间的拓扑关系。合并在一起的节点可以提供更多耦合面的几何信息。

(4) 由于第 7 章的 14 种降维方法都不能成功展开环形的涡轮叶片耦合面，这里将涡轮叶片耦合面分成左右两部分，对应的耦合面网格节点也被分成左右两部分，其坐标分别为$(x,y,z)^{\mathrm{f1+s1}}$和$(x,y,z)^{\mathrm{f2+s2}}$。

(5) 用降维方法分别展开涡轮叶片耦合面的左右两部分，也就是将耦合面左右两部分的网格节点$(x,y,z)^{f1+s1}$和$(x,y,z)^{f2+s2}$分别投影到二维参数空间，得到在二维参数空间的投影节点坐标$(u,v)^{f1+s1}$和$(u,v)^{f2+s2}$。

(6) 从二维参数空间的投影节点$(u,v)^{f1+s1}$和$(u,v)^{f2+s2}$中分离出流场投影节点$(u,v)^{f1}$和$(u,v)^{f2}$以及结构投影节点$(u,v)^{s1}$和$(u,v)^{s2}$。

(7) 在二维参数空间中用局部多项式最小二乘插值法分别求左右两部分结构投影节点的耦合数据。选取插值多项式用二元二次多项式 $p=au^2+bv^2+cuv+du+ev+f$，取距离目标点最近的 k 个流场投影节点插值，并用最小二乘法求得多项式系数。

(8) 合并插值得到的左右两部分的结构投影节点的耦合数据并对应到结构模型的耦合面节点$(x,y,z)^s$上，得到最终的插值结果。

8.2　涡轮叶片耦合面插值传递

8.2.1　涡轮叶片耦合面的降维插值

本节要将某涡轮叶片耦合面的压力插值传递到结构模型作为载荷。图 8.1 是由 GAMBIT 软件建立的涡轮叶片 CFD 模型。图 8.2 是由 ANSYS 软件建立的涡轮叶片 CSM 模型。

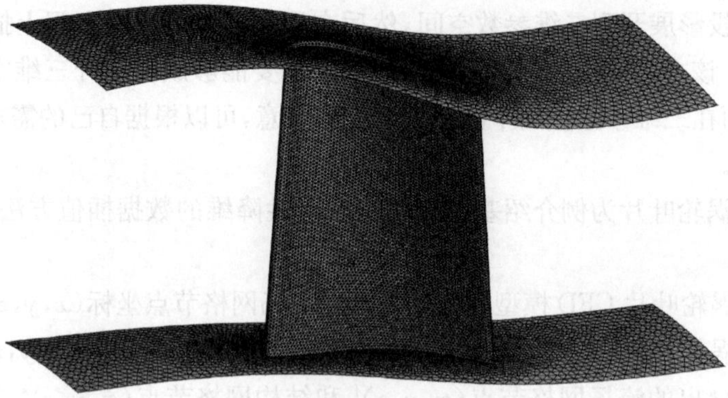

图 8.1　涡轮叶片 CFD 模型

根据 8.1 节基于耦合面非线性降维的数据插值方法的步骤，从涡轮叶片的 CFD 模型和 CSM 模型中分离出耦合面的节点，其中 CFD 模型的耦合面流场网格节点共有 14652 个，如图 8.3 所示。CSM 模型的耦合面结构网格节点共有 5791 个，如图 8.4 所示。

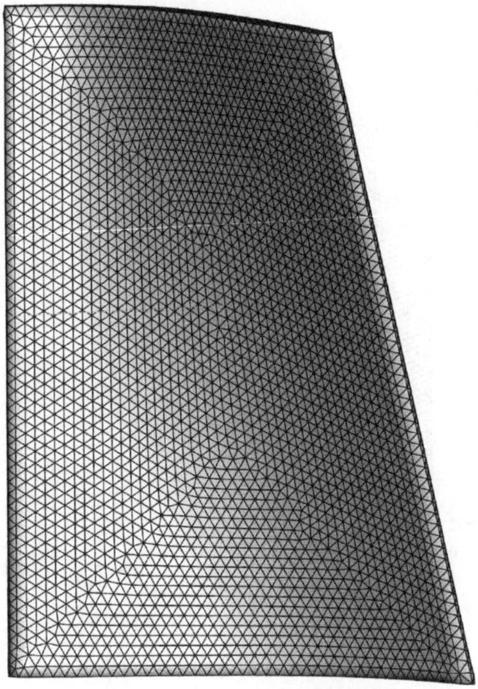

图 8.2　涡轮叶片 CSM 模型

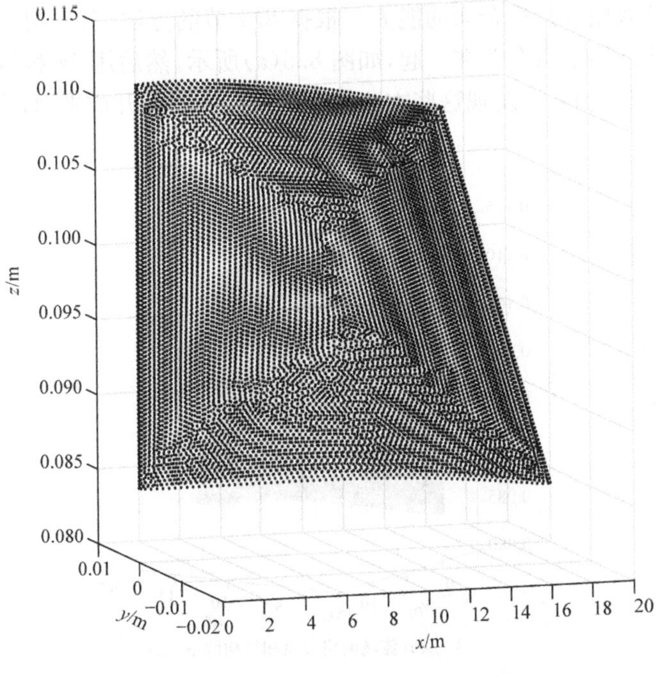

图 8.3　涡轮叶片耦合面流场网格节点

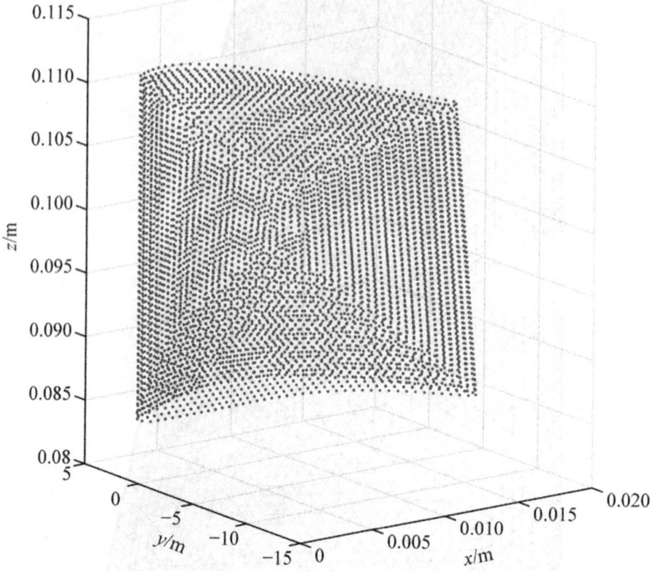

图 8.4　涡轮叶片耦合面结构网格节点

下面分别用第 7 章介绍的 14 种数据降维方法展开涡轮叶片耦合面，测试这些降维方法展开涡轮叶片耦合面的能力。根据 8.1 节的方法，首先把耦合面流场网格节点和结构网格节点合并在一起，如图 8.5(a)所示，然后用 14 种数据降维方法投影到二维参数空间，但发现这些方法都不能将耦合面展开成平面，因此这里不再赘述。

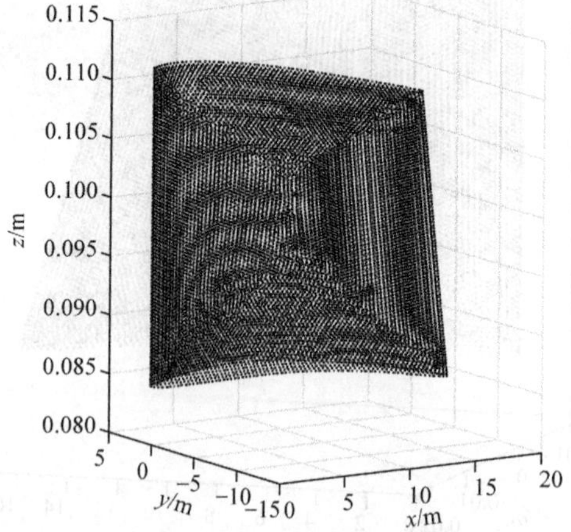

(a) 流场网格节点和结构网格节点

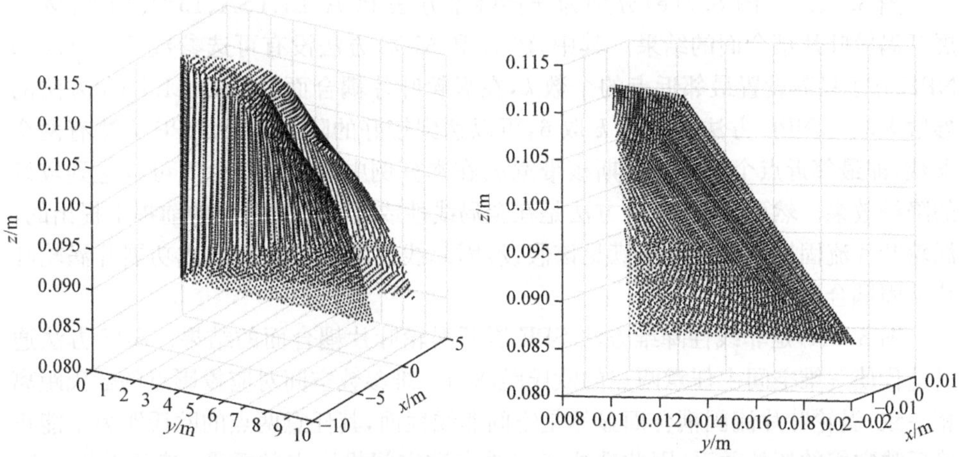

(b) 左边部分流场网格节点和结构网格节点　(c) 右边部分流场网格节点和结构网格节点

图 8.5　涡轮叶片耦合面节点的分割

这 14 种数据降维方法都不能成功展开涡轮叶片的耦合面，因此将涡轮叶片耦合面分割成左右两部分，对应的耦合面网格节点也被分成左右两部分，如图 8.5(b)和图 8.5(c)所示。

为了方便观察降维后耦合面节点的相对位置与在三维空间中是否一致，图 8.5(b)和图 8.5(c)的节点被赋予了不同深浅。图 8.6(a)是被赋予了不同深浅的涡轮叶片耦合面节点的左半部分，图 8.6(b)是被赋予了不同颜色的涡轮叶片耦合面节点的右半部分。

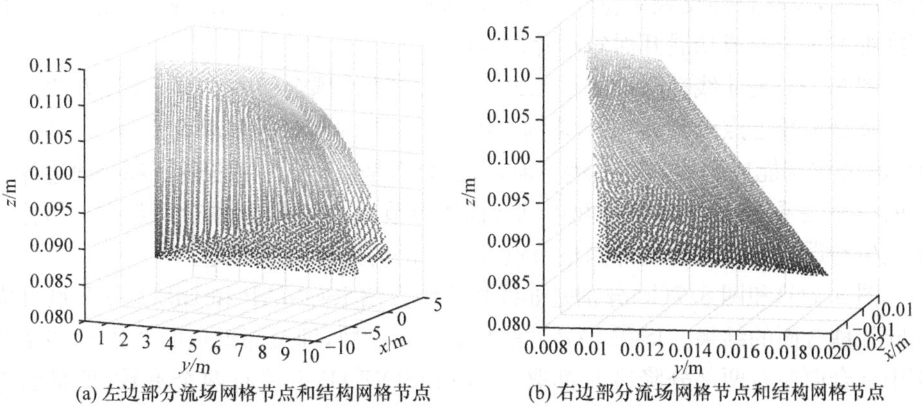

(a) 左边部分流场网格节点和结构网格节点　(b) 右边部分流场网格节点和结构网格节点

图 8.6　涡轮叶片耦合面节点

下面分别用前述 14 种数据降维方法展开耦合面。图 8.7 给出了 14 种降维方法展开的涡轮叶片耦合面的最优结果。

图 8.7(a)～图 8.7(e)分别为线性降维方法 PCA、LLTSA、LPP、NPE、MDS 展开涡轮叶片耦合面的结果。其中，PCA 和 MDS 方法没有可选参数；LLTSA 和 NPE 方法只需设置最邻近点的个数 k，在涡轮叶片耦合面降维时 LLTSA 方法的参数 k 取 5，NPE 方法的参数 k 取 6，可以达到较好的降维效果；LPP 方法有两个参数，即最邻近点个数 k 和高斯核带宽 σ，在本算例中取 $k=7$、$\sigma=1$ 可以达到较好的降维效果。然而，线性降维方法是在全局线性或近似线性假设的前提下提出的，涡轮叶片流固耦合面显然不满足该假设，因此线性降维方法不能成功展开涡轮叶片流固耦合面。

图 8.7(f)是非线性降维方法 SPE 展开涡轮叶片耦合面的结果。SPE 方法通过迭代使三维空间中任意两点的欧氏距离与二维参数空间对应投影点的欧氏距离相一致，涡轮叶片流固耦合面显然是空间非线性面，其任意两点的欧氏距离不能正确反映它们的拓扑关系，因此造成了二维参数空间投影点的重叠，其结果与 PCA 方法等类似。如果在 SPE 方法中使用测地距离或者局部关系，那么应该能得到较好的效果。

图 8.7(g)和图 8.7(h)分别是非线性降维方法 KPCA 和 DM 展开涡轮叶片耦合面的结果。KPCA 方法需要选择适当的核函数，在本算例中选用高斯核；DM 方法使用的也是高斯核，但是需要设置核带宽 σ，本算例设置为 1。这两种方法都使用了高斯核，而高斯核需要计算任意两点之间的欧氏距离，因此这两种方法的结果与 SPE 方法一样，给出了错误的拓扑关系，造成了二维参数空间投影点的重叠。

从图 8.7(a)～图 8.7(h)的结果可以看出，这些方法的投影结果是把涡轮叶片耦合面直接正交投影到某个平面的结果，存在涡轮叶片的压力面和吸力面的空间重叠问题，没有正确反映涡轮叶片压力面和吸力面节点之间的距离，因此这 8 种数据降维方法未能成功展开涡轮叶片耦合面。

图 8.7(i)是非线性降维方法 LE 展开涡轮叶片耦合面的结果。LE 方法的唯一参数是最邻近点个数 k，在本算例中耦合面左右两部分的 k 都设置为 8。结果显示 LE 方法未能成功展开叶片耦合面，主要原因是 LE 方法不能表征耦合面边界节点的拓扑关系，在二维参数空间内耦合面边界节点发生重叠(耦合面卷边)，拓扑关系发生错误。对一般的内部网格节点，LE 方法的处理效果很好。

图 8.7(j)和图 8.7(k)分别是非线性降维方法 ISOMAP 和 LISOMAP 展开涡轮叶片耦合面的结果。ISOMAP 方法只有一个参数，即最邻近点的个数 k，在本算例中耦合面左右两部分降维时都取 $k=8$；LISOMAP 方法有两个参数，即最邻近点的个数 k 和界标节点占所有数据点的比例 λ，在本例中耦合面左边部分选择 $k=6$ 和 $\lambda=1\%$，耦合面右边部分选择 $k=8$ 和 $\lambda=1\%$。ISOMAP 和 LISOMAP 方法使用测地距离表征点与点之间的相关关系，测地距离很好地保留了非线性耦合面任意两个节点之间的拓扑关系，因此在二维参数空间内 ISOMAP 和 LISOMAP 方

法得到的投影点没有重叠，其颜色分布也与三维耦合面一致。因此，这两种方法成功地展开了涡轮叶片耦合面，可以用来进行耦合面非线性降维数据插值传递。

图 8.7(l)～图 8.7(n)分别是非线性降维方法 LLE、HLLE 和 LTSA 展开涡轮叶片耦合面的结果。这三种方法都只需设置最邻近点的个数 k，在本算例中 LLE 方法设置 $k=7$，HLLE 方法设置 $k=7$，LTSA 方法设置 $k=5$。这三种方法都是利用 K-邻域法将非线性数据分割成一个一个的局部线性集合，再通过一定的方法在二维参数空间中将局部线性集合整合起来，逼近高维数据的拓扑结构。只要选取合适的 k 值保证这些线性集合中任意两点的欧氏距离能正确表征对应的高维数据的拓扑关系，那么用这些方法得到的低维嵌入就能正确表征任意两个网格节点之间的拓扑关系。从结果来看，图 8.7(l)～图 8.7(n)的节点没有重叠，其颜色分布表明点与点之间的拓扑结构也与点在三维耦合面上一致，因此这三种方法成功地展开了涡轮叶片耦合面，可以用来进行耦合面非线性降维数据插值传递。

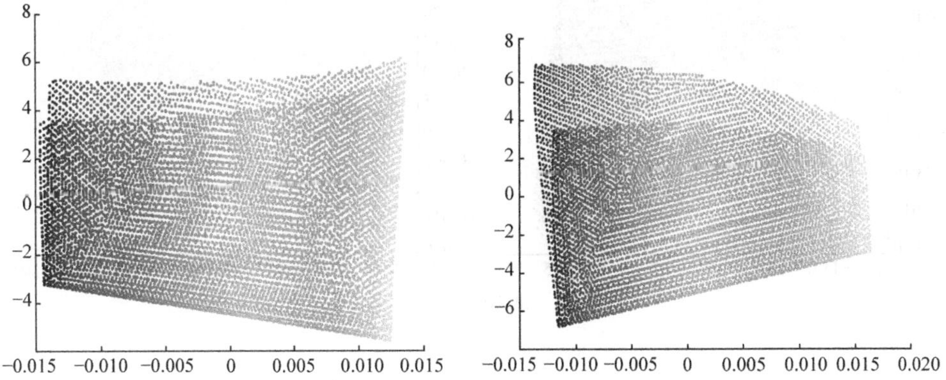

(a) PCA

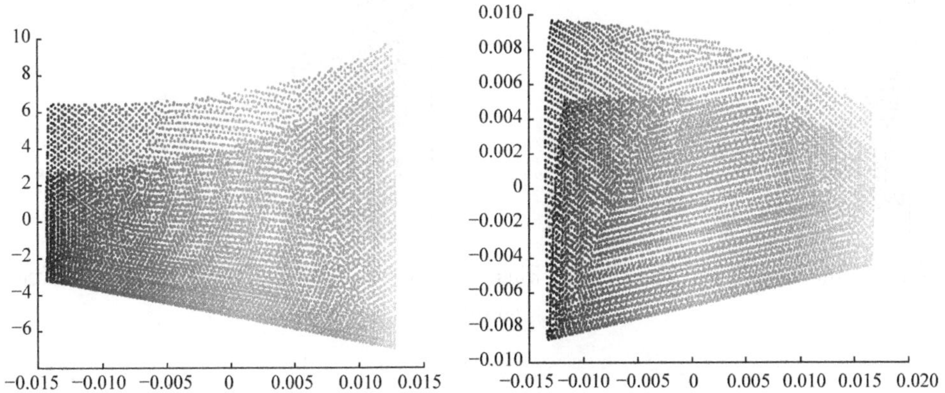

(b) LLTSA(k=5)

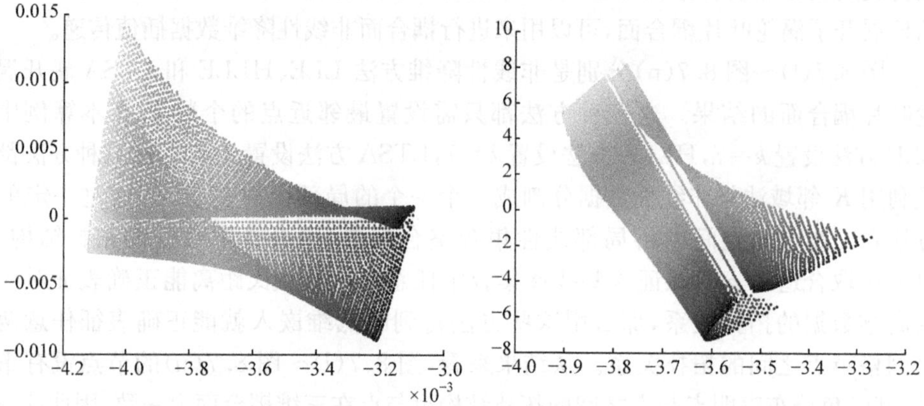

(c) LPP(k=7, σ=1)

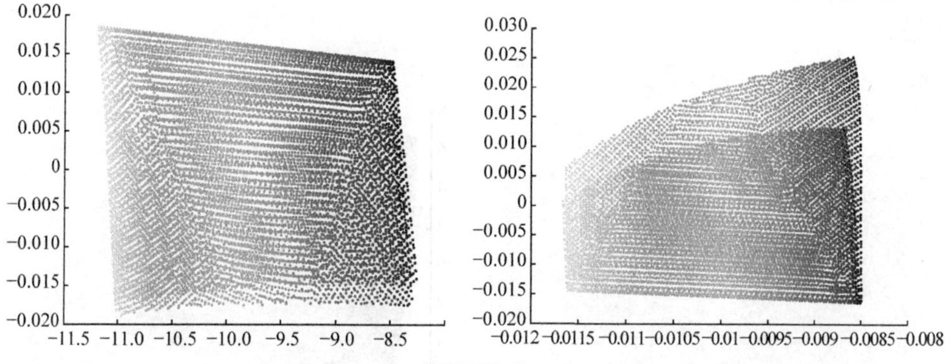

(d) NPE(k=6)

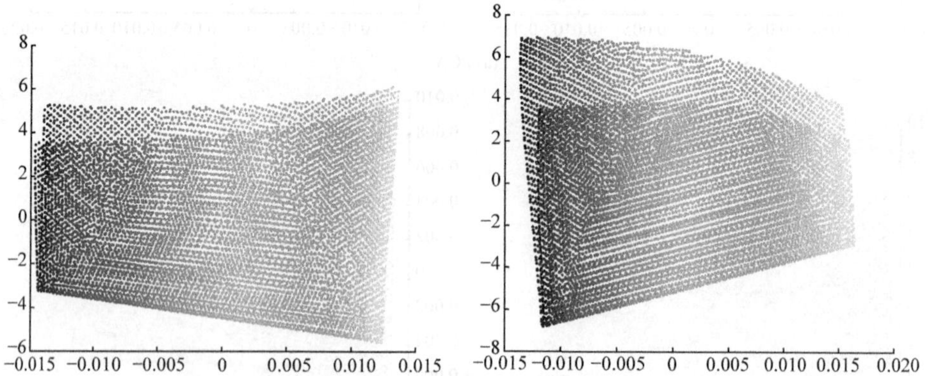

(e) MDS

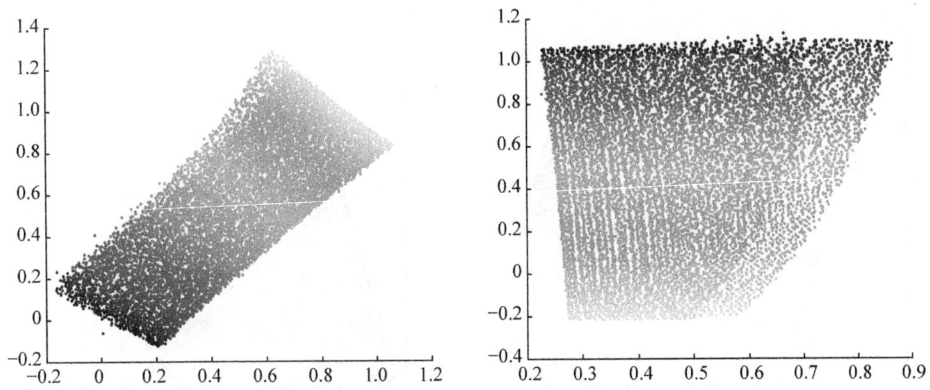

(f) SPE

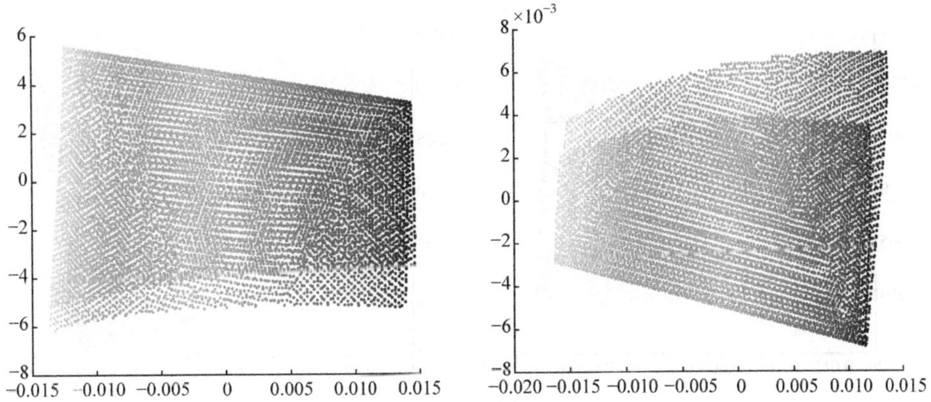

(g) KPCA(高斯核)

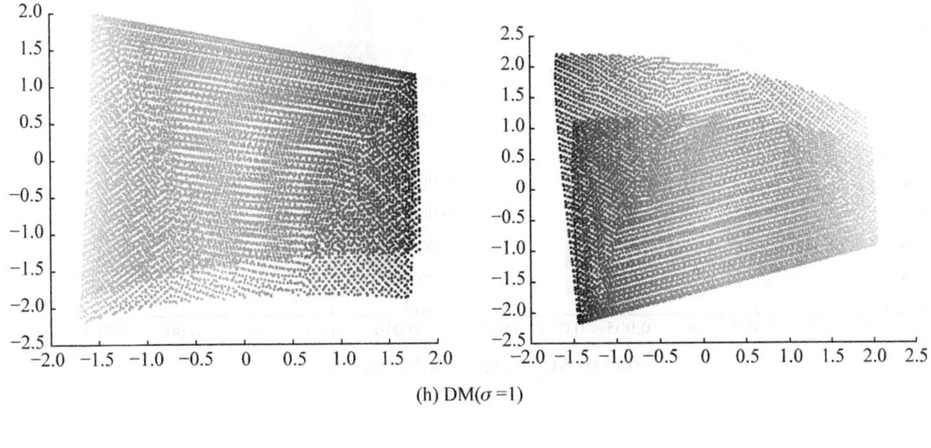

(h) DM(σ =1)

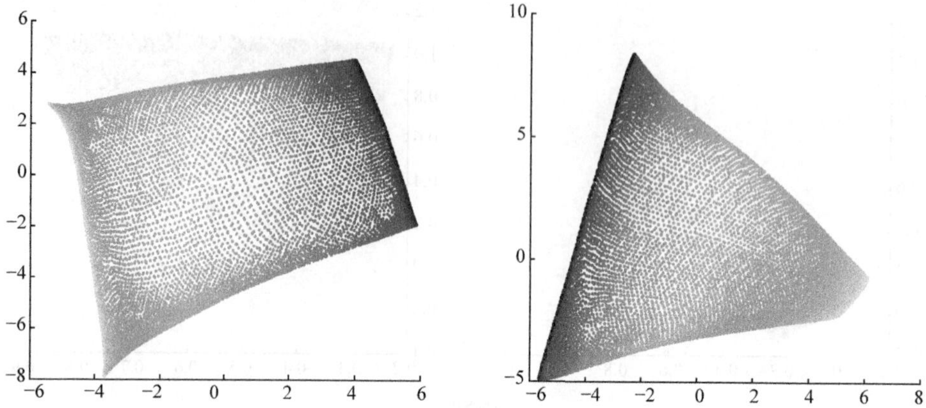

(i) LE(k=8)

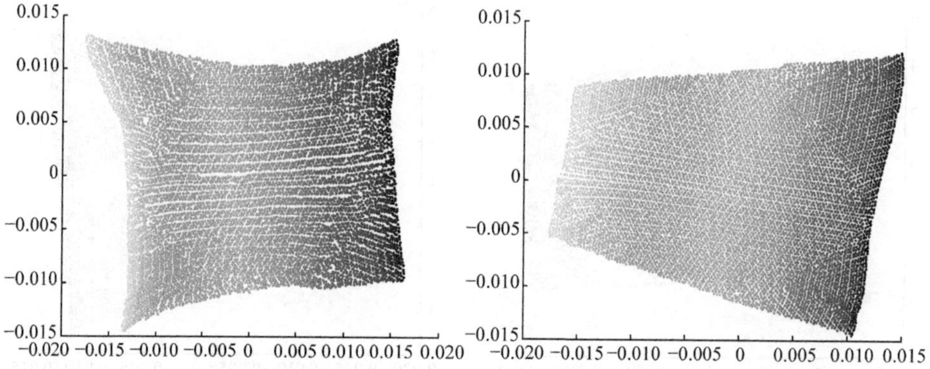

(j) ISOMAP(k=8)

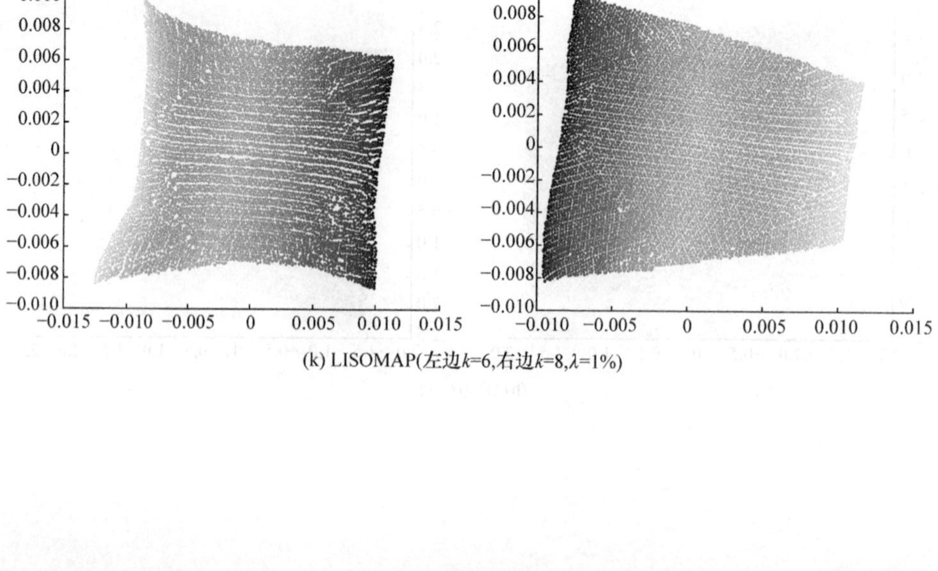

(k) LISOMAP(左边k=6,右边k=8,λ=1%)

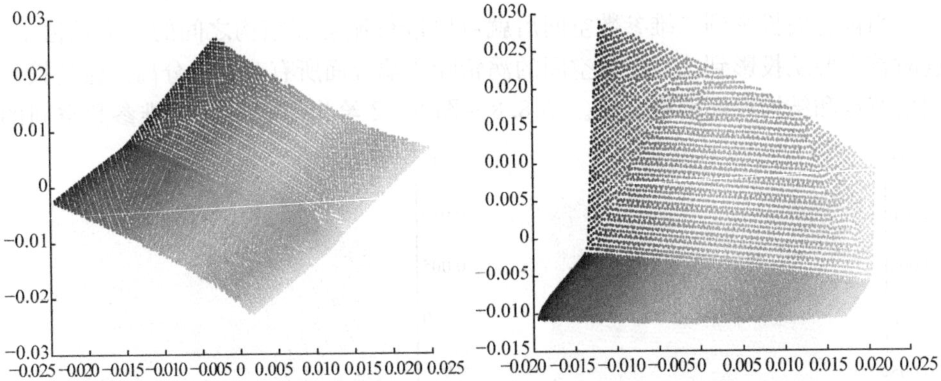

(l) LLE(左边k=5,右边k=7)

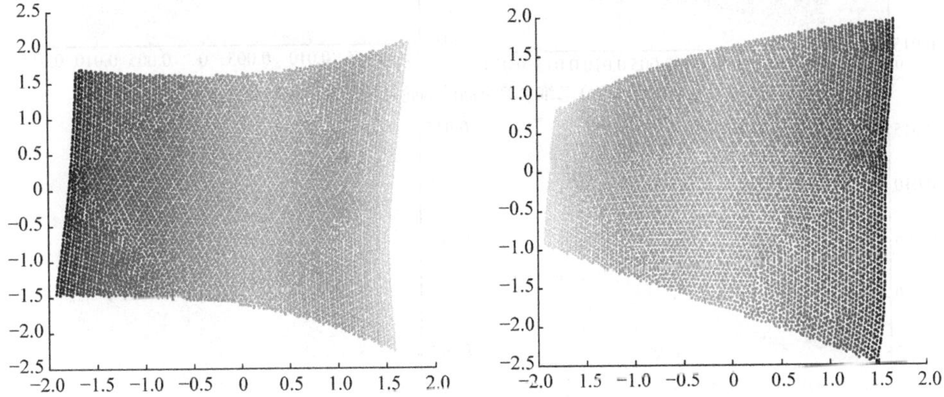

(m) HLLE(k=7)

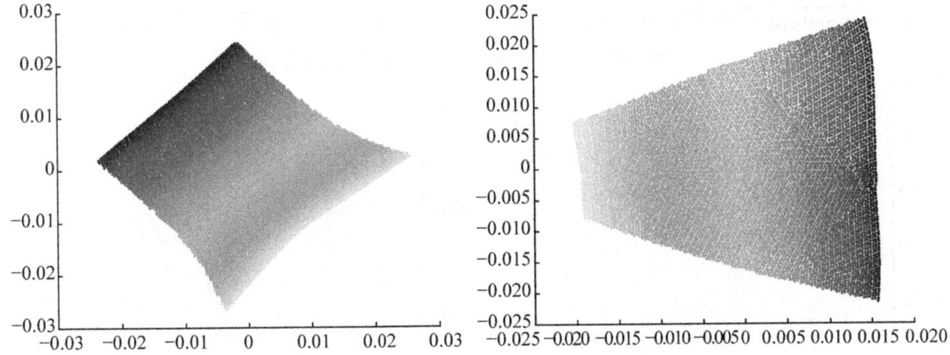

(n) LTSA(k=5)

图 8.7　涡轮叶片耦合面的展开结果

总的来看，只有 LLE、HLLE、LTSA、ISOMAP 和 LISOMAP 五种方法适合展

开涡轮叶片耦合面，可以用来进行耦合面非线性降维数据插值传递。

当耦合面投影到二维参数空间后就可以进行流场和结构之间的压力插值了，这时首先要从投影到二维参数空间的涡轮叶片耦合面所有节点中分离出流场投影网格节点和结构投影网格节点。图 8.8～图 8.12 给出了投影到二维参数空间的

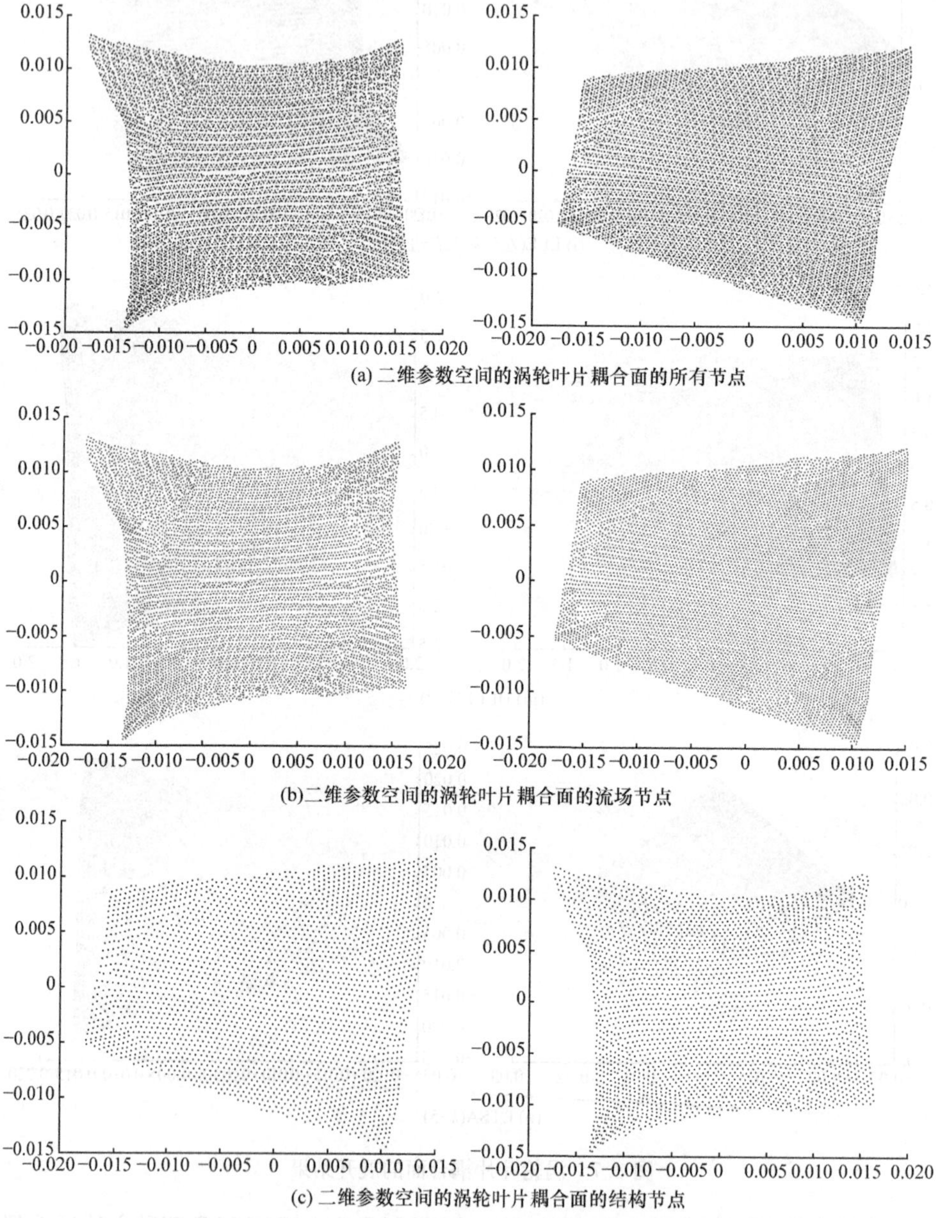

(a) 二维参数空间的涡轮叶片耦合面的所有节点

(b)二维参数空间的涡轮叶片耦合面的流场节点

(c) 二维参数空间的涡轮叶片耦合面的结构节点

图 8.8　用 ISOMAP 方法降维投影的涡轮叶片耦合面的节点

涡轮叶片耦合面的所有节点和分离后的节点。图 8.8(a)、图 8.9(a)、图 8.10(a)、图 8.11(a)和图 8.12(a)分别是用 ISOMAP、LISOMAP、LLE、HLLE 和 LTSA 方法降维投影的涡轮叶片耦合面的所有节点。将耦合面节点的投影分成流场投影节点和结构投影节点，图 8.8(b)、图 8.9(b)、图 8.10(b)、图 8.11(b)和图 8.12(b)分别是用ISOMAP、LISOMAP、LLE、HLLE 和 LTSA 方法降维投影的涡轮叶片耦

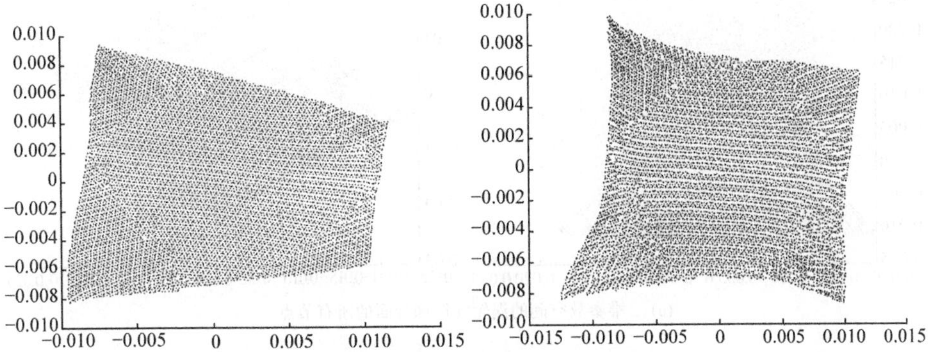

(a) 二维参数空间的涡轮叶片耦合面的所有节点

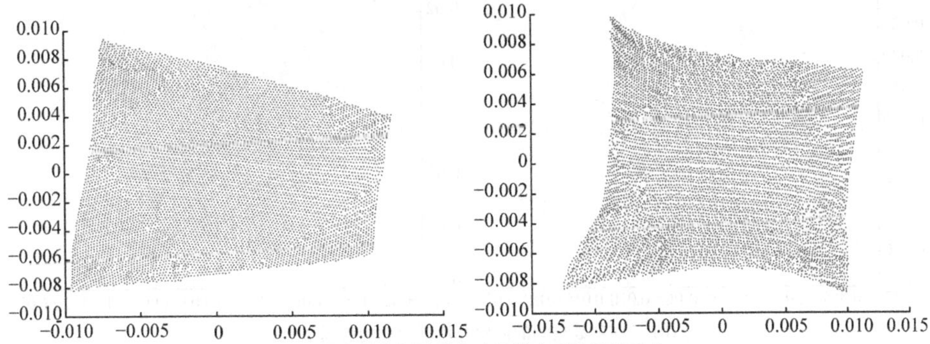

(b) 二维参数空间的涡轮叶片耦合面的流场节点

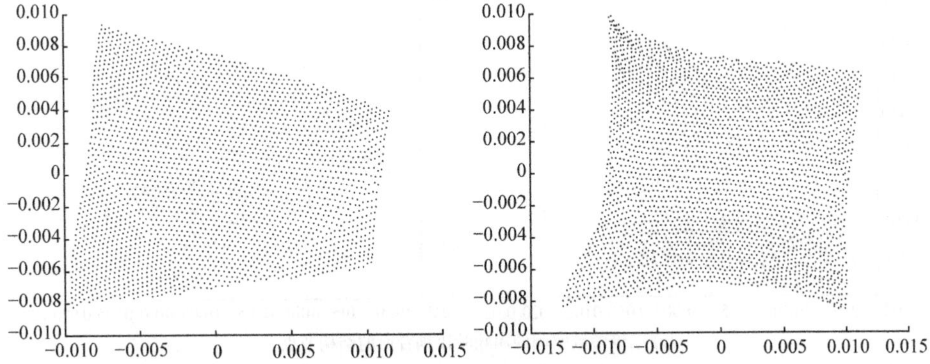

(c) 二维参数空间的涡轮叶片耦合面的结构节点

图 8.9　用 LISOMAP 方法降维投影的涡轮叶片耦合面的节点

合面的流场节点。图 8.8(c)、图 8.9(c)、图 8.10(c)、图 8.11(c)和图 8.12(c)是用 ISOMAP、LISOMAP、LLE、HLLE 和 LTSA 方法降维投影的涡轮叶片耦合面的结构节点。

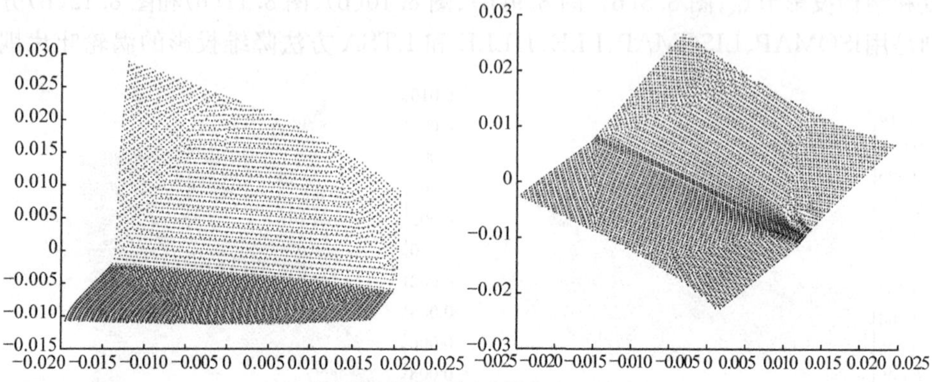

(a) 二维参数空间的涡轮叶片耦合面的所有节点

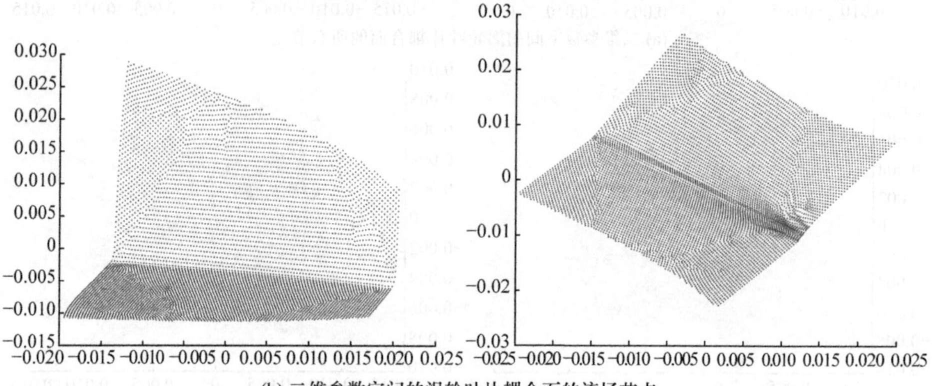

(b) 二维参数空间的涡轮叶片耦合面的流场节点

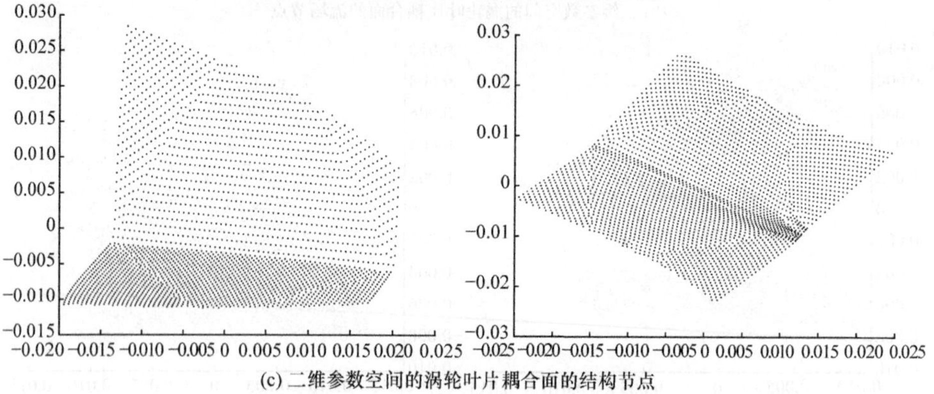

(c) 二维参数空间的涡轮叶片耦合面的结构节点

图 8.10　用 LLE 方法降维投影的涡轮叶片耦合面的节点

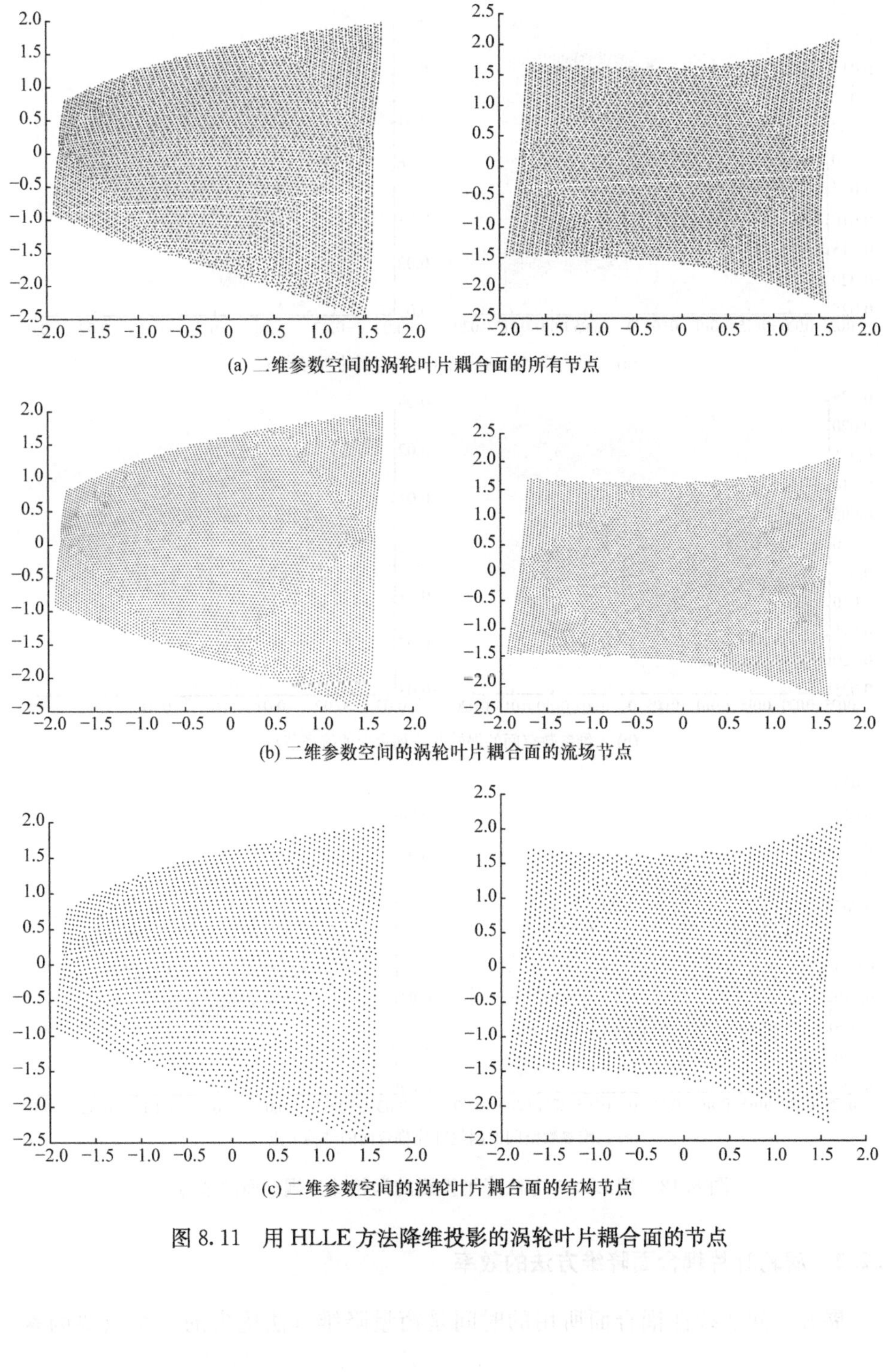

(a) 二维参数空间的涡轮叶片耦合面的所有节点

(b) 二维参数空间的涡轮叶片耦合面的流场节点

(c) 二维参数空间的涡轮叶片耦合面的结构节点

图 8.11　用 HLLE 方法降维投影的涡轮叶片耦合面的节点

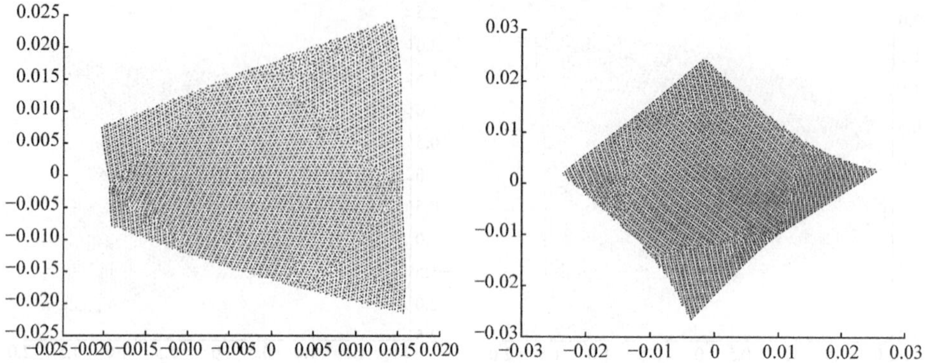

(a) 二维参数空间的涡轮叶片耦合面的所有节点

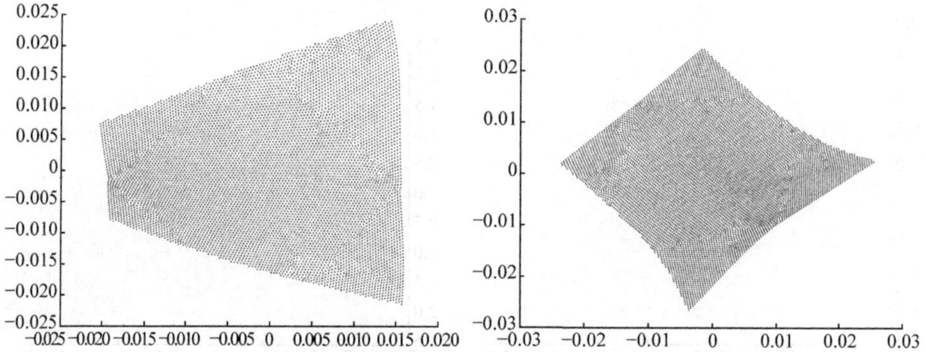

(b) 二维参数空间的涡轮叶片耦合面的流场节点

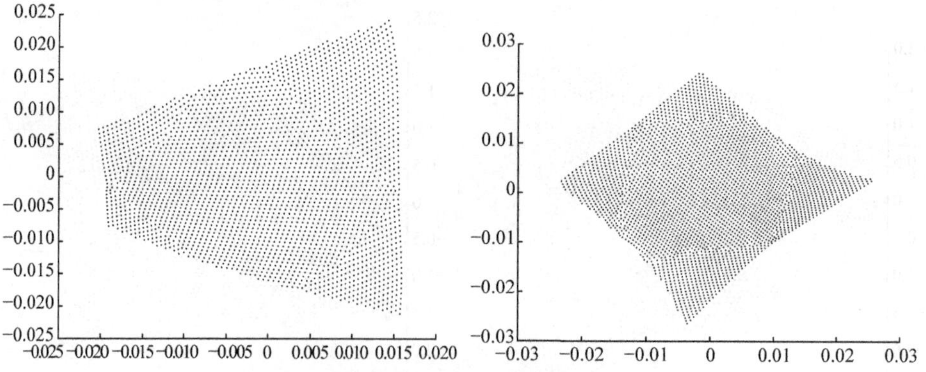

(c) 二维参数空间的涡轮叶片耦合面的结构节点

图 8.12 用 LTSA 方法降维投影的涡轮叶片耦合面的节点

8.2.2 涡轮叶片耦合面降维方法的效率

展开空间非线性耦合面所用的时间是衡量降维方法优劣的一个重要因素。

表 8.1 给出了 ISOMAP、LISOMAP、LLE、HLLE 和 LTSA 这五种成功展开涡轮叶片耦合面的降维方法所用的计算时间。

表 8.1　五种非线性降维方法展开涡轮叶片耦合面的用时统计

降维方法	ISOMAP	LISOMAP	LLE	HLLE	LTSA
时间	8.09h	89.47min	28.1s	36.0s	28.6s

从表 8.1 中的时间结果可以看到，对于 14652 个 CFD 节点加 5791 个 CSM 节点的耦合面，LLE、HLLE 和 LTSA 三种方法在展开涡轮叶片耦合面时用时 28～36s，而 LISOMAP 方法用时 89.47min，ISOMAP 方法用时最多，为 8.09h。这是因为 ISOMAP 和 LISOMAP 方法计算的是整个耦合面点与点之间的测地距离，测地距离计算的 Floyd 算法或者 Dijkstra 算法非常耗时；而 LLE、HLLE 和 LTSA 方法只需要计算点与局部邻域点之间的欧氏距离，计算效率高。根据表 8.1 的结果，可以看出 LLE、HLLE 和 LTSA 方法比 ISOMAP 和 LISOMAP 方法有更高的计算效率。

8.2.3　涡轮叶片耦合面的压力插值传递

涡轮叶片耦合面的压力传递是将耦合面流场网格节点上的压力插值传递到耦合面结构网格节点上，该流场压力(图 8.13)由图 8.1 的计算模型仿真得到。由于线性降维方法 PCA、LLTSA、LPP、NPE、MDS 和非线性降维方法 SPE、KPCA、DM、LE 没有成功展开涡轮叶片耦合面，这里只用 ISOMAP、LISOMAP、LLE、HLLE 和 LTSA 五种方法得到的耦合面在二维参数空间的节点分布来插值传递耦合面流场压力。

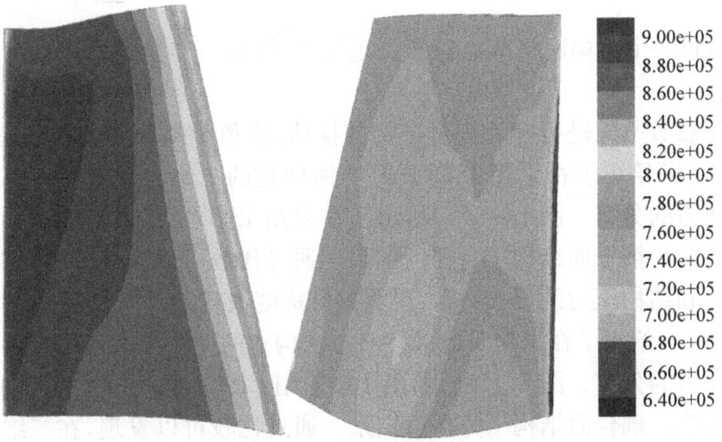

图 8.13　涡轮叶片耦合面的流场压力(单位：Pa)

在二维参数空间内，选择 $p=au^2+bv^2+cuv+du+ev+f$ 作为插值函数，用局部多项式最小二乘插值法传递涡轮叶片耦合面压力，p 为压力，u 和 v 是涡轮叶片耦合面网格节点投影点的坐标，a、b、c、d、e 和 f 是该多项式的系数。在二维参数空间内涡轮叶片耦合面压力传递的步骤如下。

(1) 在二维参数空间内选取一个结构投影网格节点 $\vec{s}_i(u_i^s,v_i^s)$，$i=1,2,\cdots,I$；上标 s 代表结构节点。

(2) 在二维参数空间内通过公式 $d=\sqrt{(u_i^s-u_j^f)^2+(v_i^s-v_j^f)^2}$ 计算该结构节点 $\vec{s}_i(u_i^s,v_i^s)$ 与所有流场节点 $\vec{a}_j(u_j^f,v_j^f)$ 的距离，$j=1,2,\cdots,J$；上标 f 代表流场节点。

(3) 选出距离该结构节点 $s_i(u_i^s,v_i^s)$ 最近的 $k(k<n)$ 个流场节点 $\vec{a}_{i1}(u_{i1}^f,v_{i1}^f)$，$\vec{a}_{i2}(u_{i2}^f,v_{i2}^f)$，…，$\vec{a}_{ik}(u_{ik}^f,v_{ik}^f)$，各投影点对应的流场压力值为 $p_{i1}^f,p_{i2}^f,\cdots,p_{ik}^f$。

(4) 建立拟合方程：

$$\boldsymbol{AB}=\boldsymbol{P}$$

式中，$\boldsymbol{A}=\begin{bmatrix} u_{i1}^{f2} & v_{i1}^{f2} & u_{i1}^f & v_{i1}^f & u_{i1}^f & v_{i1}^f & 1 \\ u_{i2}^{f2} & v_{i2}^{f2} & u_{i2}^f & v_{i2}^f & u_{i2}^f & v_{i2}^f & 1 \\ \vdots & \vdots & \vdots & \vdots & \vdots & \vdots & \vdots \\ u_{ik}^{f2} & v_{ik}^{f2} & u_{ik}^f & v_{ik}^f & u_{ik}^f & v_{ik}^f & 1 \end{bmatrix}$；$\boldsymbol{B}=\begin{bmatrix} a \\ b \\ c \\ d \\ e \\ f \end{bmatrix}$；$\boldsymbol{P}=\begin{bmatrix} p_{i1}^f \\ p_{i2}^f \\ \vdots \\ p_{ik}^f \end{bmatrix}$。

(5) 用最小二乘法求系数矩阵 $\boldsymbol{B}$：

$$\boldsymbol{B}=(\boldsymbol{A}^{\mathrm{T}}\boldsymbol{A})^{-1}\boldsymbol{A}^{\mathrm{T}}\boldsymbol{P}$$

(6) 计算插值目标点的压力。把拟合出的系数矩阵 $\boldsymbol{B}$ 和结构节点 $\vec{s}_i$ 的投影坐标 (u_i^s,v_i^s) 代入插值函数，求出该结构节点的压力为 $p_i^s=au_i^{s2}+bv_i^{s2}+cu_i^sv_i^s+du_i^s+ev_i^s+f$。

(7) 对每一个结构网格节点投影点重复步骤(1)～步骤(6)，求出所有结构节点的压力。

在二维参数空间进行叶片耦合数据的插值，插值结果如图 8.14～图 8.18 所示。图 8.14(a)给出了在采用 ISOMAP 方法构建的二维参数空间上涡轮叶片耦合面流场压力的分布。图 8.14(b)给出了在采用 ISOMAP 方法构建的二维参数空间上涡轮叶片耦合面结构压力插值结果。通过比较可以发现，在二维参数空间上流场压力和结构压力的分布一致，说明插值精度很高。

图 8.15(a)给出了在采用 LISOMAP 方法构建的二维参数空间上涡轮叶片耦合面流场压力的分布。图 8.15(b)给出了在采用 LISOMAP 方法构建的二维参数空间上涡轮叶片耦合面结构压力插值结果。通过比较可以发现，在二维参数空间上流场压力和结构压力的分布一致，说明插值精度很高。

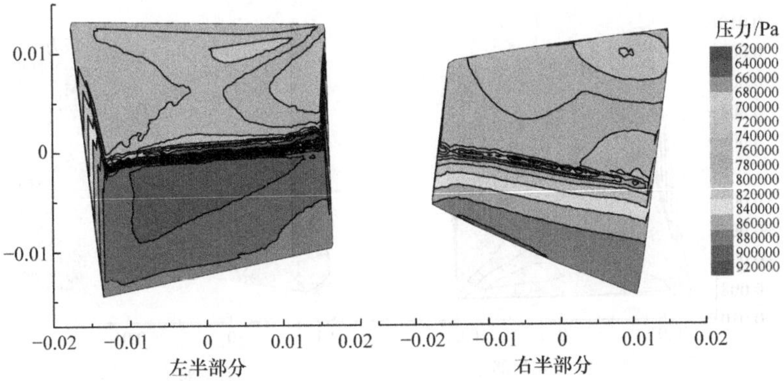

(a) 流场压力

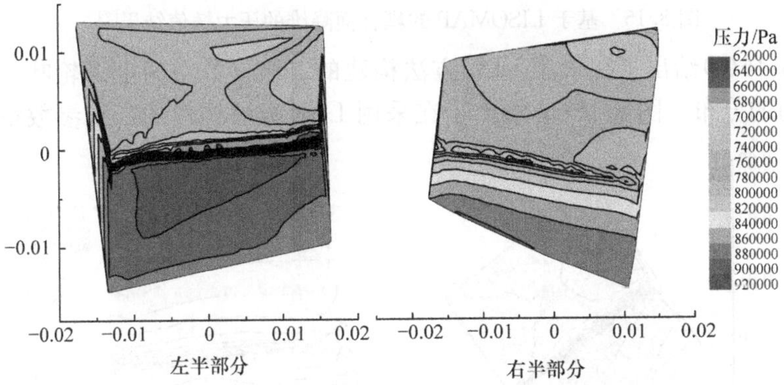

(b) 结构压力

图 8.14　基于 ISOMAP 的耦合面降维的压力插值结果[2]

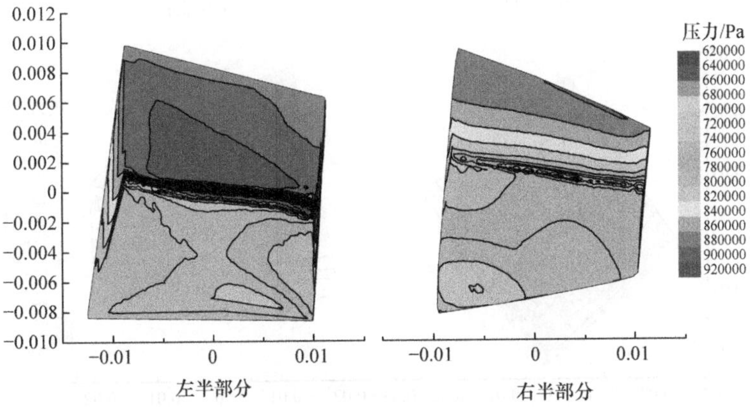

(a) 流场压力

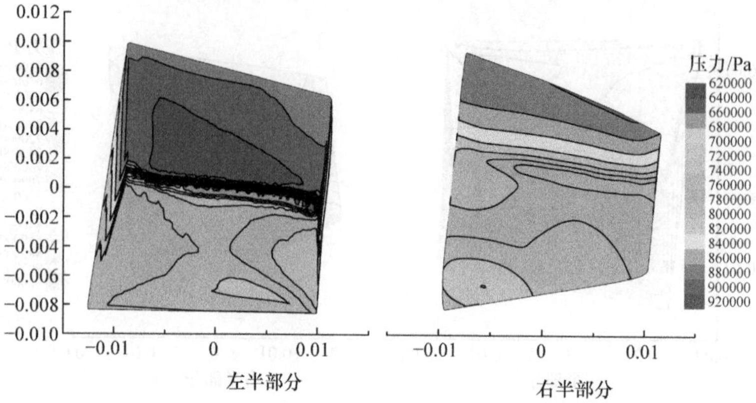

(b) 结构压力

图 8.15　基于 LISOMAP 的耦合面降维的压力插值结果[2]

图 8.16(a)给出了在采用 LLE 方法构建的二维参数空间上涡轮叶片耦合面流场压力的分布。图 8.16(b)给出了在采用 LLE 方法构建的二维参数空间上涡

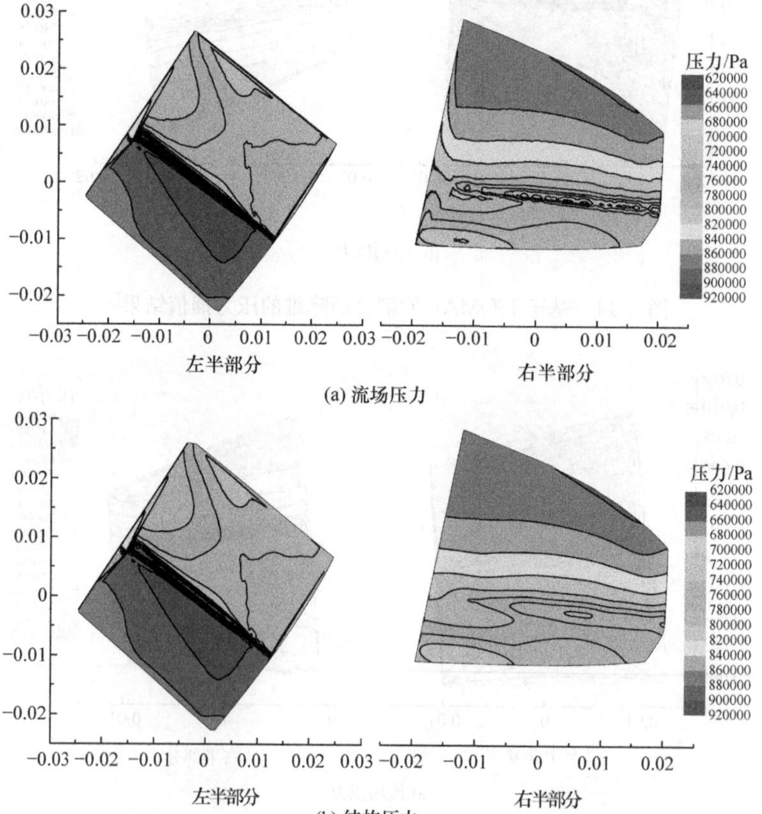

(a) 流场压力

(b) 结构压力

图 8.16　基于 LLE 的耦合面降维的压力插值结果[2]

轮叶片耦合面结构压力插值结果。通过比较可以发现，在二维参数空间上流场压力和结构压力的分布一致，说明插值精度很高。

图 8.17(a)给出了在采用 HLLE 方法构建的二维参数空间上涡轮叶片耦合面流场压力的分布。图 8.17(b)给出了在采用 HLLE 方法构建的二维参数空间上涡轮叶片耦合面结构压力插值结果。通过比较可以发现，在二维参数空间上流场压力和结构压力的分布一致，说明插值精度很高。

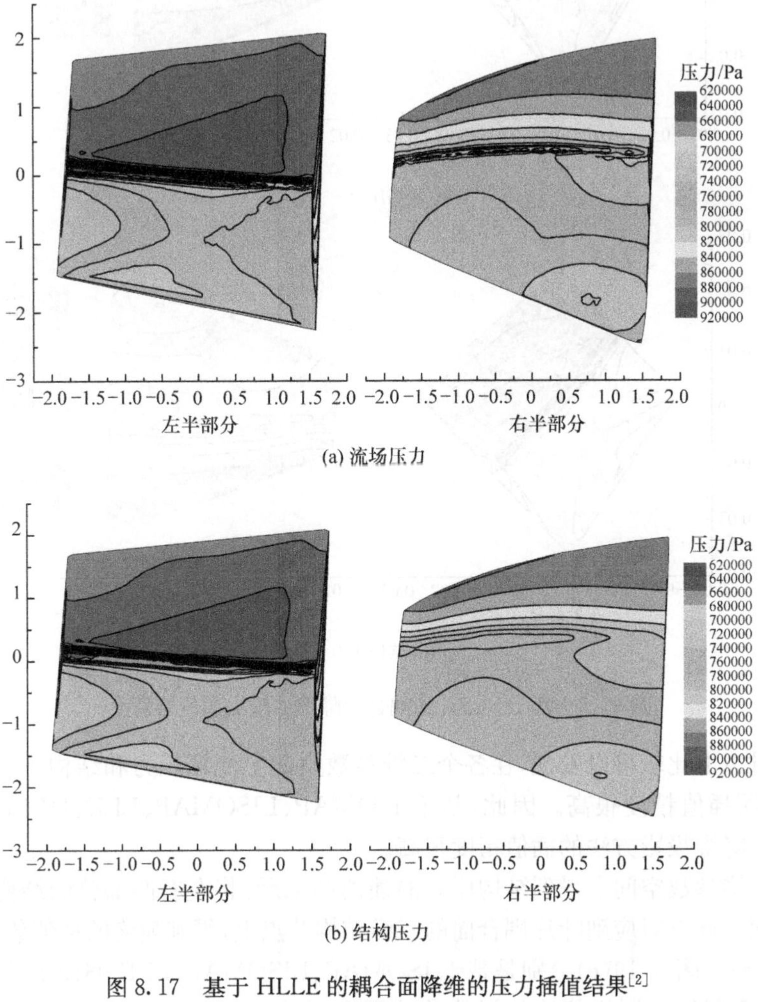

(a) 流场压力

(b) 结构压力

图 8.17 基于 HLLE 的耦合面降维的压力插值结果[2]

图 8.18(a)给出了在采用 LTSA 方法构建的二维参数空间上涡轮叶片耦合面流场压力的分布。图 8.18(b)给出了在采用 LTSA 方法构建的二维参数空间上涡轮叶片耦合面结构压力插值结果。通过比较可以发现，在二维参数空间上流场压力和结构压力的分布一致，说明插值精度很高。

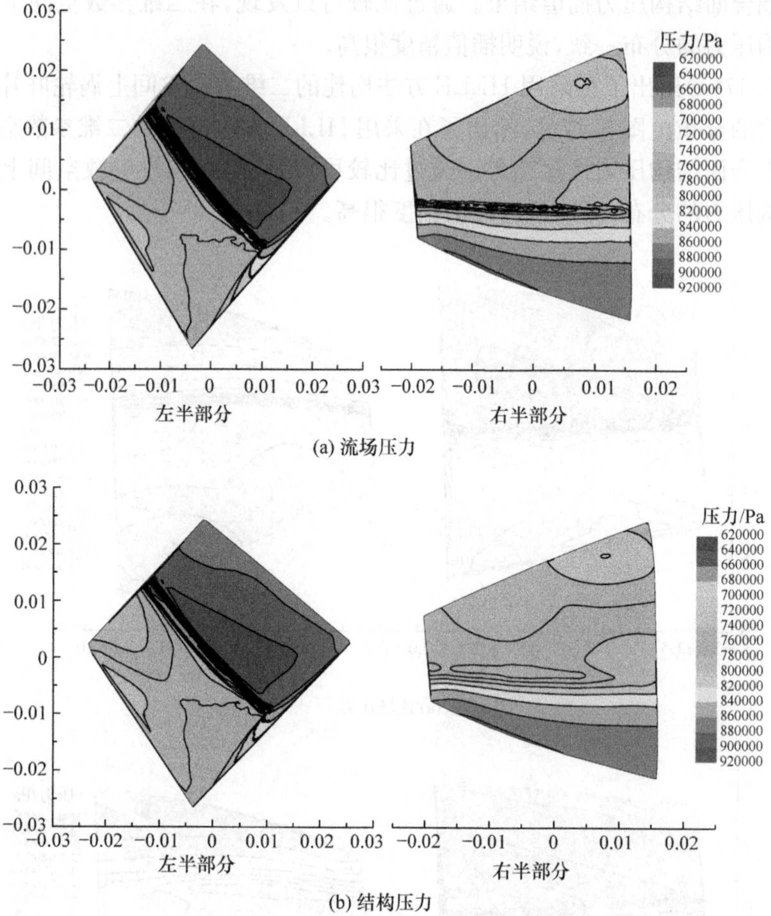

(b) 结构压力

图 8.18　基于 LTSA 的耦合面降维的压力插值结果[2]

通过以上比较可以发现,在各个二维参数空间上流场压力和结构压力的分布一致,说明插值精度很高。因此,基于 ISOMAP、LISOMAP、LLE、HLLE、LTSA 的耦合面降维投影方法的插值精度很高。

在二维参数空间上得到结构压力的插值结果后,将左右两部分的结构压力合并在一起并逐点对应到叶片耦合面的三维结构节点上,得到最终的插值传递结果。图 8.19(a)~图 8.19(e)分别是基于 ISOMAP、LISOMAP、LLE、HLLE、LTSA 这 5 种耦合面降维投影插值法的涡轮叶片耦合面结构压力的结果,对比图 8.13 和图 8.19(a)~图 8.19(e),可以发现插值得到的耦合面结构压力与流场压力一致。为了与传统数据传递方法进行比较,这里还给出传统的最邻近插值法(NN)、多项式最小二乘插值法(L2)、投影插值法(PROJECTION)、径向基插值法(RBF)和线性插值法(LINEAR)的插值结果。图 8.19(f)~图 8.19(j)给出了传统流固耦合数据传递方法 NN、L2、PROJECTION、RBF 和 LINEAR 的涡轮叶片耦合面结构压力插值传递的结果。从结果来看，NN 和 LINEAR 的误差较大，其他方法结果较好。

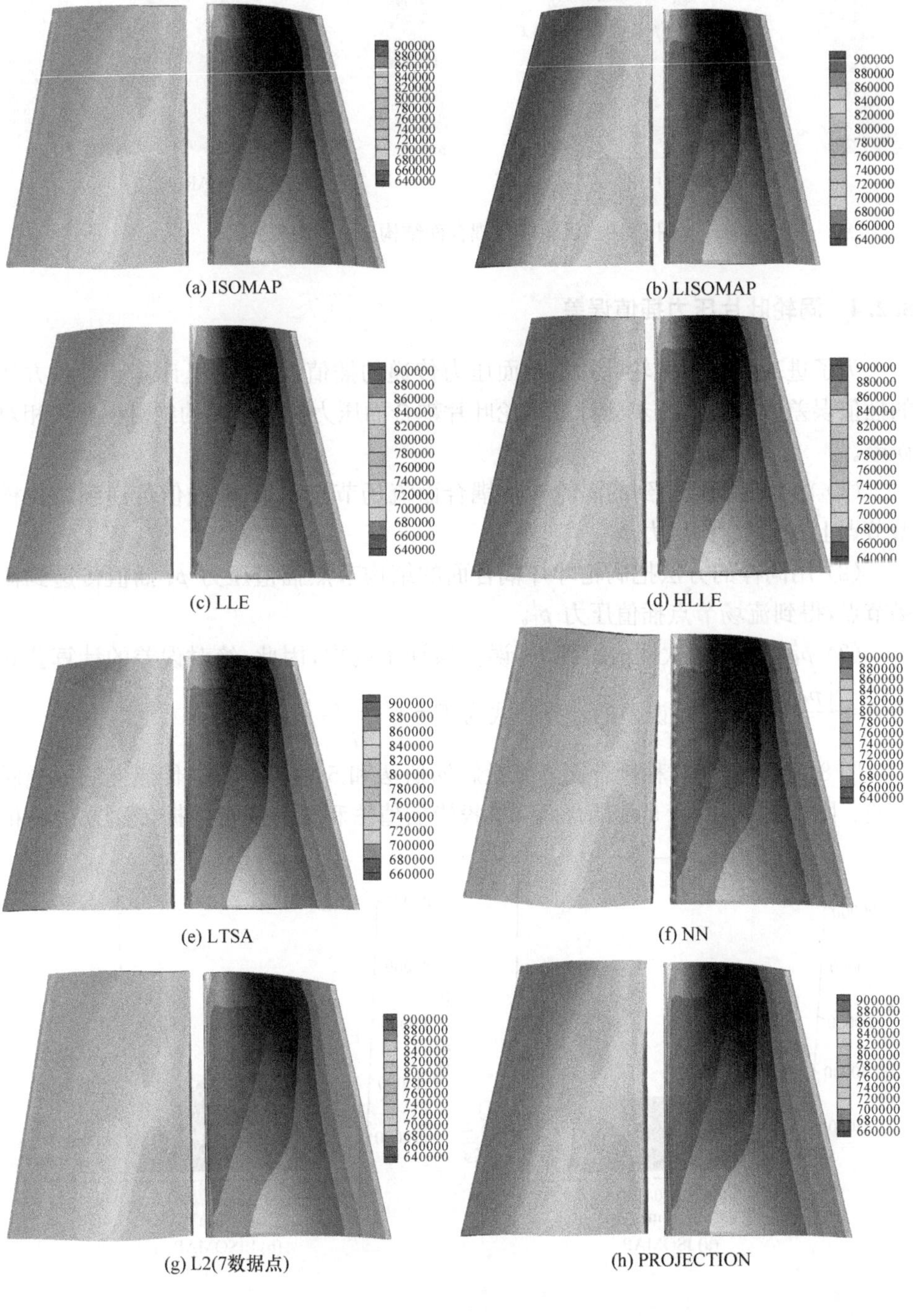

(a) ISOMAP　(b) LISOMAP

(c) LLE　(d) HLLE

(e) LTSA　(f) NN

(g) L2(7数据点)　(h) PROJECTION

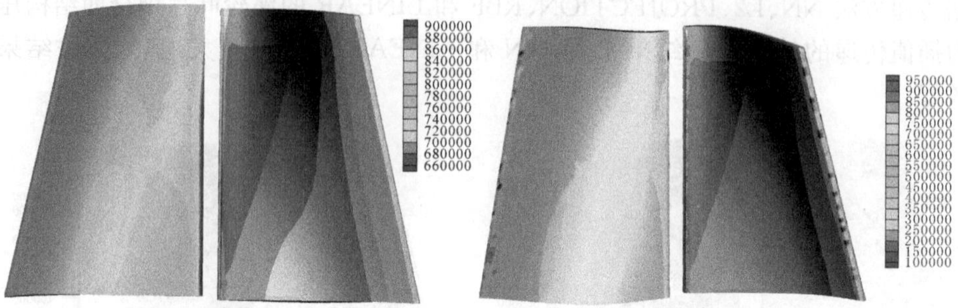

(i) RBF　　(j) LINEAR

图 8.19　涡轮叶片耦合面结构压力(单位:Pa)

8.2.4　涡轮叶片压力插值误差

为了进一步分析涡轮叶片耦合面压力传递的插值误差,这里计算了各种方法的插值误差。通过以下步骤计算涡轮叶片耦合面压力插值传递的绝对误差和相对误差。

(1) 将数值模拟得到的涡轮叶片耦合面流场节点压力 p_f 插值传递到结构模型节点上,得到结构压力 p_s。

(2) 用同样的方法把涡轮叶片耦合面的结构节点插值压力 p_s 插值传递到流场节点,得到流场节点插值压力 p_f'。

(3) p_f'是通过两次插值得到的,误差累计了两次,因此,绝对误差的计算公式为 $A=\dfrac{|p_f-p_f'|}{2}$,相对误差的计算公式为 $E=\left|\dfrac{p_f-p_f'}{2p_f}\right|$。

图 8.20 给出了 5 种耦合面降维投影插值法和 5 种传统数据传递方法的绝对误差。图 8.21 给出了 5 种耦合面降维投影插值法和 5 种传统数据传递方法的相

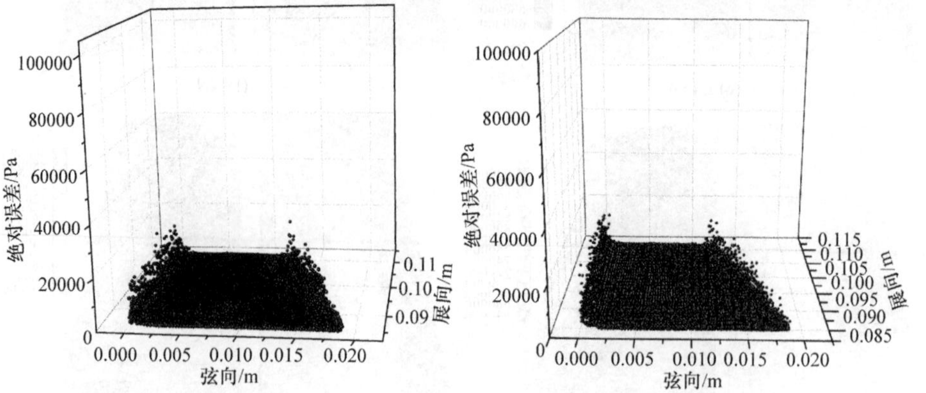

(a) ISOMAP　　(b) LISOMAP

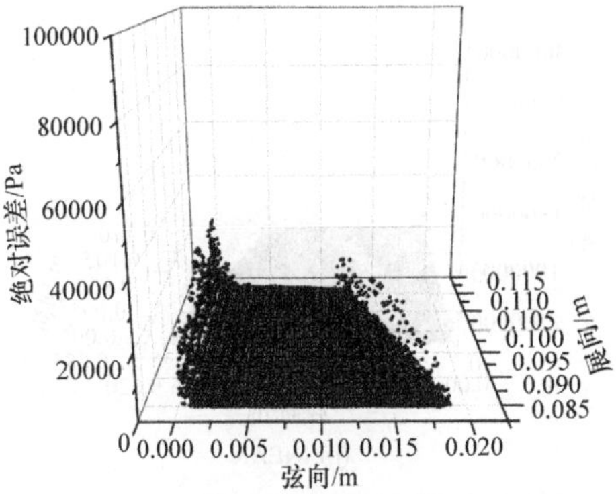

(c) LLE

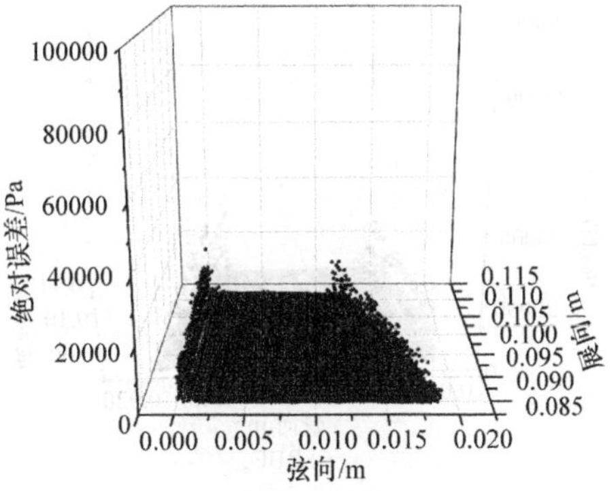

(d) HLLE

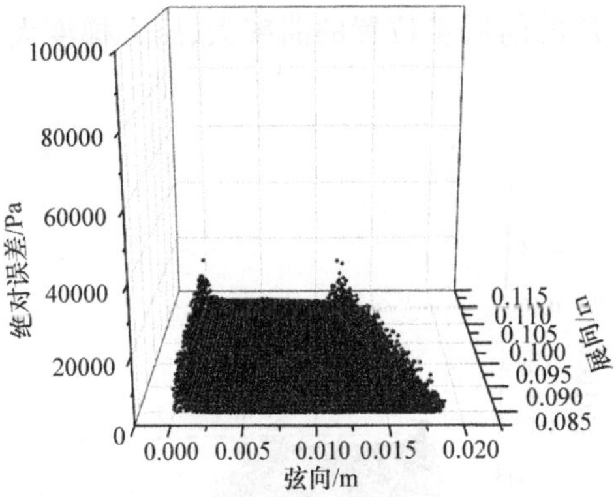

(e) LTSA

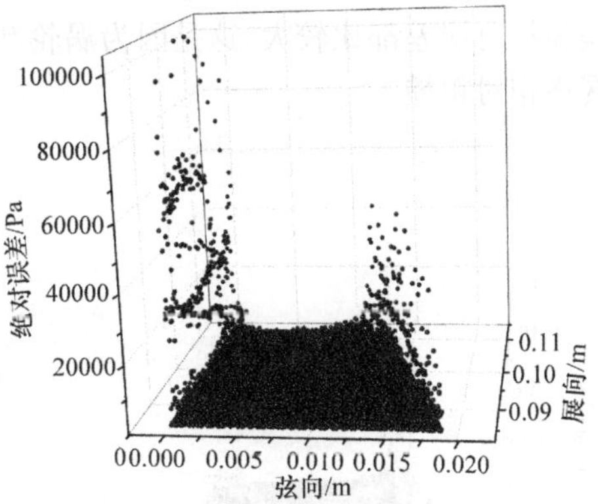

(f) NN

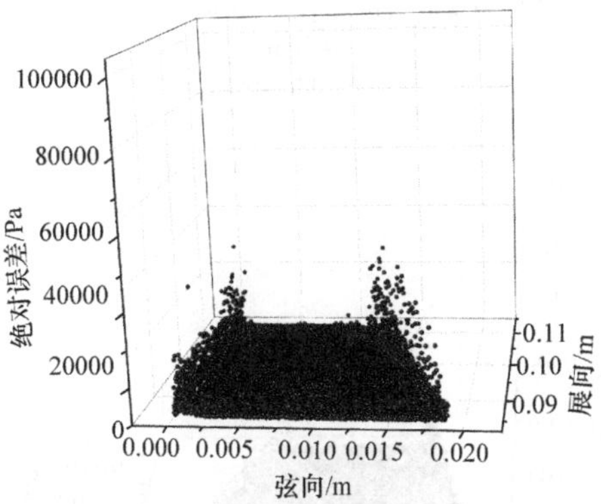

(g) L2

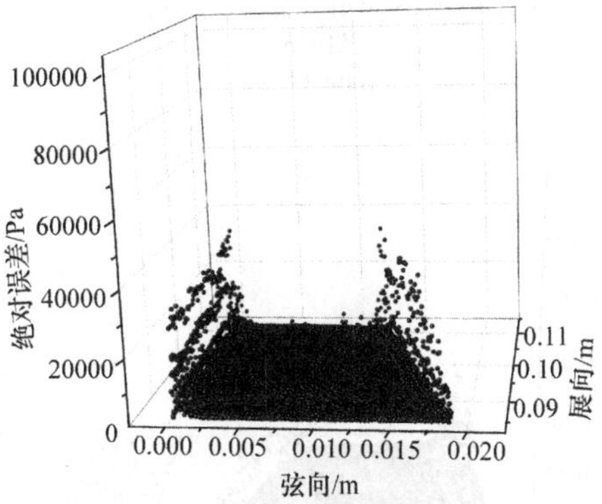

(h) PROJECTION

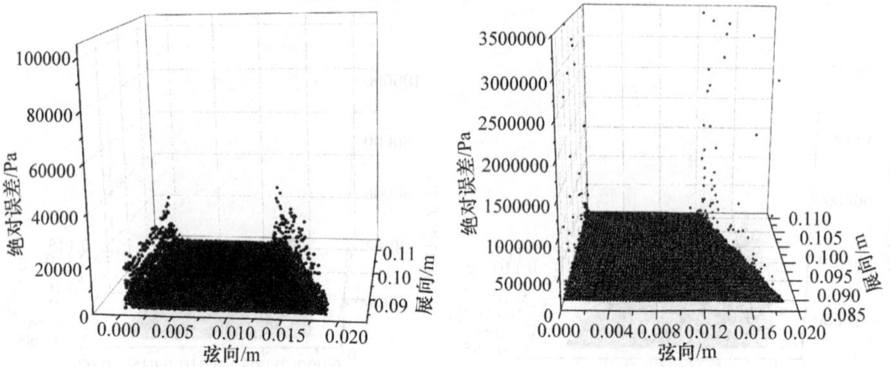

(i) RBF　　　　(j)LINEAR

图 8.20　流固耦合数据传递方法在涡轮叶片算例中的绝对误差[2]

对误差。从图中可以看出，所有数据传递方法在涡轮叶片的前后缘位置的绝对误差和相对误差都比较大，这是因为涡轮叶片的前后缘位置的曲率大、压力梯度大、网格相对粗糙。

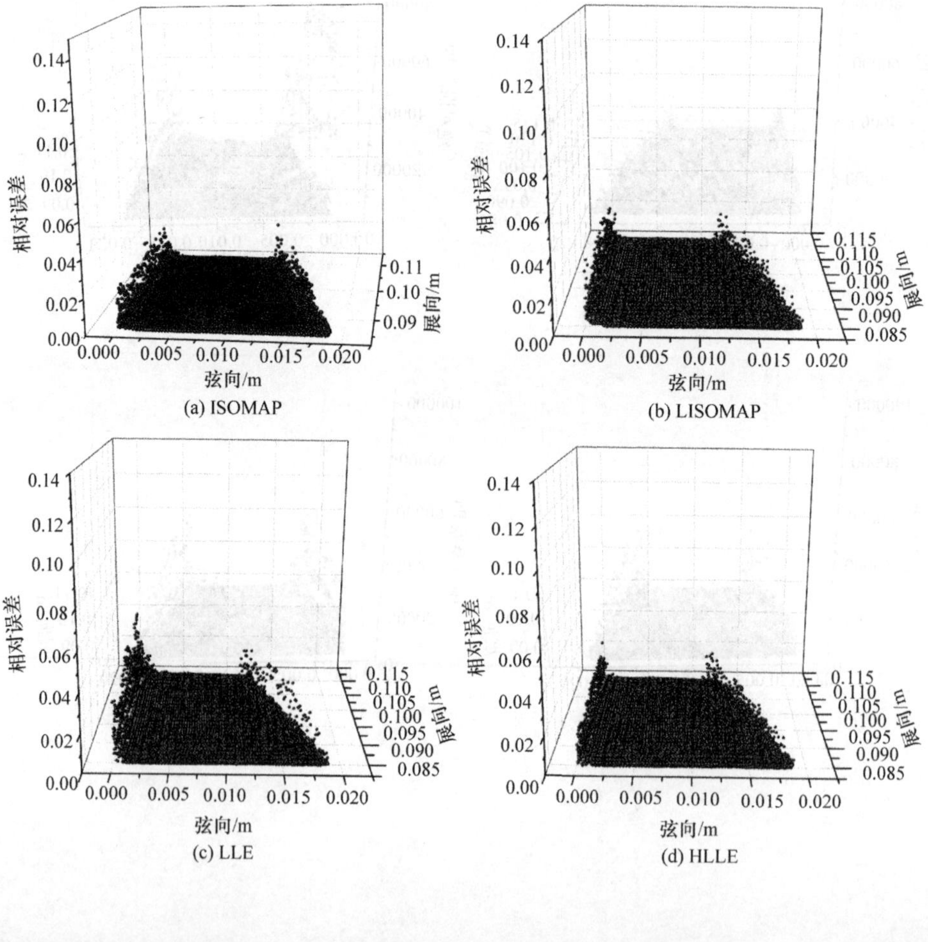

(a) ISOMAP　　　　(b) LISOMAP

(c) LLE　　　　(d) HLLE

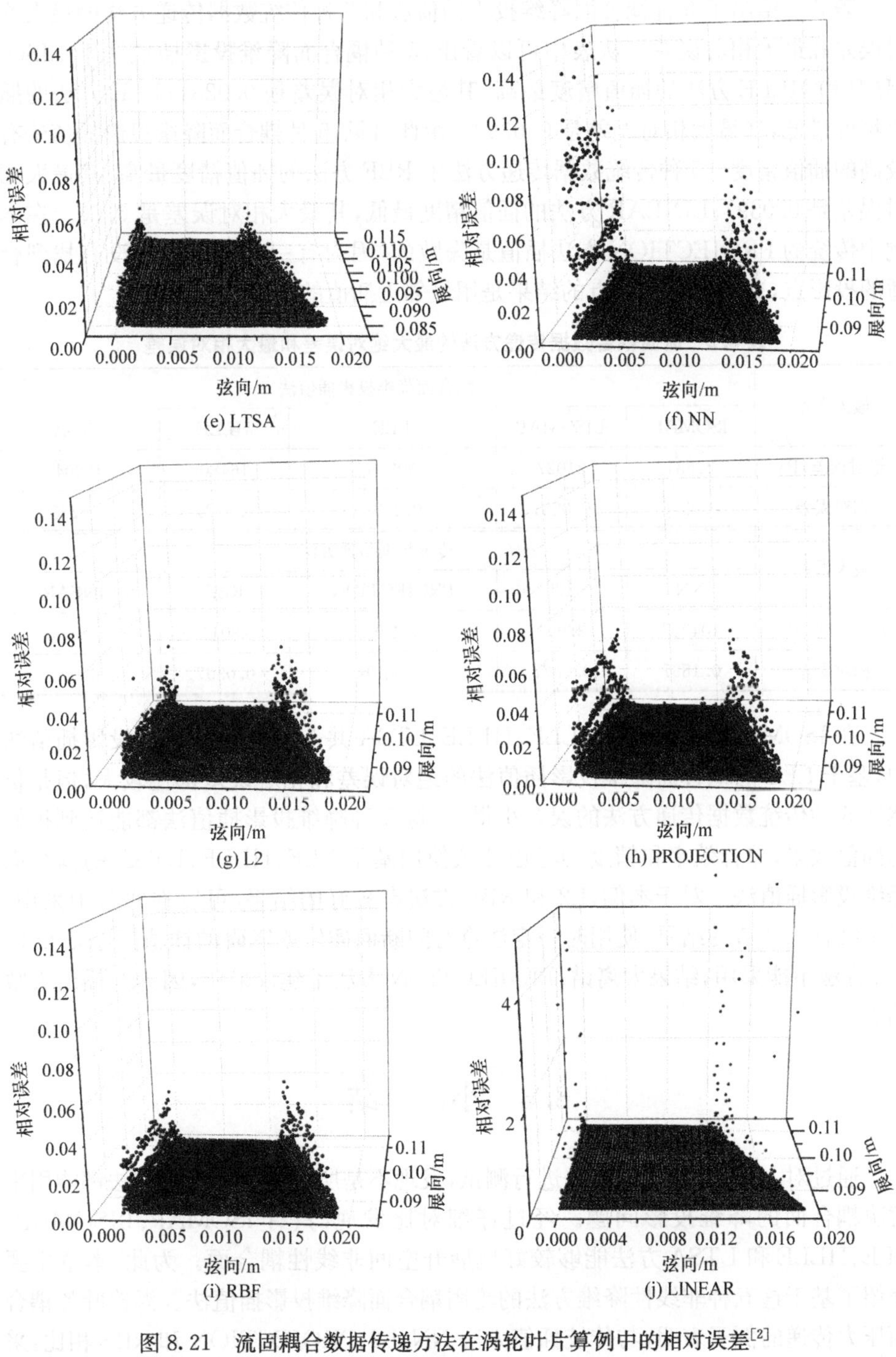

图 8.21　流固耦合数据传递方法在涡轮叶片算例中的相对误差[2]

表 8.2 给出了 5 种耦合面降维投影插值法和 5 种传统数据传递方法的最大绝对误差和最大相对误差。从表中可以看出，5 种耦合面降维投影插值法中 LISOMAP 和 HLLE 方法的插值精度最高，其最大相对误差是 0.0231；LLE 方法的插值精度最低，其最大相对误差是 0.0393。由此可见，5 种耦合面降维投影插值法有较高的插值精度。5 种传统数据传递方法中 RBF 方法的插值精度最高，其最大相对误差是 0.0397；LINEAR 方法的插值精度最低，其最大相对误差是 6.00。在本例中传统的 PROJECTION 方法插值是失败的，因为有三个结构节点没有找到合适的投影点，这三个结构节点的结果是用最邻近插值的结果补充的。

表 8.2　流固耦合数据传递方法的最大绝对误差和最大相对误差

最大误差	耦合面降维投影插值法				
	ISOMAP	LISOMAP	LLE	HLLE	LTSA
绝对误差/Pa	20581	21027	30258	16480	15004
相对误差	0.0266	0.0231	0.0393	0.0231	0.0233
最大误差	传统数据传递方法				
	NN	L2	PROJECTION	RBF	LINEAR
绝对误差/Pa	104257	33991	35256	28011	3500000
相对误差	0.1897	0.0877	0.0801	0.0397	6.00

在 ISOMAP、LISOMAP、LLE、HLLE、LTSA 共 5 种耦合面降维投影插值法中，基于 LLE 的耦合面降维投影插值法的绝对误差和相对误差都比较大，但是仍然比 5 种传统数据传递方法的误差小得多，这 5 种降维投影插值法都能达到很好的插值效果，综合效率和精度的考虑建议使用基于 LLE、HLLE、LTSA 的耦合面降维投影插值法。对于本例，L2 和 RBF 方法有较好的结果，可以在实践中采用，但是结合 2.3 节的结果，使用时一定注意有间断面插值或障碍的插值问题；LINEAR 方法不能采用，结果太离谱；PROJECTION 方法不建议采用，因为有插值失败的点。

8.3　小　结

通过对 14 种数据降维方法进行测试，发现不是所有的数据降维方法都能用来解决耦合面的降维投影问题。经过仔细对比发现，只有 ISOMAP、LISOMAP、LLE、HLLE 和 LTSA 方法能够较好地展开空间非线性耦合面。为此，本章主要介绍了基于这五种非线性降维方法的流固耦合面降维投影插值法。涡轮叶片耦合面压力传递的例子表明，与传统插值方法 NN、L2、PROJECTION 和 RBF 相比，采用耦合面非线性降维的耦合数据插值传递方法的精度较高，且算法的鲁棒性较好；

LLE、HLLE 和 LTSA 等方法降维投影的计算时间明显小于 ISOMAP 和 LISOMAP 方法。基于计算效率和数据插值传递精度的综合考虑，认为基于 LLE、HLLE 和 LTSA 的耦合面降维投影插值法更适合于工程应用。

参 考 文 献

[1] Li L Z, Zhan J, Zhao J L, et al. An enhanced 3D data transfer method for fluid-structure interface by ISOMAP nonlinear space dimension reduction[J]. Advances in Engineering Software, 2015, 83(C): 19-30.

[2] Liu M M, Li L Z, Zhang J. Comparison of manifold learning algorithms used in FSI data interpolation of curved surfaces[J]. Multidiscipline Modeling in Materials and Structures, 2017, 13(2): 217-261.

后　　记

任何三维空间面内在的特征都是二维结构。耦合面降维投影插值法将三维耦合面展开到二维参数空间，在二维参数空间上而不是直接在三维空间中进行耦合插值传递，可以解决耦合面和耦合数据空间非线性问题，将网格不匹配问题弱化为网格不一致问题，降低耦合数据插值的难度、减少计算量，提高耦合数据的插值传递精度，特别是对有间断(有障碍插值问题)和网格较粗的耦合面，该方法具有很好的鲁棒性和精度。

耦合面降维投影插值法的关键在于三维空间曲面向二维参数空间的降维投影方法。本书讨论了基于投影网格的三维空间耦合面向二维参数空间投影的方法、基于局部坐标的三维空间耦合面向二维参数空间投影的方法，发现三维耦合面向二维参数空间的投影过程是一种高维数据降维过程，可以采用数据降维和流形学习的方法实现。通过对 14 种数据降维方法进行测试，可知不是所有的数据降维方法都能用来解决耦合面的降维投影问题。经过仔细对比发现，只有 ISOMAP、LISOMAP、LLE、HLLE 和 LTSA 方法能够较好地展开空间非线性耦合面。基于这一发现，建立了基于这五种非线性降维方法的流固耦合面数据降维投影插值法。相关算例表明，采用耦合面非线性降维的耦合数据插值传递方法的精度较高，且算法的鲁棒性较好；LLE、HLLE 和 LTSA 等方法降维投影耦合面的计算时间明显小于 ISOMAP 和 LISOMAP 方法。综合考虑计算效率和插值精度，认为基于 LLE、HLLE 和 LTSA 的耦合面降维投影插值法更适合于工程应用。

在研究中也发现，现有的非线性降维方法并不能很好地展开环状耦合面。对于其他学科，环状是数据的基本结构，破坏环结构会对数据的认知产生影响。对于本书讨论的流固耦合插值问题，将环剪开并不会对耦合数据插值传递产生明显影响，因此，可以进一步从这个方向分析专门适用于耦合面降维投影的方法。本书以一致插值法为主要对象，没有讨论基于耦合面非线性降维投影守恒插值法，以及在流固耦合分析过程中流场和结构节点增减的问题，这些都是基于耦合面非线性降维的耦合数据插值传递方面未来需要研究的内容。